火法炼锌技术

徐宏凯　张少广　张国华　王利飞　普正忠　著

北　京

冶金工业出版社

2020

内 容 提 要

本书以电炉炼锌—常压精馏—真空蒸馏—浸出—置换—电解全火法流程工艺处理云南文山都龙高铟高铁闪锌矿，回收金属锌和铟的生产实践为基础，介绍了锌冶金基础知识及硫化锌精矿流态化焙烧、烟气制酸、粗炼、粗锌精炼、火法炼锌清洁生产与物料综合利用基本原理、工艺流程、生产设备、生产操作、技术经济指标。

本书可供火法炼锌、电炉炼锌及铟回收企业技术人员使用，也可供相关领域的科技人员及大专院校师生参考。

图书在版编目（CIP）数据

火法炼锌技术/徐宏凯等著 . —北京：冶金工业出版社，
2019.2（2020.1重印）
ISBN 978-7-5024-8041-7

Ⅰ. ①火… Ⅱ. ①徐… Ⅲ. ①炼锌—火法冶炼
Ⅳ. ①TF813.031

中国版本图书馆 CIP 数据核字（2019）第 033312 号

出 版 人 陈玉千
地 址 北京市东城区嵩祝院北巷 39 号 邮编 100009 电话 （010）64027926
网 址 www.cnmip.com.cn 电子信箱 yjcbs@cnmip.com.cn
责任编辑 宋 良 美术编辑 吕欣童 版式设计 孙跃红
责任校对 郑 娟 责任印制 李玉山
ISBN 978-7-5024-8041-7

冶金工业出版社出版发行；各地新华书店经销；北京中恒海德彩色印刷有限公司印刷
2019 年 2 月第 1 版，2020 年 1 月第 2 次印刷
169mm×239mm；18.5 印张；363 千字；288 页
60.00 元

冶金工业出版社 投稿电话 （010）64027932 投稿信箱 tougao@cnmip.com.cn
冶金工业出版社营销中心 电话 （010）64044283 传真 （010）64027893
冶金工业出版社天猫旗舰店 yjgycbs.tmall.com
（本书如有印装质量问题，本社营销中心负责退换）

前　言

锌的冶炼方法分为火法炼锌与湿法炼锌两大类。火法炼锌有蒸馏法、鼓风炉法和电热法。电炉炼锌由于电耗高、单炉处理量小、作业成本较高等原因，国外几乎没有规模化的电炉炼锌企业。20世纪80年代开始，经过相关企业和设计部门的不断探索、研究和实践，我国电炉炼锌技术在设计、装备、操作等方面均获得了巨大发展，特别是双转子锌雨冷凝器的成功应用，使得电炉炼锌技术日益趋于成熟，粗锌的直收率可达90%，电耗接近湿法炼锌工艺。在生产实践中，韶冶对锌精馏炉燃烧室进行了改进，采用喷枪将灰浆高速喷射至塔盘漏锌处，使灰浆通过覆盖并经高温烧结，堵塞漏锌点，成功地解决了蒸发盘漏锌的问题，大大延长了蒸发盘的寿命。葫芦岛有色金属集团有限公司研究了锌精馏塔冷凝器压力过大的原因及其危害，设计了合适的锌封高度，有效地解决了锌精馏塔冷凝器压力过大的问题。这些努力使得火法炼锌技术有了进一步的提升和改进，技术经济指标得到优化。

电炉炼锌由于设备简单、占地面积小、投资少、适宜小规模生产，因此在电力资源相对丰富的云南、山西、贵州等地得到迅速发展。

国际市场对铟需求的急剧上升，使得铁闪锌矿逐渐成为炼锌的重要原料。云南文山都龙高铟高铁闪锌矿铁含量一般大于10%，含铟 $500 \sim 800 g/t$，采用电炉炼锌—常压精馏—真空蒸馏—浸出—置换—电解全火法流程工艺进行处理，可以高效回收金属锌和铟。生产实践证明：

（1）电炉炼锌有利于高铁闪锌矿资源的综合利用，可提高金属的回收率和综合利用水平，降低能耗。

（2）整套技术可生产出 0 号锌及 4 N 精铟产品，整个流程锌回收率高于 95%，铟系统铟回收率高于 90%。

（3）整个生产过程中污染物的排放量大幅降低，属清洁冶金技术。

该工艺也存在一些有待改进的问题：

（1）精馏塔最核心的部位为塔体，塔体由碳化硅材质的塔盘砌筑而成，其分为蒸发部与回流部。生产中，由于原料含铁较高，对塔盘腐蚀严重，塔盘的寿命受到影响，铅塔塔盘的寿命小于国内同行的正常使用期限。

（2）卧式真空炉试生产过程中，出现了渣含锌过高的状况。

（3）在设备节能降耗方面，采用了新型的节能技术。该技术在真空蒸馏的过程中，能够降低能耗 15% 左右；但在冷却的过程中，降温困难，延长了物料的处理周期。要进一步提高真空炉的生产效率，则须解决新型节能技术与生产效率之间的平衡问题，以及降温过程中的强冷却问题。

昆明冶金高等专科学校陈利生教授审阅了本书初稿，在此向陈利生教授给予我们的支持、指导和帮助致谢！

受作者水平所限，书中有不足之处，诚请读者批评指正。

作　者

2018 年 11 月

于云南文山

目 录

1 锌冶金基础知识

1.1 锌的主要性质

1.1.1 物理性质

锌为银白略带蓝灰色的金属，六方体晶体，新鲜断面具有金属光泽。锌是元素周期表中第IIB族元素，原子序数30，相对原子质量为65.39，锌的原子外层电子排列为 $3d^{10}4s^2$，正常价态是 $Zn(0)$ 和 $Zn(II)$，熔点419.58℃，沸点906.97℃，25℃时密度为 $7.1g/cm^3$，20℃时比热为0.383J/g，汽化热1755J/g，莫氏硬度2.5kg，标准电位−0.763V。

锌是较软金属之一，仅比铅、锡稍硬。常温下性脆，延展性甚差，但加热到100~105℃时就具有很高的延展性，能压成薄板或拉成丝；当加热至250℃时，又失去延展性而变脆。常温下加工会出现冷作硬化现象，故锌的机械加工常在高于其再结晶的温度下进行，一般在373~423℃之间加工最适宜。锌的导电性为银导电性的27.9%，导热性为银的24.2%。

锌的主要性质见表1-1。

表1-1 锌的主要性质

英文名称	Zinc
分子式	Zn
原子序数	30
相对原子质量	65.39
密度/g·cm⁻³	7.14
熔点/℃	419.58
沸点/℃	907
化合价	+2

1.1.2 化学性质

锌在常温下不被干燥的空气或氧气氧化，在湿空气中生成保护膜 $ZnCO_3 \cdot 3Zn(OH)_2$ 保护内部不受侵蚀。

纯锌不溶于纯 H_2SO_4 或 HCl 中，无论稀浓，但商品锌却极易溶解在两种酸中。商品锌亦可溶于碱中，但不及在酸中溶解快，锌可与水银生成汞齐，汞齐不易被稀硫酸溶解。

熔融的锌能与铁形成化合物留在铁表面，保护钢铁免受侵蚀。

CO_2+H_2O 可使 Zn(g) 迅速氧化为 ZnO，此反应是火法冶炼的决定因素。

锌在电化次序中位置很高，可置换许多金属，在湿法炼锌中起净液作用。

锌能与许多金属组成合金，如黄铜。

1.2 锌的主要用途

锌的用途广泛，在国民经济中占有重要的地位。锌能与很多有色金属形成合金，如由锌铜组成的合金（黄铜），锌铜锡组成的合金（青铜）等，这些合金广泛用于机械制造、印刷、国防等方面。锌的熔点较低，熔体流动性好，铸造过程中可使铸模各细小部分充满，故锌被广泛应用于制造各种铸件。由于锌的抗耐腐蚀性能好，使它主要用于镀锌工业，作为钢材的保护层，如镀锌的板管等，其消耗量占世界锌消耗量的 47.7%。锌板也用于屋顶盖、火药箱、家具、储存器、无线电装置、电机等的零件。锌还用于锌-锰电池，作为电池的负极材料，用量较大。高纯锌-银电池具有体积小、能量大的优点，用作飞机、宇宙飞船的仪表电源等。

1.3 锌的主要化合物及其性质

1.3.1 硫化锌（ZnS）

硫化锌（ZnS）在自然界中硫化矿以闪锌矿的矿物状态赋存，是炼锌的主要原料。纯硫化锌为白色物质，并呈粉末多晶半导体，在紫外线、阴极射线激发下，能发出可见光线或紫外、红外光，俗称荧光粉。硫化锌熔点 1850℃，在1200℃显著挥发。比重 4.083。在空气中，硫化锌在 480℃时即缓慢氧化，高于600℃时氧化反应激烈进行，生成氧化锌或硫酸锌。

$$2ZnS + 3O_2 \Longrightarrow 2ZnO + 2SO_2$$
$$ZnS + 2O_2 \Longrightarrow 2ZnSO_4$$

在还原气氛中，1100℃时，氧化钙使硫化锌分解：

$$ZnS + CaO + CO \Longrightarrow Zn + CaS + CO_2$$

金属铁在 1167℃开始分解硫化锌，在 1250℃时分解作用进行得很完全：

$$ZnS + Fe \Longrightarrow Zn + FeS$$

硫化锌在氯气中加热则生成氯化锌：

$$ZnS + Cl_2 \Longrightarrow ZnCl_2 + S$$

硫化锌不能直接被 H_2、C、CO 还原，也不能溶解于冷的稀硫酸及稀盐酸中，但能溶解于硝酸及热浓硫酸中。

硫化锌可用于涂料、油漆、白色和不透明玻璃、橡胶、塑料等方面。

1.3.2 氧化锌（ZnO）

氧化锌（ZnO）俗称锌白，为白色粉末。当锌氧化、$ZnCO_3$ 煅烧及 ZnS 氧化时皆能生成 ZnO。ZnO 比 ZnS 更难熔，1400℃ 显著挥发。熔点 1973℃；密度 5.78g/cm^3。属于两性氧化物，既能与酸反应，又能与强碱作用，生成相应的盐类，在高温下可与各种酸性氧化物、碱性氧化物，如 SiO_2、Fe_2O_3、Na_2O 等反应，生成硅酸锌、铁酸锌、锌酸钠。易溶解于极性的溶剂中，工业上焙砂的酸浸出，就是利用了氧化锌的这一特性。

ZnO 能被 C、CO、H_2 还原。在温度高于 950℃ 以上时，氧化锌被一氧化碳还原生成锌蒸气与二氧化碳的反应激烈进行：

$$ZnO + CO \Longrightarrow Zn \uparrow + CO_2$$

在有空气存在下，当温度高于 650℃ 时，ZnO 与 Fe_2O_3 可形成铁酸锌：

$$ZnO + Fe_2O_3 \Longrightarrow ZnO \cdot FeO_3$$

ZnO 可用作油漆颜料和橡胶填充料。医药上用于制软膏、锌糊、橡皮膏等，治疗皮肤伤口，起止血收敛作用；也用作营养补充剂（锌强化剂）、食品及饲料添加剂。

1.3.3 硫酸锌（$ZnSO_4$）

$ZnSO_4$ 在自然界中发现很少，焙烧 ZnS 时可形成 $ZnSO_4$，它易溶于水，加热时易分解：

$$ZnSO_4 \Longrightarrow ZnO + SO_2 + O_2(T = 800℃)$$

当有 CaO 和 FeO 存在时会加速 $ZnSO_4$ 的分解：

$$ZnSO_4 + CaO \Longrightarrow ZnO + CaSO_4(T = 850℃)$$

$ZnSO_4$ 被 C 或 CO 还原成 ZnS 需在 800℃ 以上进行，而此时大部分 $ZnSO_4$ 已分解形成 ZnO，因此仅一部分被还原。

$ZnSO_4$ 可用于生产其他锌盐的原料，也用于制立德粉，并用于制作媒染剂、收敛剂、木材防腐剂、电镀、电焊及人造纤维（粘胶纤维、维尼龙纤维）、电缆等；还是一种微量元素肥料、饲料添加剂，亦可用来防治果树苗圃病害。

1.3.4 氯化锌（$ZnCl_2$）

氯化锌（$ZnCl_2$）在较低温度下将氯与金属锌、氯化锌或硫化锌作用而形成氯化锌：

$$Zn + Cl_2 \Longrightarrow ZnCl_2$$

$$ZnO + Cl_2 \Longrightarrow ZnCl_2 + \frac{1}{2}O_2$$

$$ZnS + Cl_2 \Longrightarrow ZnCl_2 + S$$

$ZnCl_2$ 熔点 318℃，沸点 730℃，在 500℃左右显著挥发，熔点与沸点都低，500℃时显著挥发。这是采用氯化挥发锌并得以富集的依据。$ZnCl_2$ 易溶于水。

$ZnCl_2$ 主要用于制干电池、钢化纸，并用作木材防腐剂、焊药水、媒染剂、石油净化剂。

1.3.5　碳酸锌（$ZnCO_3$）

碳酸锌（$ZnCO_3$）在自然界以菱锌矿的状态赋存。碳酸锌在 350~400℃分解成 ZnO 及 CO_2。碳酸锌极易溶解于稀硫酸，生成硫酸锌与 CO_2，亦易溶于碱或氨液中。

1.4　锌冶炼主要原料和资源情况

1.4.1　锌冶炼主要原料

在自然界中未发现有自然锌，按矿中所含矿物不同将锌矿石分为硫化矿和氧化矿两类。

（1）硫化矿。Zn 主要以 ZnS 和 nZnS·mFeS 存在，是炼锌的主要原料，属原生矿。

单金属硫化矿在自然界中发现很少，多以其他金属硫化矿伴生，最常见的为铅锌矿，其次为铜锌矿、铜铅锌矿、锌镉矿。这些矿物中除主要矿物 Cu、Pb、Zn 外，还常含有 Au、Ag、As、Sb、Cd 及其他有价金属。这样复杂的矿石称为多金属矿石。此外还含有 FeS、SiO_2、硅酸盐等脉石。

因其中欲提取的金属含量（Zn 通常为 8.8%~16%）不高，故不能直接进行冶金处理，需通过优先浮选法分开矿石中的重要金属。

（2）氧化矿。Zn 主要以 $ZnCO_3$ 和 $ZnSiO_4$·H_2O 存在，属次生矿，是硫化矿床上部长期风化的结果。

锌精矿含有 Zn、Pb、Cu、Fe、S、Cd、SiO_2、Al_2O_3、$CaCO_3$、$MgCO_3$ 及 Mn、Co、In、Au、Ag 等。通过选矿富集，品位约在 38%~62%。

锌冶炼对锌矿的要求：$w(Zn)>48\%$，$w(Pb)<2\%$，$w(Fe)<8\%$，水分 6%~8%。

除以上所述主要原料外，含锌废料，如镀锌的锌灰、熔铸时产生的浮渣、处理含锌物料时（黄铜、高锌炉渣）产生的 ZnO 等，亦可做为炼锌原料。

1.4.2　锌资源情况

锌在地壳中的丰度为 0.004%~0.2%，现在已经知道的锌矿物有 55 种，具有工业价值的含锌矿物有菱锌矿（calamine）（$ZnCO_3$（欧洲）、$ZaCO_3$+Zn_2SiO_4（美））、锌矾矿（goslarite）（$ZnSO_4 \cdot 7H_2O$）、锌铁尖晶石（frankliaite）（（Fe^{2+}，Mn^{2+}，Zn）$O(Fe^{3+}Mn^{3+})_2O_3$）、异极矿（hemimorphite）（$Zn_4Si_2O_7(OH)_2 \cdot H_2O$）、磷锌矿（hopeite）（$Zn_3(PO_4)_2 \cdot 4H_2O$）、水锌矿（hydrozincite）（$3Zn(OH)_2 \cdot 2ZnCO_3$）、铁闪锌矿（marmatite）（$ZnS$（立方）+>20% FeS）、菱锌矿（smithsonite）（$ZnCO_3$（美））、闪锌矿（sphalerite）（ZnS（立方）（美））、硅锰锌矿（trootsite）（（Zn，Mn^{2+}）$_2SiO_4$）、硫氧锌矿（voltzine）（氧硫化锌（不定））、硅酸锌矿（willemite）（Zn_2SiO_4）、纤锌矿（wurtzite）（ZnS（六方））、闪锌矿（zincblende）（Zn（立方）（欧洲））、红锌矿（zincite）（ZnO）、碳酸锌矿（zincspar）（$ZnCO_3$）等。目前，锌冶金主要原料为闪锌矿、铁闪锌矿、氧化锌矿和菱锌矿等。

世界锌资源丰富国家有中国、美国、加拿大、澳大利亚、墨西哥和秘鲁等。主要锌资源国家的资源量见表1-2。由表中数据可知，我国是锌资源比较丰富的国家，这为锌冶金发展提供了原料保障。

表1-2 2003年世界锌资源国储量　　　　　　　　（万吨）

国名	锌储量				锌储量基础			
	1990年	1995年	2000年	2002年	1990年	1995年	2000年	2002年
中国		500	3300	3300		900	8000	9200
美国	2000	1600	2500	3000	5000	5000	8000	9000
澳大利亚	1900	1700	3400	3300	4900	6500	8500	8000
加拿大	2100	2100	1100	1100	5600	5600	3100	3100
墨西哥	600	600	600	800	800	800	800	2500
秘鲁	700	700	700	1600	1200	1200	1200	2000
其他	5600	5800	7200	6900	9600	11500	13000	11000
世界总计	14400	14000	19000	20000	29500	33000	43000	45000

到2002年底，世界锌资源量19亿吨，锌储量20000万吨，基础储量45000万吨；到2003年，世界锌资源储量仍然为19亿吨，锌储量和储量基础略有增加，各为22000万吨，46000万吨。

我国的锌资源主要分布在云南、内蒙古、甘肃、四川、广东等省区，这五省区的锌资源占全国锌资源总量的59%，其中云南锌矿资源储量最大。广西、湖南、贵州等省区也有锌矿资源。1999年底中国探明资源总量9212万吨，资源量6047万吨，基础储量3165万吨，其中储量2028万吨，2002年锌储量3300万吨，锌储量基础9200万吨；2003年，锌储量3600万吨，储量基础仍然为9200万吨，储量增加度不快。

20世纪90年代初，我国锌资源基本可以满足需求，具有一定的资源优势；

但到目前锌资源已经没有优势，原料自供应率降低。虽然锌资源丰富，但能经济利用的储量不多，可经济利用的锌资源的净增加量大幅度下降，而资源消耗量却逐年增加，锌精矿由净出口国变为净进口国，原料不足制约了我国锌工业的发展。2002 年，我国锌的资源储量保有年限为 7.9 年，基础储量保有年限为 11.8 年，开始明显短缺。实际上，我国锌精矿从 1996 年开始由净出口变为净进口。目前锌资源的短缺已经开始制约我国锌冶金的可持续发展。

为了保持我国锌冶金的长远和可持续发展，一方面需要提高找矿强度，增大资源量；另一方面，开发利用我国丰富的低品位锌资源。现有的锌冶金技术还不能经济有效地利用这些资源，必须开发适合这些资源的锌冶金新技术。

低品位锌矿的浸出—萃取—电积工艺就是基于我国资源特点而开发的。

1.5 锌的生产与市场

锌的广泛工业应用促进了锌的消费与生产，全世界锌的生产与消费稳步增加，比同期的经济增长速度快。特别是西方国家，锌的生产满足不了工业需求，每年需要大量进口锌。我国锌冶金发展也比较迅速，比全世界锌的平均发展速度要快。表 1-3 和表 1-4 列出了全世界及我国近年来锌的生产和消耗量。

表 1-3　近年全世界及西方锌生产和消耗量　　　　　（万吨）

年 份	1995	1996	1997	1998	1999	2000	2001	2002	2003	2004
世界锌产量	735.9	746.5	780.1	799.0	810.9	836.8	920.0	940.0	979.0	1022
世界锌消耗量	745.5	755.6	778.9	789.0	816.6	840.0	879.0	900.0	926.1	1044
西方锌产量	549.7	553.6	559.8	575.4	584.4	618.9			666.5	665.2
西方锌消费量	629.3	624.2	645.0	651.4	666.7	690.4			715.3	738.5
西方锌进口量	45.7	46.9	79.4	66.2	72.3	77.0			59.8	73.2

表 1-4　我国锌的生产和消费量　　　　　（万吨）

年 份	1986	1987	1988	1989	1990	1991	1992	1993	1994	1995
生产量					55.18	61.20	71.90	85.70	101.8	107.7
进口量	11.69	6.82	6.20	1.92	0.41	1.57	4.22	4.01	4.90	6.67
出口量	5.68	9.53	1.38	1.29	2.14	0.54	8.19	20.56	27.80	19.15
消费量	41.80	45.9	44.10	40.2	51.80	54.00	56.80	63.10	68.10	87.10

年 份	1996	1997	1998	1999	2000	2001	2002	2003	2004	
生产量	118.5	143.4	146.8	169.5	192.0	204.0	204.0	222.7	251.9	
进口量	6.95	7.20	8.75	1.60	3.57	22.00	22.00		63.6	
出口量	22.68	55.70	37.06	50.50	59.30	61.00	55.00	45.10	33.8	
消费量	94.90	97.10	103.8	109.9	113.0	149.0	162.0	190.0	281.7	

在锌的生产和消费逐年增加的同时，锌的市场价格也逐年升高。近年来锌的LME 现价和国内销售价见表1-5。

表1-5 近年来国际（LME 现价）和国内锌销售平均价格

年份	1990	1991	1992	1993	1994	1995	1996	1997	1998	1999	2000	2001	2002	2003
LME /美元·t^{-1}	1520	1150	1240	961	998	1031	1025	1318	1023	1077	1150	886	779	828
国内价 /元·t^{-1}	7280	7150	7570	8330	9210	9250	9300	10870	9738	9765	10500	8820	7889	

虽然国际上锌的销售价格有一定的波动，但基本上稳步增加，特别是从1993年以来，锌的国际市场锌价格基本稳定升高。我国锌的市场价格也是逐年升高。正是由于锌的需求量的增大和锌市场价格的稳定和升高，使得锌冶金企业具有良好的经济效益，也推动了我国的锌冶金的发展，目前我国已经成为全球最大的精锌生产国。

1.6 锌冶炼主要方法

锌冶炼方法主要有火法炼锌、湿法炼锌、再生锌回收。

1.6.1 火法炼锌

锌火法冶炼的主要特点：历史悠久、工艺成熟、产品质量差、综合回收差。

火法炼锌是将在高温下含 ZnO 的死焙烧矿用碳质还原剂还原提取金属锌的过程。基本原理：因 ZnS 不易直接还原（$T>1300℃$开始），而 ZnO 较易直接还原，因此，ZnS 首先经过焙烧得到 ZnO，将 ZnO 在高温（1100℃）下用碳质还原剂在强还原和高于锌沸点的温度下进行还原，使锌以蒸汽挥发，然后冷凝为液态锌。

还原蒸馏法主要包括竖罐炼锌、平罐炼锌和电炉炼锌。竖罐和平罐炼锌是间接加热，电炉炼锌为直接加热。共同特点是：产生的炉气中锌蒸气浓度大，而且含 CO_2 含量少，容易冷凝得到液体锌。

火法炼锌技术主要有竖罐炼锌、密闭鼓风炉炼锌、电炉炼锌、横罐炼锌（已淘汰）等几种工艺，火法炼锌原则流程见图1-1。

1.6.2 火法炼锌原理

1.6.2.1 ZnO 还原过程

ZnO 被碳质还原的过程如下：

$$ZnO(s) + CO(g) \Longrightarrow Zn(g) + CO_2(g), \quad \Delta G^{\ominus} = 178020 - 111.67T \quad (J)$$

$$(1-1)$$

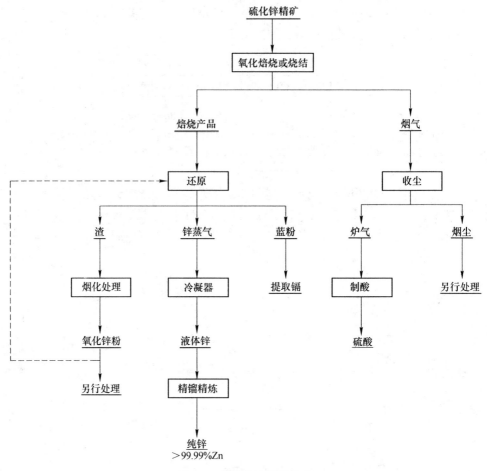

图 1-1　火法炼锌原则流程

$$C(s) + CO_2(g) \Longrightarrow 2CO(g), \quad \Delta G^{\ominus} = 170460 - 174.43T \quad (J) \quad (1-2)$$

式（1-1）+（1-2）得　　$ZnO(s) + C(s) \Longrightarrow Zn(g) + CO(g)$

　　从上述反应中可知，ZnO 还原成金属锌需要大量的热量。补充热量的方法有两种：一种是蒸馏法炼锌采用的间接加热法，另一种是鼓风炉法采用的直接加热法。由于原料中的铁的化合物对火法炼锌特别是鼓风炉法炼锌的影响较大，所以有必要研究在炼锌过程中铁的行为。

　　氧化锌还原过程的气相-温度曲线如图 1-2 所示。

　　图 1-2 中各曲线分别是下列反应在不同条件下平衡的 P_{CO_2}/P_{CO}-T 的关系曲线。

　　（1）　　　　　　$ZnO(s) + CO(g) \Longrightarrow Zn(g) + CO_2$　　　　　　　　　（1-3）

　　图中Ⅰ、Ⅱ、Ⅲ、Ⅳ、Ⅴ这 5 条曲线为反应（1-3）在以下 5 种设定条件下的曲线。

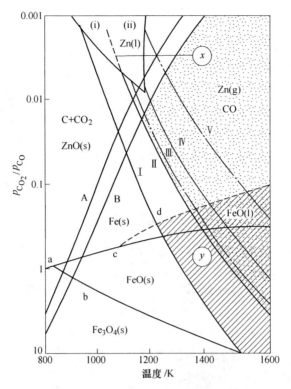

曲线	I	II	III	IV	V
α_{ZnO}	1.0	1.0	0.1	0.05	0.01
p_{Zn}/atm	0.06	0.45	0.06	0.06	0.06

图 1-2 ZnO 碳还原平衡图

（2）
$$C(s) + CO_2(g) \Longrightarrow 2CO(g) \tag{1-4}$$
图中绘出 A、B 两条线，其设定的条件为：

A 线：
$$p_{CO} + p_{CO_2} \Longrightarrow 20265Pa$$

B 线：
$$p_{CO} + p_{CO_2} \Longrightarrow 60795Pa$$

（3）铁氧化物的还原

曲线 a：
$$Fe_3O_4(s) + 4CO(g) \Longrightarrow 3Fe(\gamma) + 4CO_2(g) \tag{1-5}$$

曲线 b：
$$Fe_3O_4(s) + CO(g) \Longrightarrow 3FeO(s) + CO_2(g) \tag{1-6}$$

曲线 c：
$$FeO(s) + CO(g) \Longrightarrow Fe(\gamma) + CO_2(g) \tag{1-7}$$

曲线 d：
$$FeO(l) + CO(g) \Longrightarrow Fe(\gamma) + CO_2(g) \tag{1-8}$$

（4）Zn(l) 的稳定范围

曲线（ⅰ）：
$$ZnO(s) + CO(g) \Longrightarrow Zn(l) + CO_2(g) \tag{1-9}$$

曲线（ⅱ）：
$$Zn(l) \Longrightarrow Zn(g) \tag{1-10}$$

1.6.2.2　间接加热时锌的还原挥发

间接加热方式是将燃料燃烧产生的气体与 ZnO 还原产生的含锌气体用罐体分开而进行的火法炼锌过程。所以罐体内的 ZnO 的还原产生的炉气中含锌 45% 左右，含 CO_2 只有 1%，其余为 CO。在正常的熔炼条件下，蒸馏法炼锌区域为图 1-2 中的曲线 Ⅱ 和曲线 B 的右侧打点区域。从图中可以看到，氧化锌还原反应为吸热反应，即使 p_{CO_2}/p_{CO} 大，ZnO 仍能被还原。要在常压下进行还原，温度至少需要 1170K（曲线 Ⅱ 和曲线 B 的交点）。由于罐内气体组成 p_{CO_2}/p_{CO} 低于曲线 C 所示的 FeO 还原反应的平衡组成，故 FeO 被还原成金属铁，分散在蒸馏残渣中。

1.6.2.3　直接加热时锌的还原挥发

鼓风炉炼锌与蒸馏法炼锌不同，大量的燃烧气体和还原产出的锌蒸气混在一起，从而气相中 Zn 蒸气的浓度比较低，通常只有 5%~7%。平衡炉气成分在图 1-2 中曲线 Ⅰ 与曲线 A 所包围的区域。

鼓风炉炼锌时，锌的还原挥发与残留在炉渣中的 ZnO 活度有关。鼓风炉炼锌产出的是液态炉渣，而从液态炉渣中还原 ZnO 比较困难，要求较强的还原气氛和较高的温度，如图 1-2 中的 Ⅲ、Ⅳ、Ⅴ 线所示。随着渣中 ZnO 活度的降低，要求 p_{CO_2}/p_{CO} 越来越小，温度越来越高。

在鼓风炉炼锌时，不希望渣中的 FeO 还原成 Fe，因为 Fe 的存在会给操作带来困难。

通常鼓风炉渣中 FeO 的活度为 0.4 左右，此时 FeO 还原的平衡反应曲线为图 1-2 中的 d 线。只有炉内气相组成在 d 线以下时，渣中 FeO 才不被还原。因此炉内气氛应控制在 Ⅰ 线和 d 线所包围的区域内。由于采取低还原性气氛，所以渣含锌比较高，这是鼓风炉炼锌不可避免的缺点。

1.6.2.4　锌蒸气的冷凝

$ZnO+CO \rightleftharpoons Zn(g)+CO_2$ 为吸热反应，所以当炉气中温度下降时，CO_2 将使产出的锌蒸气再氧化成 ZnO，并包裹在锌液滴的表面，形成蓝粉，降低冷凝效率。为了防止氧化反应的发生，应尽可能在高温下直接将锌蒸气导入冷凝器内，使之急冷，如图 1-2 中的左上部所示。

鼓风炉炼锌得到的炉气组成与蒸馏法大不相同，产出的是 CO 和 Zn 蒸气浓度低、CO_2 浓度高的炉气，用蒸馏法采用的锌雨冷凝法冷却得不到液态锌，因此生产中采用高温密闭炉顶和铅雨冷凝的方法。利用铅雨冷凝时，利用锌在液体铅中有一定的溶解度，可降低冷凝下来的锌的活度，从而保护锌不被炉气中的 CO_2 所氧化。其冷凝效率用下式计算：

$$R = 100 \times \left(1 - \frac{p_{Zn}^0}{p_T - p_{Zn}^0} \cdot n_g \right)$$

式中 n_g——与1mol的锌同时进入冷凝器的其他气体的总物质的量；

p_T——冷凝器出口总压；

p_{Zn}^0——在冷凝器温度下纯液体锌的蒸气压。

1.6.3 湿法炼锌

湿法炼锌是用酸性溶液从氧化锌焙砂或其他物料中浸出锌，再用电解沉积技术从锌浸出液中制取金属锌的方法。

湿法炼锌主要工艺过程有硫化锌精矿焙烧、锌焙砂浸出、浸出液净化除杂质、锌电解沉积。

湿法炼锌工艺流程如图1-3所示。

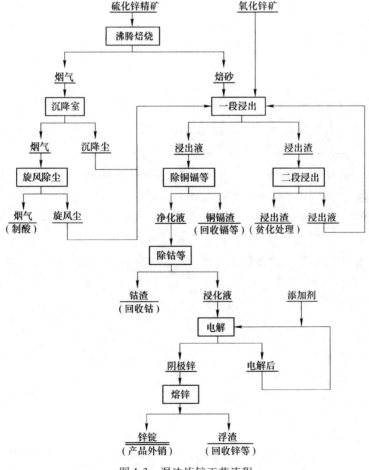

图1-3 湿法炼锌工艺流程

湿法炼锌主要优点为产品质量好（含锌 99.99%），锌冶炼回收率高（97% ~ 98%），伴生金属回收效果好，易于实现机械化自动化，易于控制环境影响。

1.7　锌再生

锌再生主要是利用热镀锌厂产生的渣、钢铁生产的含锌烟尘、生产锌制品过程中的废品、废件及冲轧边角料废旧锌和锌合金零件或制品、化工副产品或废料（次等）含锌原料，采用平罐蒸馏炉、竖罐蒸馏炉、电热蒸馏炉等设备将纯合金废料火法直接熔炼、含锌废金属杂料直接蒸馏、含锌金属和氧化物废料还原蒸馏、还原挥发的方法回收锌。

1.8　锌产品品号分类

锌产品品号分类见表 1-6。

表 1-6　锌产品品号分类

锌品号	锌含量/%	用途举例
0 号	≥99.995	高级合金和特殊用途
1 号	≥99.99	电镀，压铸零件，化学医药试剂
2 号	≥99.96	电池，做合金
3 号	≥99.90	
4 号	≥99.50	
5 号	≥98.70	

21 世纪，预计锌冶炼将围绕以下几个目标向新工艺、新技术冲击：

（1）创造无害工厂，使工厂的三废（废水、废气、废渣）得到有效治理。

（2）进一步简化工艺流程，并使之高度自动化。

（3）金属回收率高，综合利用好，能源和原材料消耗大幅度减少。

2　硫化锌精矿流态化焙烧

火法炼锌和湿法炼锌的第一步冶金过程就是焙烧。其中火法炼锌厂的焙烧是纯粹的氧化焙烧，脱硫焙烧是用硫化锌精矿与空气（氧气）在沸腾炉内进行氧化焙烧脱硫反应，焙烧产出的高温焙砂从沸腾炉溢流口排出，经过冷却输送设备送至焙砂仓库堆存。焙烧产生的高温炉气由炉气口引出，经炉气冷却器、旋风除尘器降温收尘后，进入电除尘器捕集绝大部分焙尘，使炉气温度降至 $200 \sim 400℃$，进入净化岗位。

焙烧的主要作用如下：

（1）进行氧化焙烧，把硫从 ZnS 精矿中提取出来，改变精矿的物相组成，使 S 以 SO_2 入烟尘制酸，Zn 以 ZnO 留在焙砂中以便提取锌。

（2）使 As、Sb、In 等有价金属氧化后挥发入烟尘。

（3）得到高浓度 SO_2 烟气以制酸。

处理块状的硫化矿的焙烧最早是采用堆式焙烧，后改为竖炉焙烧。后来处理粉状精矿又使用反射炉、多膛炉与悬浮焙烧炉。焙烧设备的改进，目的是强化焙烧过程、提高硫化物放热的利用率、改善劳动条件。

硫化锌精矿的沸腾焙烧是现代焙烧作业的新技术，也是强化焙烧过程的一种新方法。其实质是使空气自下而上地吹过固体料层，并使吹风速度达到使固体粒子相互分离、不停地做复杂运动，运动的粒子处于悬浮状态，其外状如同水的沸腾翻动不已。由于粒子可以较长时间处于悬浮状态，就构成了氧化各个矿粒最有利的条件，可使焙烧大大强化。

硫化锌精矿的焙烧可采用反射炉、多膛炉、复式炉（多膛炉与反射炉的结合）、飘悬焙烧炉和沸腾焙烧炉。其中，沸腾焙烧炉是当前生产中的主要焙烧设备。

本章主要介绍硫化锌精矿的沸腾焙烧。

2.1　硫化锌精矿的沸腾焙烧原理

流态化焙烧炉工作的基本原理是利用流态化技术，使参与反应或热、质传递的气体和固体充分接触，实现它们之间最快的传质、传热和动量传递速度，获得最大的设备生产能力。

2.1.1　流化床的形成

当流体的表观速度继续增大到一定值，床层开始膨胀和变松，全部颗粒都悬浮在向上流动的流体中，形成强烈搅混流动。这种具有流体的某些表观特征的流-固混合床称为流化床。在气-固流化床中，形成颗粒强烈翻滚，故又称为沸腾床。

2.1.2　流态化范围与操作速度

通常，将与流态化状态开始条件相对应的空截面（直线）流速称为临界沸腾速度（v_c）。将流化床开始破坏（固体颗粒被气流从流化床中吹走）对应的速度称为临界沸腾速度（v_{out}）。

将从临界速度开始流态化，到带出速度下流化床开始破坏这一速度范围，称为流态化范围。它是选择操作流态化速度的上下极限。流态化范围越宽，流化床的操作越稳定。这一范围大小可以用带出速度 v_{out} 与临界流态化速度 v_c 的比（v_{out}/v_c）来表征。理论和实践证明，颗粒越细则流态化范围越小，不规则的宽筛分物料的流态化范围比球形粒子的要小。

实际上多数工业流化床内粒级分布较宽，所以合理的操作速度应是绝大部分颗粒为正常流态化而又不大于某一指定粒级的带出速度。一般根据临界流态化速度并利用流化指数的经验数据来确定操作气流速度。流化指数 $K=v_{out}/v_c$ 代表流化强度。例如锌精矿酸化焙烧 $K=12\sim24$，锌精矿氧化焙烧 $K=15\sim14$。

2.1.3　沸腾焙烧过程主要化学反应

沸腾炉是一种新型的燃烧设备，它基于化工冶金工业的气固流态化技术。硫化锌精矿的焙烧过程是在高温下借助于鼓入空气中的氧进行。当温度升高到250℃着火温度时，ZnS 开始发生化学反应，生成 ZnO 和 SO_2 烟气，并放出大量热，足以满足正常的自热焙烧反应温度，通过加入锌精矿的多少来控制焙烧温度。焙烧过程如下：

$$MeS+1.5O_2 === MeO+SO_2 \uparrow$$

火法炼锌一般采用氧化焙烧（1000～1100℃），要求尽可能完全地使金属硫化物氧化。硫化锌与空气中的氧发生剧烈氧化反应，并放出大量的热量，使该化学反应可以继续维持，致使硫化锌生成锌的氧化物，主要化学反应如下：

$$2ZnS+3O_2 === 2ZnO+2SO_2$$

铅、砷、镉、铜、铁等类的硫化物均有类似反应。锌焙砂经溢流口排入冷却滚筒后，经链斗机送入仓库堆存。

2.2 沸腾焙烧工艺流程

某锌厂沸腾炉系统焙烧矿生产的工艺流程如图 2-1 所示。

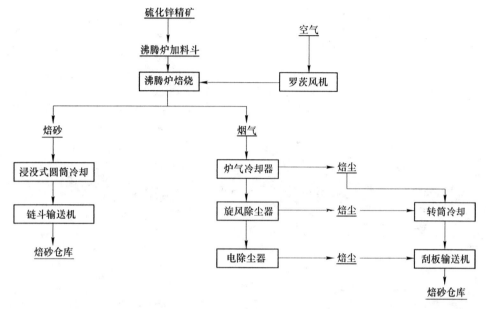

图 2-1 焙烧工艺流程

从图 2-1 中可以看出，锌精矿焙烧前经过配料、干燥、破碎、筛分，之后经过喂料设备如抛料机送入沸腾炉内形成流化床；硫化锌与空气中的氧发生剧烈氧化反应，并放出大量的热量，使该化学反应可以持续，硫化锌生成锌的氧化物；对锌精矿通过沸腾焙烧产出符合要求的焙砂、焙尘、含 SO_2 的炉气，经过降温除尘后送至净化工序。

2.3 沸腾焙烧炉及其附属设备

目前采用的沸腾焙烧炉有带前室的直形炉、道尔型湿法加料直型炉和鲁奇扩大型炉三种类型，通常采用扩大型的鲁奇炉（Lurgi 炉，又称为 VM 炉），图 2-2 所示为鲁奇上部扩大型沸腾焙烧炉示意图。

2.3.1 沸腾焙烧炉的结构

沸腾炉由炉床、炉身、进风箱构成。

（1）炉床。在一块钢板上装有许多风帽，并在整个炉底板上填灌 250mm 厚的耐火混凝土，保证隔热，不致在高温下变形。风帽的作用是让空气均匀地送入沸腾层。对圆形炉，风帽的排列以同心圆排列合适，并运用伞形风帽，与菌形和

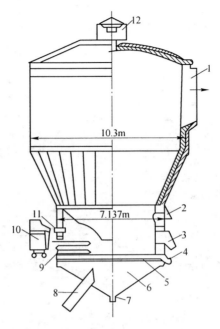

图 2-2　鲁奇上部扩大型沸腾焙烧炉

1—排气道；2—烧油嘴；3—焙砂溢流口；4—底卸料口；5—空气分布板；6—风箱；

7—风箱排放口；8—进风管；9—冷却管；10—高速皮带；11—加料孔；12—安全罩

锥形风帽相比，伞形风帽因其风眼在侧面，因此风眼不易堵塞，且顶盖较厚，不易烧穿。风帽一般用铸铁制造。

（2）炉身。由钢板焊接而成，其高度由沸腾层高度、炉膛空间高度、拱顶高度组成。它必须保证细小炉料在炉膛上部有充分的氧化时间，使其完成物化反应，以利于提高焙烧矿质量及降低烟尘率。炉身沸腾层处设有加料口、溢流口、工作门及冷却水套；上部设有排烟口，维持炉顶压力为零压或微负压。

（3）进风箱。使气流进入分布板前各处压力分布均匀，起到预先分配的作用。

2.3.2　加料与排料系统

2.3.2.1　加料系统

当沸腾炉内风量及温度一定时，主要是通过控制加料量来维持炉内温度稳定在一定范围内。

（1）干法加料。锌精矿预先干燥、破碎、筛分，然后用圆盘加料机加入炉内，是加料常用方法。

（2）湿法加料。将精矿混以 25%的水，制成矿浆，经喷枪喷入炉内。其优点在于能利用矿浆的汽化热直接冷却沸腾层，控制温度较方便；但由于烟尘率相对增加（比干法多20%~30%），使收尘复杂化，且炉气中含有大量水蒸气，使制酸困难，因而不常用。

2.3.2.2 排料系统

焙砂经溢流口自动排出，无需任何机械装置；焙砂温度在900~1050℃。对火法而言，因不能直接输送及储存，必须进行冷却，采用沸腾冷却箱冷却。

2.3.3 炉气及收尘系统

炉气排出时温度在850~1050℃，最理想的冷却方式是利用废热锅炉，它可以产生大量蒸汽，降低生产成本。

沸腾焙烧的烟尘率很大，氧化焙烧时为20%~25%，一般采用旋风收尘再经电收尘，所得矿尘采用螺旋运输机或刮板运输机输送，更好的可采用压风输送或真空输送。

2.4 沸腾焙烧炉及其附属设备的正常操作

下面以某厂沸腾焙烧炉及其附属设备（图2-3）为例介绍沸腾焙烧炉及其附属设备正常操作流程（图2-4）。

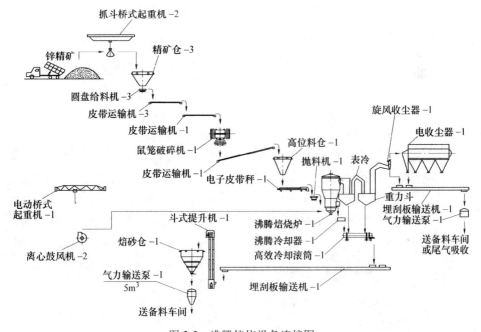

图 2-3 沸腾焙烧设备连接图

2.4.1　沸腾焙烧炉及其附属设备的开停车

2.4.1.1　锌精矿入炉设备开停车

（1）检查1号、2号皮带机空运转是否正常，确认无问题后方可开车。

（2）开机送料，其顺序为：2号皮带机→1号皮带机；停车顺序与开机送料顺序相反。

2.4.1.2　炉底罗茨风机的开停车

每次停机前，必须使入炉风量为0后方可停炉底风机。每次开机前，需人工盘车无异常后启动风机，待风机运转正常后，缓慢调节风机变频器频率大小，来满足炉子所需风量。

2.4.1.3　排砂系统的开停车

（1）开车前检查。各设备加油点是否加油，盘车空转是否正常，浸没式冷却圆筒、焙尘冷却滚筒、刮板输送机空载运转有无杂音、发热现象，轴承温度不超过50℃，供水是否充足，喷淋是否均匀。

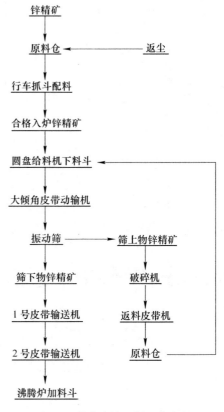

图2-4　某沸腾炉上料工序流程

（2）开车顺序，焙砂的刮板输送机→浸没式冷却圆筒；焙尘的刮板输送机→冷却滚筒→星形排灰阀。

（3）浸没式冷却圆筒与冷却滚筒在即将送入热料前应先开冷却水喷淋冷却，并根据需要调节合适水量。

（4）停机顺序与开机顺序相反，但必须将设备内残留砂、尘排尽方可停车，当设备与电器发生故障时应紧急停车，冷却圆筒停车后，每隔2h运转一次，待圆筒冷却后方可停止。

2.4.1.4　沸腾炉的开停车

（1）准备好炮杆、刮靶及清风帽小孔的铁钉等工具。

（2）扒出炉内杂物，清理风帽和它们之间的矿尘，打开风室检查清理。

（3）打开炉顶和表冷器顶部人孔盖，开空气鼓风机吹风帽，吹完后用射钉捣通风帽孔眼，检查有无坏风帽；风帽烧坏须及时更换。

（4）检查分布板、孔板、人门等有否漏气，下料口、排渣口有无异物。

（5）检查喷油嘴、送风管、油门、阀门、管线等是否完好、畅通。

（6）检查罗茨风机油位是否正确，油路是否畅通，皮带加料机等各运转设备是否正常，变频调速器是否灵敏等。

（7）装好炉内及炉顶热电偶。

（8）铺炉与冷试。

1）准备焙砂 60t 左右，粒度小于 5mm，铺炉厚度 500~600mm。

2）铺炉。将袋装的焙砂放入炉内，从封好的炉门处开始按要求依次向未封的炉门一次性铺就。铺炉人员尽量不从铺好的焙砂上走动，以免造成板结。

3）铺炉结束后，将炉门封闭一半，另一半用散砖封闭。启动炉底风机全风冷试，冷试时风量逐步加大至正常风量，此时炉底压力应为 800~1400mm 水柱左右，炉内焙砂应沸腾均匀。

4）冷吹 1~3min，停止炉底风机送风，打开炉门检查，观察炉内焙砂是否平整，若炉内高低不平或有穿空现象，找出原因处理后重做冷试，直到平整为止。

（9）点火送气。

1）打开接力风机出口盖板，对风机盘车检查正常后启动风机，关闭进入文氏管的插板，打开电除雾的人孔盖和脱气塔的补氧孔。启动点火送风、送油系统，控制阀门，调节好风油比，用火把逐个进行点火，点火时每个喷嘴必须有人看管防止熄火，如喷嘴断油灭火，要关闭油阀，停止点火，待炉内雾化柴油排尽后重新点火，以防爆炸伤人。

2）当上层炉温升至 300℃ 时，将喷嘴风量与油量逐步加大，以炉顶和表冷器顶部人孔不冒黑烟为准，当炉温升到 500~600℃ 时，加适当无烟煤粉辅助升温，当炉温升到 850℃ 且不下降时通知硫酸系统及相关工种做好送气准备。

3）当炉温升到 850℃ 停止喷油，通知制酸系统送气，停接力风机和盖上出口盖板，同时打开文氏管入口插板，外部封严，封闭所有人孔盖，停止开炉风油，投料送气，若温度降低较大，加硫黄辅助升温。

4）送气后，先用小风、小料，保持炉子出口微负压，继后逐步加大送风、投料量，采用阶梯升温法继续升温，当炉温升到规定温度时，以最佳料量为标准，并注意焙砂砂色的变化。在正常操作中，不允许大风、大减料、断料，保持在一定的温度范围内运行。

（10）开停车顺序。

1）短期步骤如下：

①停车前应通知转化岗位。

②停皮带加料机，盖好下料口，可略加风量，当炉温降至 900℃ 左右时再停

空气鼓风机。

③停车半小时后，再停排渣系统设备。

2）短期停车后开车。

①待转化岗位启动主风机正常后，启动炉底风机，缓慢调节风量，在加风过程中观察炉底压力、温度变化情况。

②加风后根据压力、温度情况判定炉子确无问题后，再根据炉温情况确定是否需用煤油或柴油升温，如需升温，应先减小 SO_2 风机风量，打开电除雾的人孔盖和脱气塔的补氧孔，插死进入后文氏管烟气的插板，开启接力风机；待温度升至 950℃时，停油或煤 15min 后，再通知转化岗位拉气。

3）长期停车。

长期停车要求逐步降低炉气中的 SO_2 浓度和炉温，其具体步骤如下：

①停车前应通知转化岗位。

②逐步减少投矿量至停止投矿，使炉气中 SO_2 浓度慢慢降低。

③盖好下料口，打开接力风机出口盖板启动接力风机，打开电除雾的人孔盖和脱气塔的补氧孔，插死进入后文氏管烟气的插板，开大空气鼓风机风量，尽可能地将炉内熟砂排出炉外，炉温降至 400℃时，可停空气鼓风机继续降温。

④当排渣系统无矿尘排出时，停下本系统。

4）紧急停车。

①转化岗位主鼓风机跳闸紧急停车。应立即停止向炉内投料，盖好下料口，并与相关岗位人员联系处理。

②突然全车间停电紧急停车。立即开水套冷却水补充水阀，盖好下料口，并尽快联系电工查找原因，处理后开车。

③空气鼓风机跳闸紧急停车。立即停止向炉内投料，同时通知转化岗位，然后仔细查明原因，处理后依开车程序开车。

2.4.1.5　电收尘的开停车

（1）开车前进行检查。

1）检查、清理电场内的杂物。

2）检查阴、阳极的间距是否移位，石英管、绝缘瓷轴必须清洁干净。

3）检查各振打装置的转向是否正确，严禁反转。

4）检查各转动装置是否转动灵活，振打锤是否正中有力，各减速机油位是否适中。

5）封好各清理孔、人孔门，检查好各测点热电偶。

（2）通气前 8h 开电加热器预热石英管和绝级瓷轴。

（3）通气前 4h 启动各电场振打装置。

（4）当电除尘器进出口温度，阴、阳极绝缘箱温度达到规定值时，检测各电场绝缘电阻大于 20MΩ 时，可以考虑电除尘器送电。

（5）停车时把电压逐渐调低至 0，按停止按钮，关闭高压电源。

（6）系统若短期停车，各电场振打、电加热器继续运行。

（7）紧急停车。迅速按下停止按钮，了解情况后决定振打装置和电加热器的停开。

（8）长期停车，停止各振打装置、电加热器，切断各电场送电电源，排出各电场积灰，打开人孔准备清理电场。

2.4.2 沸腾焙烧炉及其附属设备的正常操作

2.4.2.1 配料

（1）物料员验收锌精矿入库和返尘入库，装载机工规范堆放锌精矿和返尘。

（2）技术员通过沸腾炉的温度和气浓的变化，调整锌精矿与返尘的配比，指令给行车工。

（3）行车工按技术员的配矿指令，在矿仓空地上按比例配好合格的入炉矿料后，抓入圆盘给料机的下料斗。

2.4.2.2 上料

（1）把验收入库的硫化锌精矿与返尘通过配矿使其含水分、含硫品位和粒度达到工艺要求，把合格的入炉硫化锌精矿运送到沸腾炉岗位储料仓，保持料仓内备料充足。

（2）检查所有上料设备空负荷运转是否正常，确认无问题后方可开机送料。其顺序为：2 号皮带输送机→1 号皮带输送机→笼式破碎机→返料皮带机→振动筛→大倾角皮带运输机→圆盘给料机。

（3）沸腾炉前加料斗满后进行停车，停车顺序与开机送料顺序相反。

（4）严格按照岗位安全操作规程和设备操作规程精细操作。

2.4.2.3 沸腾炉焙烧

（1）将锌精矿通过沸腾焙烧产出的符合要求的焙砂、焙尘、含 SO_2 的炉气，经过降温除尘后送至净化岗位。

（2）锌精矿在焙烧温度下，由沸腾炉炉底风机鼓入的空气使精矿砂处于较强的沸腾状态（也称流态化状态），硫化锌与空气中的氧发生剧烈氧化反应，并放出大量的热量，使该化学反应可以继续维持，使硫化锌生成锌的氧化物，主要化学反应如下：

$$ZnS + \frac{3}{2}O_2 =\!=\!= ZnO + SO_2$$

铅、砷、镉、铜、铁等类的硫化物均有类似反应。锌焙砂经溢流口排入冷却滚筒后，经链斗机送入仓库堆存。

（3）含有粉尘的高温 SO_2 烟气进入炉气冷却器后，在重力作用下，使大部分粉尘沉降，烟气中的热量经炉气表冷器散热降温；烟气继后通过旋风除尘器，在离心力的作用下除去部分烟尘。该尘砂经转筒冷却后进入焙尘仓库储存。

（4）含尘约有 $40g/m^3$ 的烟气送入电除尘器，在电场力的作用下，使细粒烟尘被捕集下来后也进入焙尘仓库储存，含尘低于 $800mg/m^3$ 的 SO_2 烟气送制酸净化系统。

沸腾炉的操作，是根据仪表的指示维持规定的技术条件，因此操作简单，关键在于做到"三稳定"。

（1）稳定鼓风量。风量的大小是根据炉子的生产能力决定的，一般无变化。

（2）稳定加料量。在固定风量的条件下，沸腾层的温度主要是由加料量的均匀性决定。若料量不均匀，会引起温度的波动。烟气中 SO_2 浓度的变化，对焙烧质量及硫酸生产极为不利。

（3）稳定温度。炉顶温度在正常情况下与沸腾层温度相近，炉顶温度过高，说明精矿含水过低或粒度太细，会造成烟尘率上升。

正常操作要点：

（1）投料量变动范围不应太大，保持炉子稳定操作。

（2）注意供矿是否正常，注意下料口不堵塞、不断料，炉前料斗保持经常有料。

（3）注意炉温变化情况，发现异常情况应查明原因进行处理。

（4）控制沸腾炉在微负压下操作，发现加料口正压冒烟应查明原因进行处理。

（5）观察炉子压力情况，转化 SO_2 浓度，判断投料量是否适宜。

（6）按要求每小时做一次记录，要求数据准确，字迹清楚，不得涂改，不得伪造记录。

2.4.2.4　电收尘

将含尘烟气中尘粒在不均匀电场作用下捕集起来，烟气净化到满足制酸系统要求。含尘的烟气通过电场时，利用高压直流电使气体产生电离，尘粒在含有大量电子、正负离子的电场中荷电，在电场力的作用下，带负电荷尘粒在阳极沉积（大量），带正电荷的尘粒在阴极沉积（小量），利用机械振打的方式将阳、阴极上尘粒除去进而收集。

（1）通气后检查人孔法兰连接、排灰斗处等是否漏气。

（2）阴极、分布板、1号电场阳极为连续振打，2号、3号电场阳极为间断定时振打。

（3）送电：1号、2号、3号电场二次电流随负载大小而变化，电压不宜太高，以稳定运行，满足净化工艺要求为原则。

（4）当出口温度≥250℃时，顶部绝缘箱电加热器可停止加热，阴极振打绝缘箱温度应控制≥200℃。

2.5 沸腾炉生产故障及处理

2.5.1 系统停电

系统停电时，应立即通知硫酸系统以及相关岗位，力争不死炉，不烧坏炉内埋管及锅炉。加料岗位应立即关闭抛料口处的闸板，锅炉司炉应确保汽包水位。来电后先确认锅炉水位正常后，按先启动排风机，后启动鼓风机的顺序启动两台风机（注：不能带负荷启动），视炉内情况对炉内适量鼓风，视炉内沸腾情况及温度情况决定是否抛料。如炉内沸腾状况良好，其中部温度高于250℃，则应及时加料，同时控制好风量、料量及炉顶负压，确保开炉成功，再逐步将风量增至正常值；若发现沸腾状况良好，但温度低于250℃，则应按操作规程同时点起3支油枪，按开炉升温的程序处理。如发现炉膛有烧结现象，应及时果断地做以下处理：班长应快速组织力量，对抛料口和排料口处的炉膛部分用钎子戳碰，用压缩风吹，并适量调整风量，尽最大努力抢救炉子。若实在无办法改善沸腾状态时，则做停炉处理。停电时，一定要及时向调度室及相关部门汇报，以便信息及时反馈与传递。

2.5.2 鼓风机停电

鼓风机停电时，应立即停止加料，通知硫酸系统停止接收烟气，调节好炉顶负压，关注炉膛情况。及时向调度室联系，以便尽快恢复送电。如有备用电源应立即启用。来电后开大风检查流态化床运行情况，当发现流态化层流态化不好、炉内出现局部结疤等情况时，应立即处理，经检查正常后，按开炉程序开炉。

2.5.3 排风机停电

排风机停电时，应立即缩风至微沸腾状况，同时对加料系统进行同步控制。来电后先空负荷启动排风机，然后带负荷运行，最后将鼓风量恢复正常。排风机停电时，可以考虑做停风保炉处理（立即断料、关炉门，继续鼓风，当沸腾层各点温度上升到最高点均下降20~100℃后，立即将鼓风量关到"0"，关闭高温风机，通知硫酸系统关闭送烟气蝶阀，密闭系统进行保温）。排风机岗位按有关设备维护规程进行操作，同时及时与相关岗位与部门联系。停风时间在 12h 以内，恢复鼓风仍可使料层流态化并继续生产。

2.6　硫化锌精矿流态化焙烧的主要技术参数的确定

2.6.1　床能力的选择

床能力是指单位炉床面积在单位时间内处理的干精矿量，是衡量冶金炉生产能力和生产强度的一个重要标志，是衡量炉子的一个重要参数，一般以每平方米每天的处理量为单位（t/(m² · d)），它标志着炉子处理精矿能力的大小。床能力的大小取决于沸腾层的线速度、鼓风量和沸腾层内温度。国内锌精矿沸腾焙烧炉床能力一般在 5~7t/(m² · d) 左右。当今锌精矿酸化沸腾焙烧炉的床能力已经是一个成熟的参数。合理进行配料是稳定炉床能力的重要手段。

2.6.2　沸腾层高度的选择

沸腾层高度近似地等于气体分布板至溢流口下沿的高度。一般它是由炉内停留时间、沸腾层的稳定性和冷却盘管的安装条件等因素确定。沸腾层的高度适当与否对稳定流态化焙烧过程和保证产品质量有重要意义。因此沸腾层高度应满足下列条件：

（1）要保证精矿在炉内停留足够时间，使焙烧反应进行充分，以便获得符合要求的产品；

（2）使沸腾焙烧过程中有足够的热稳定性，当料量稍许波动时，炉内温度应稳定在规定的范围内，短时间停电、停风或停料仍能够顺利开炉，而不需要重新点火。

通常在确定流态化床层高度时，主要考虑流态化床应该具有一定的热稳定性和沸腾均匀性，炉子在正常生产时沸腾层是有起伏的，沸腾层高度一般是由炉料在炉内停留时间、沸腾层的稳定性和排热装置的安装位置等因素确定的，锌精矿沸腾焙烧炉的沸腾层高度变化不大，通常确定为 0.9~1.2m 左右，可以通过降低沸腾层高度来提高床能力。

2.6.3　沸腾焙烧炉床面积

鲁奇式沸腾焙烧炉床面积主要取决于床能力和精矿处理量。实际生产实践过程中可通过工艺计算烟气量、炉膛有效高度、炉膛温度、炉膛面积、烟气停留时间、烟气停留时间等参数来确定沸腾焙烧炉炉床面积。

计算沸腾焙烧炉炉床面积的方法有两种：

（1）按床能力计算：

$$F = \frac{A}{a} \tag{2-1}$$

式中　F——炉床面积，m^2；

　　　A——每昼夜需要焙烧的干精矿量，t/d；

　　　a——炉子单位生产率（床能力），$t/(m^2 \cdot d)$。

（2）按风量平衡计算

$$F = \frac{\alpha V_0 A (1 + \beta t)}{86400u} \tag{2-2}$$

式中　α——空气过剩系数；

　　　V_0——焙烧每吨干精矿所需的理论空气量（标态），Nm^3/t；

　　　A——每昼夜需要焙烧的干精矿量，t/d；

　　　t——沸腾层平均温度，$^{\circ}C$；

　　　u——沸腾层直线速度，m/s。

2.6.4　空气分布板的选择

2.6.4.1　空气分布板的设计及孔眼率的计算

空气分布板一般是由风帽、箱形孔板及耐火泥衬垫构成，气体分布板的设计应该考虑：（1）使进入床层的气体分布均匀，创造良好的初始流态化条件；（2）有一定的孔眼喷出速度，一般为 $10 \sim 20 m/s$，使物料颗粒特别是使大颗粒受到激发而湍动；（3）具有一定的阻力，以减少沸腾层各处料层阻力的波动；（4）应不漏料、不堵塞、耐摩擦、耐腐蚀、耐高温、不变形；（5）结构简单，便于制造、安装和维修。

2.6.4.2　风帽型式及风帽个数

风帽焊接在空气分布板的孔眼上，根据炉型的不同，风帽的排列方式有同心圆排布、正方形棋盘式排布等，在大型炉上多采用正方形排布。

2.6.5　沸腾焙烧炉的其他部件

2.6.5.1　风箱

焙烧炉风箱处于炉子的下部，呈倒锥形，主要作用是使入炉的空气沿炉底均匀分布，要求有足够的容积。沸腾焙烧炉的风箱容积的大小，可根据经验公式估算并结合炉子结构及工艺配置等情况调整确定风箱容积。

2.6.5.2　排料口尺寸计算

排料口处于焙烧炉的沸腾层上，其高度一般就为沸腾层高度，根据焙烧炉操作情况可调整排料口高度，例如可以采用降低排料口高度来提高炉床能力。溢流口应设置清理口，溢流口孔洞高度由操作需要而定，一般为 300～800mm。某厂焙烧炉采用的是外溢流排料，物料经溢流口直接排出炉外，溢流口孔洞高度为770mm，溢流口宽度为390mm。

2.6.6　沸腾焙烧的产物

沸腾焙烧的产物主要是焙烧矿（包括焙砂及烟尘）和烟气。

2.6.6.1　焙烧矿

焙烧产物中溢流焙砂和烟尘总称为焙烧矿，可全部作为湿法炼锌的物料。某厂焙烧矿质量标准如下：

化学成分：$w(S)_不$（不溶硫，即金属硫化物中的硫）$\leqslant 1.5\%$；$w(SiO_2)_可 \leqslant 3.8\%$；$w(SO_2) \geqslant 2.5\%$；烟气含尘（标态）$\leqslant 300mg/m^3$。

物理规格：球磨后锌焙砂粒度 180μm 以下（–80 目以下）达 100%，75μm以下（–200 目）达 80%。

2.6.6.2　烟气

烟气主要成分为 SO_2、O_2、N_2、H_2O、CO_2 等。一般焙烧烟气 SO_2 浓度为8.5%～10%，烟气出口含尘（标态）为 200～300g/m³。

2.7　硫化锌精矿流态化焙烧的主要技术经济指标

（1）床能力。床能力指焙烧炉单位炉床面积每昼夜处理的干精矿量，一般为 5～7t/(m²·d)；高温焙烧时为 2.5～8.0t/(m²·d)。

（2）脱硫率。精矿在焙烧过程中氧化脱除进入烟气中的硫量与精矿中硫量的比例百分数。一般为 82%～95%。

（3）锌的回收率。焙烧矿与烟尘中回收的锌量与总锌量的比值称为锌的回收率。一般大于 99%。

（4）焙砂产出率及烟尘率。焙砂产出率及烟尘率分别为 30%～55% 和 40%～20%（占处理量）。

某厂工艺技术经济指标：

入炉锌精矿粒度<5mm，水分：6%～12%，不夹带杂物，含硫 20%～32%。

沸腾层温度：1000～1100℃（以炉中温度为准）。

入炉风量（标态）：15000～30000m³/h。

炉底压力：900～2500mm 水柱。

焙砂含 S<0.5%。

电除尘器工序：温度：电除尘器进口：$250 \sim 400℃$，阴极绝缘箱温度$>200℃$；入口含尘量（标态）：$<40g/m^3$，二次电压：$40 \sim 65kV$，二次电流：$50 \sim 350mA$。

原辅料进厂验收及标准

硫化锌精矿：质量验收标准：$w(Zn)>42\%$；S：$20\% \sim 35\%$；$w(H_2O)<15\%$，粒度$<20mm$。

原煤：质量验收标准：含固定碳$>70\%$、含硫$<2\%$、粒度$0 \sim 5cm$。

3 烟 气 制 酸

硫化锌精矿所含硫在焙烧过程中与空气（氧气）在沸腾炉内进行氧化焙烧脱硫反应，焙烧产出的高温烟气中含有大量 SO_2。生产实践中含有 SO_2 的烟气通过接触法制硫酸的方法加以回收利用。关于接触法制硫酸有许多专著论述，本书以某厂两转两吸法为例介绍接触法制硫酸。

3.1 烟气制酸烧原理

接触法制硫酸是使来自沸腾焙烧电除尘器的烟气（含尘量 $200 \sim 600 mg/m^3$），首先进入文氏管，高速的炉气通过文氏管喷射成雾状与稀酸液面相接触，稀酸中的水分被迅速蒸发，同时炉气温度亦随降低，炉气中大部分的微尘、砷、氟等杂质被除去。经绝热增湿后的炉气进入洗涤塔进行洗涤、冷却，进一步除去炉气中的微尘、砷、氟等杂质，进入铅间冷器除去热量，使炉气温度降至 40℃ 以下，进入电除雾器。烟气通过电除雾器，在高压静电的作用下，将其中的酸雾和微尘捕集下来，达到进干燥塔的要求后进入干燥塔进行干燥。

净化后的 SO_2 烟气在干燥塔内除去水分后进入转化工序，SO_2 气体通过转化器内的钒催化剂作用转化成 SO_3，转化的 SO_3 气体在一、二吸收塔内被 98.3% 酸吸收生产成品硫酸，SO_2 气体在经过尾吸塔后，达标尾气排入大气中。

$$SO_2 + \frac{1}{2}O_2 \xrightarrow[V_2O_5]{400 \sim 500℃} SO_3 \qquad (3-1)$$

$$SO_3 + H_2O = H_2SO_4 \qquad (3-2)$$

3.2 烟气制酸工艺流程

3.2.1 净化工序工艺流程

净化工序工艺流程如图 3-1 所示。

3.2.2 转化工序工艺流程

转化工序工艺流程如图 3-2 所示。

3.2.3 干吸工序工艺流程

干吸工序工艺流程如图 3-3 所示。

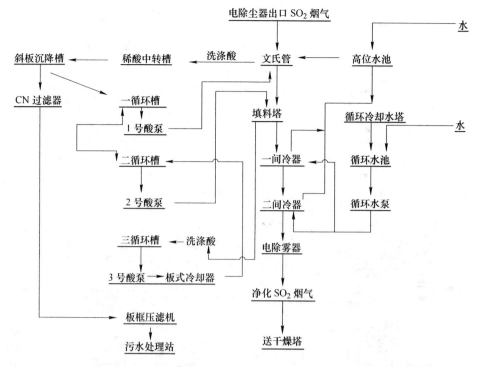

图 3-1 净化工序工艺流程

3.3 烟气制酸设备

烟气制酸各工序所用设备如下：

净化工序：电除尘器、文氏管、洗涤塔、电除雾器、循环槽、文氏管、斜板沉降槽、铅间冷器水泵、CN过滤器；

转化工序：转化器、离心风机、稀油站、吸收塔、干燥塔、管壳式换热器；

水处理工序：压滤机、反应池、过滤器。

3.4 烟气制酸操作

3.4.1 安全操作规程

3.4.1.1 上料岗位安全操作规程

（1）上岗前，劳动防护用品穿戴齐全正确，女员工长发盘入帽内后才能上岗。

（2）开机前必须对岗位所属设备做全面检查，检查设备传动部分的安全防护罩是否完好。检查完好后才能开机。

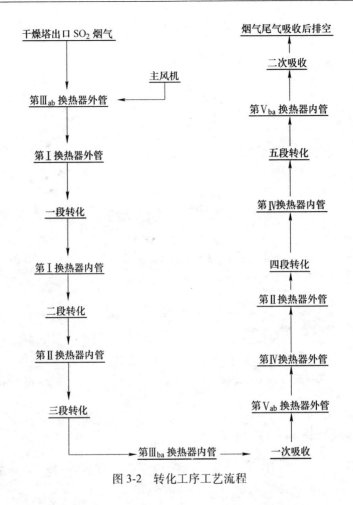

图 3-2　转化工序工艺流程

（3）在对圆盘给料机、振动筛、破碎机、皮带运输机清扫、日常加油或维修保养时，必须先停机，在启动开关处挂上警示牌，并设置专人监护才能进行。

（4）圆盘给料机、振动筛、破碎机、皮带运输机在运行过程中发生堵料或出现异常时，必须先停机，挂上警示牌，并设置专人监护才能处理堵料或故障问题。

（5）现场启动传动设备时，作业人员应站在传动设备侧面，设备危险点不得有人。

（6）在皮带运输机或其他设备附近作业，袖口、裤管必须扎好，并保持一定距离，不得靠近传动部位，禁止用戴手套的手接触传动部位。

（7）破碎机在运转时不得敲打外壳，不得在下料口附近观察，不得用铁杆等工具在内部捣料。

（8）严格执行相关安全规则和有关注意事项。

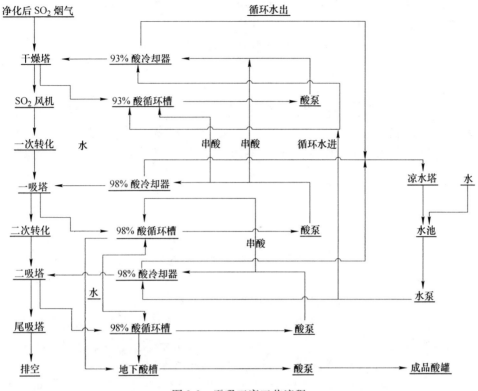

图 3-3 干吸工序工艺流程

3.4.1.2 抓斗桥式起重机、电葫芦岗位安全操作规程

（1）上岗前，劳动防护用品穿戴齐全正确，女员工长发盘入帽内后才能上岗。

（2）必须持证上岗，非专职人员不准乱动和任意操作。

（3）开车工作前必须检查钢丝绳、滑轮制动器、限位器、信号、挂钩安全销等安全装置是否可靠，同时进行空载试运转检查。

（4）开车工作前检查设备周围及下面是否有人和障碍物，在设备作业半径范围内严禁人员逗留和往来。

（5）在抓运物料时，回转和上下速度不得猛转、猛上和猛下。

（6）钢丝绳不准有扭结现象，当磨损或断丝数超过规定时应及时更换。

（7）夜间工作时，上下空间必须有足够的照明设备。

（8）工作完毕后，应将抓斗或挂斗安置稳妥，拉下电闸，锁上电闸箱。

（9）开车时要坚持发出信号，待人员撤离后，才许抓吊。

（10）听到停车信号时，必须立即停车。

（11）在电力输送中断、按钮及制动器失灵或发生其他异常故障时，必须立即切断电源，必须维修恢复后才能使用。

（12）严禁倾斜起吊重物，严禁超负荷起吊重物。

（13）操作工有权拒绝任何人的违章指挥，有权制止和纠正任何人的违章作业行为。

（14）清扫桥式抓斗起重机卫生时，必须先把电闸关掉，挂上警示牌，并设置专人监护才能进行。

（15）严格执行公司及分厂安全规则和有关注意事项。

3.4.1.3　沸腾炉岗位安全操作规程

（1）上岗前，劳动防护用品穿戴齐全正确，女员工长发盘入帽内后才能上岗。

（2）开机前，检查岗位所属设备传动部位的安全罩及其他关键部位是否完好，必须完好才能开车。

（3）沸腾炉点火升温时，严格按照点火安全规程操作。

（4）维护炉底鼓风机及电动机卫生时，工作服袖口、裤管要扎好。禁止使用湿棉纱进行操作，以免棉纱、袖口和头发卷入转动部分，造成工伤事故。

（5）沸腾炉、炉气冷却器四周禁止堆放易燃易爆物品。

（6）进入炉内时必须临时搭防护棚，以防炉体挂灰塌下伤人；进炉时要戴好防尘帽、安全帽和防护眼镜，衣服要紧身，袖口、裤管要扎好。

（7）在停车清理管道结块时，要距离管道20cm以上，以免管道壁及热灰高温伤人。

（8）焙砂和焙尘冷却滚筒的冷却水进排水管、沟道必须畅通，必须保持沸腾炉冷却水箱和水套的冷却水满管及畅通。

（9）在给岗位所属设备清扫、日常加油或维修保养时，必须先停机，在启动开关处挂上警示牌，并设置专人监护才能进行。

（10）作业人员在收尘斗附近作业时，尽量站在上风向，严禁用手触及收尘斗表面或热灰，以防烫伤。

（11）必须在系统通气约30min以后，方可向电除尘器送电。

（12）电除尘进行检查与检修时，必须待内部温度降到50℃以下才能进入。

（13）禁止靠近电除尘器的顶部的高压变压器及整流器。电除尘器必须接地良好，接地电阻小于1Ω。

（14）严禁触及所有电气设备的带电部位，进入电除尘器电场清理、检查或检修时，必须切断高压电源并放完电；必须两人进行，一人执行操作，一人监护；必须持证上岗，高压必须接地，并在操作岗位上挂"有人工作，禁止合闸"

字样的警示牌。

（15）严格执行公司及分厂的相关安全规则和有关注意事项。

3.4.1.4 沸腾炉点火安全操作规程

（1）上岗前，劳动防护用品穿戴齐全正确，女员工长发盘入帽内后才能上岗。

（2）点火前，先检查岗位所属设备传动部位的安全罩及其他关键部位是否完好，才能启动炉底鼓风机和油泵。

（3）沸腾炉点火升温时，点火操作人员必须穿戴好防护服、手套、防护面罩等防护用品，以免烧伤。

（4）点火和调整油嘴时，操作人员必须站在喷油嘴没有障碍的侧面，禁止人员站在油嘴正面，以免被火烧伤。

（5）在点火升温期间，必须有操作工坚守在喷油嘴旁观察燃烧情况，防止熄火。一旦发生熄火，必须立即关闭供油阀门，停止点火，待油雾排除干净后方能重新点火，以防爆炸。

（6）油罐、油泵、油槽和油嘴周围严禁烟火。

3.4.1.5 净化岗位安全操作规程

（1）上岗前，劳动防护用品穿戴齐全正确，女员工长发盘入帽内后才能上岗。

（2）对文氏管、洗涤塔、间冷器、稀酸循环槽等进行内部清理检查时，必须先进行换气，之后才能进行，设备内照明要用小于 12V 的安全灯。

（3）开机前，确认各设备内部无杂物、无缺损和泄漏现象，各人门盖、人孔盖密封完好。

（4）应定期检查电除雾的安全水封，使其处于完好状态，以免负压高时抽瘪净化工位管道。

（5）电除雾器开车前应对高压变压器及整流器进行检查，符合要求后才能投入运行。

（6）电除雾器本体接地电阻应小于 1Ω。

（7）电除雾器的顶部应挂上"禁止通行"警示牌。禁止靠近高压整流机组，隔离距离不少于 0.5m。

（8）当沸腾炉用含碳燃料或柴油点火升温时，一定要在系统开车通气 30min 后，电除雾器才能送电运行。

（9）检查和冲洗电除雾器本体时，必须切断高压电源并放完电才能进行，并在启动开关处挂上警示牌，设置专人监护才能进行。

（10）电除雾器的沉淀极管外表面，在运行时不得触碰，电除雾器人孔未封不得送电。

（11）硬聚氯乙烯本身强度较低、脆性大，虽经加固措施，但最大操作负压应小于-8000Pa，应在电除雾器进口管道上装有安全水封，超过此负压时，安全水被抽掉，应立即停车，消除故障。

3.4.1.6　转化岗位安全操作规程

（1）上岗前，劳动防护用品穿戴齐全正确，女员工长发盘入帽内后才能上岗。

（2）开机前，离心风机传动部位的安全罩必须罩好，才能开车。

（3）处理漏气及其他故障时，应先停风机，戴上防毒口罩，并有专人监护才能进行。

（4）不得用潮湿的手和棉纱等物接触电气设备，天气潮湿时开停电机应戴绝缘手套。

（5）操作人员必须集中精力，操作维护好离心风机及稀油站。

（6）检查离心风机时，必须扎好袖口，严禁戴手套，防止被卷入。

（7）电动机外壳接地必须良好，启用电炉前一定要进行电器检查，看电炉绝缘电阻是否达到要求，电炉不工作时必须切断电源。

（8）筛分或装卸催化剂时要戴防尘防毒口罩、眼镜和手套，系好工作鞋，扎紧袖口裤腿；装卸过程中不准喝水和饮食，装卸结束后一定要洗澡、洗衣服，以防引发钒中毒。

（9）在使用电葫芦作业时，严格按照电葫芦安全操作注意事项。

（10）严格执行公司及分厂的相关安全规则和有关安全注意事项。

3.4.1.7　干吸岗位安全操作规程

（1）上岗前，劳动防护用品穿戴齐全正确，女员工长发盘入帽内后才能上岗。

（2）进行带酸作业时，必须戴好防酸手套和防护面罩。

（3）电器设备检修时，必须先停车，再拉下电门开关，切断电源，悬挂上禁止合闸警示牌，并设置专人监护才能进行。

（4）设备检修或更换管道时，先抽走余酸并清洗干净。

（5）设备和管道发生漏酸时，应及时处理好漏酸处，对漏酸现场用石灰中和处理后再用大量清水冲洗。

（6）进入酸塔或酸槽工作时，应穿戴好防护用品，必须填写安全作业证、落实安全措施，经批准才能进入，进塔检修前必须换气，塔内照明要用小于12V

的安全灯。

（7）焊补储酸槽，必须将酸排净，焊接前必须将槽上人孔盖打开排空一段时间再焊接，以防发生爆炸，造成安全事故。

（8）高空作业或在槽、罐上部作业时，应防止高空坠落物或不小心掉入槽、罐。

（9）在检查和维修碱液槽搅拌机时，应在启动开关处挂上警示牌，并设置专人监护才能进行。

（10）严格执行公司及分厂的相关安全规则和有关注意事项。

3.4.1.8 取样岗位安全操作规程

（1）上岗前，劳动防护用品穿戴齐全正确，女员工长发盘入帽内后才能上岗。

（2）取酸样必须正确佩戴防酸用品（护目镜、手套、防毒口罩、防酸鞋等）。

（3）取文氏管洗涤器进口含尘时，禁止身体的任何部位接触取样口周围管道钢壳体，以免高温烫伤。

（4）取硫酸风机出口和尾吸塔进口 SO_2 气体样品时，必须站在取样口侧面上风口方向，并戴严实防毒面具。

（5）取净化岗位污酸时，必须站在取样口侧面上风口方向，取污酸时，要缓慢小开阀门，装至取样瓶一半即可，禁止快速大开阀门，导致污酸满瓶泼洒。

（6）取干吸岗位浓酸时，必须站在取样口侧面上风口方向，取浓酸时，拿稳取样瓶手柄，取样瓶口要对准浓酸取样小管口，头部要距离要浓酸取样小管口 30cm 以上，当取样瓶装至一半时即可移开。

（7）分析结束后，取样瓶严格按规范摆放在要求的地点。

（8）严格执行公司及分厂的相关安全规则和注意事项。

3.4.1.9 化验岗位安全操作规程

（1）上岗前，劳动防护用品穿戴齐全正确，女员工长发盘入帽内后才能上岗。

（2）取样称量或滴定分析时，必须正确佩戴防酸手套和规范操作手法。

（3）分析中涉及的仪器、试剂都必须要充分了解其性质，对不了解的仪器或不知道性能的试剂，禁止随便乱动及试验，以免发生危险。

（4）分析用的化学试剂，不论其毒性和纯度如何，一律不能入口和用手直接移取，移取时要用清洁干燥的药勺，多余的试剂不得倒回原瓶。

（5）对于危险品、剧毒品要有专人管理，根据各自的性质分类存放，对于易燃易爆试剂，要避免高温和日晒。

（6）分析室中的一切仪器设备都应有用电的安全措施，仪器设备的外壳要采用保护接地，遵守用电安全制度，应由专业电工接电，分析人员严禁接电和维修电器，发生漏电或电壳绝缘损坏的必须请电工处理。

（7）推拉电闸时不要正对闸门，不能用湿布擦洗电气设备，电气开关附近严禁放易燃易爆物品。

（8）使用中的电气设备应经常照看，下班前和当班不用的电气设备应切断电源、照明等。

（9）稀释浓酸必须将酸缓慢沿器皿壁加入水中搅拌，发热剧烈时应待稍冷后再进行。强酸溶液易剧烈发热，须防容器破裂泼溅。

（10）化验室内的化学器皿禁止作为饮料工具，不得将食品与溶液混在一起。

（11）分析结束后，剩余浓酸样品回入取样点装置，分析残留废物按要求规范处理好。

（12）严格执行公司及分厂的相关安全规则和注意事项。

3.4.1.10　污水处理站安全操作规程

（1）上岗前，劳动防护用品穿戴齐全正确，女员工长发盘入帽内后才能上岗。

（2）开机前，检查所属设备是否完好，储气罐卸压阀是否完好。

（3）在槽、罐上部作业时，应站在安全平台上，防止掉入槽、罐。

（4）配药室和药剂堆放点禁止烟火。

（5）配制石灰乳液和药剂时，必须穿戴好防护用品，扎紧袖口、裤管，戴好防护眼镜。防止药剂溅入眼睛或皮肤发生灼伤。

（6）从污酸调节池抽入预中和池的酸管漏酸时，必须停泵，并把管道内的污稀酸引入调节酸池，以免发生污染事故，再进行更换酸管作业。

（7）中和槽、爆气槽、沉淀槽发生泄漏或堵塞时，必须将废水排入调节酸池后再进行处理。

（8）压滤机在运行过程中泄漏时，必须立即停机，处理好后才能开机。

（9）检修反应槽搅拌机时，在启动开关处挂上警示牌，并设置专人监护。

（10）严格执行公司及分厂的相关安全规则和注意事项。

3.4.1.11　放酸岗位安全操作规程

（1）上岗前，劳动防护用品穿戴齐全正确，女员工长发盘入帽内后才能上岗。

（2）放酸前必须全面检查硫酸管道是否完好，禁止设备管道出现滴漏故障时进行放酸作业。

（3）放酸时要注意酸外漏，漏酸时应及时处理漏酸现场，先用石灰中和处理，之后再用清水冲洗，以免腐蚀设备，造成安全事故和环境污染。

（4）放酸作业完毕后必须关紧阀门，并用双锁锁好阀门。防止硫酸外漏造成安全环保事故。

（5）放酸作业场所禁止使用产生火星的工具敲打设备管道，严禁吸烟和使用明火，以防设备管道与硫酸接触，产生氢气，遇火发生爆炸、火灾事故。

（6）每天检查设备管道，发现问题及时检修。

（7）严格执行公司及分厂的相关安全规则和注意事项。

3.4.1.12　修理岗位安全操作规程

（1）上岗前，劳动防护用品穿戴齐全正确，女员工长发盘入帽内后才能上岗。

（2）对机械和电气设备的电氧焊检修，必须持有操作证的人员才能进行操作。

（3）检修带电设备时，必须先切断电源，同时悬挂"有人操作，禁止启动"的警示标志，并设置专人监护才能进行。

（4）在超过2m的高空作业时，必须正确使用安全带。

（5）在密闭空间的设备内检查或检修时，必须先进行换气，并在有害气体散尽后才能进行，设备内照明要用小于12V的安全灯。

（6）在使用砂轮机和台式钻床作业时，严格按照砂轮机、台式钻床安全操作注意事项进行。

（7）在进行电焊和气焊作业时，严格按照电焊和气焊安全操作注意事项进行。

（8）修理房内的工具、物料应摆放整齐，保持场所清洁卫生。

（9）检修作业中，起吊物件时，严禁多人同时指挥，物件下禁止站人。

（10）严格执行公司分厂的相关安全规则和注意事项。

3.4.1.13　砂轮机岗位安全操作规程

（1）操作前要穿紧身防护服，袖口扣紧，上衣不能敞开，严禁戴手套，不得在开动的砂轮机旁穿、脱、换衣服，或围布于身上，防止机器绞伤。女工必须戴好工作帽，发辫应挽在帽内。要戴好防护眼镜，以防铁屑飞溅伤眼。

（2）砂轮机要有专人负责，经常检查，以保证正常运转和防护罩完好。调换砂轮时不可用手锤敲击，拧紧砂轮、夹紧螺丝时要用力均匀。调换后，先试车，运转正常3min后才能工作。

（3）使用前应检查砂轮是否完好（不应有裂痕、裂纹或伤残），砂轮轴是否安装牢固、可靠；砂轮机与防护罩之间有无杂物，是否符合安全要求，确认无问题时，再开动砂轮机。

（4）不准在普通砂轮上磨硬质合金物，严禁在砂轮机上磨削铝、铜、锡、铅及非金属等物品。磨铁质工件，应勤蘸水使其冷却。

（5）砂轮使用最高速度不得超过砂轮规定的安全线速度。

（6）使用砂轮机时，人不得正对砂轮运转方向。

（7）磨工件或刀具时，不能用力过猛，不准撞击砂轮。

（8）在同一块砂轮上，禁止两人同时使用，更不准在砂轮的侧面磨削；磨削时，操作者应站在砂轮机的侧面，不要站在砂轮机的正面，以防砂轮崩裂，发生事故。

（9）砂轮不准沾水，要经常保持干燥，以防沾水后失去平衡，发生事故。

（10）砂轮磨薄、磨小及磨损严重时不准使用，应及时更换，保证安全。

（11）砂轮机用完后，应立即切断电源，不要让砂轮机空转。

3.4.1.14　台式钻床安全操作规程

（1）操作钻床时不可戴手套，袖口要扎紧，必须戴工作帽。

（2）钻孔前，要根据所需的钻前速度，调节好钻床的速度，调节时必须切断钻床的电源开关。

（3）工件必须夹紧，孔将穿时要减小进给力。

（4）开动钻床前，应检查是否有钻头钥匙或斜铁插在转轴上，工作台面上下不能放置量具和其他工件等杂物。

（5）不能用手和棉纱头或嘴吹来清除切屑，要用毛刷或棒构清除，在清除切屑或杂物时，必须先停车。

（6）停车时应让主轴自然停止。严禁用手捏刹钻头，严禁在开车状态下装拆工件或清洁钻床。

3.4.1.15　电焊、气焊安全操作规程

（1）作业前，在电弧焊场围应配置灭火器材。

（2）不准在堆有易燃易爆的场所进行焊接操作，必须焊接时，一定要在 5m 以外，并有安全防护措施。

（3）与带电体要相距 1.5~3.0m 的安全距离，严禁在带电器材上进行焊接。

（4）禁止在有气体、液体压力的容器上进行焊接。

（5）对密封的或盛装的物品性能不明的容器不准焊接。

（6）在有 5 级风力的环境中不准焊接，预防火星飞溅引起火灾。

（7）在金属容器内焊接，必须有专人监护。

（8）必须戴防护遮光面罩，以防电弧灼伤眼睛。

（9）必须穿工作服、脚盖和手套等防护用品。

（10）电焊机外壳和接地线必须要有良好的接地，焊钳的绝缘手柄必须完整无缺。

（11）气焊使用的乙炔气体平时放置或在使用时应避开高温环境，氧气瓶和乙炔瓶摆放距离应在8m以上。

（12）在操作过程中，应注意防止气管被焊接过程中的火花烧伤引起回火造成爆炸事故。

（13）气焊时如果在割炬中引起回火应先关闭乙炔气，然后再关闭氧气。

（14）钢瓶中的气体需减压后才能使用，气体减压器的压力不得调得过高。

3.4.1.16 电工岗位安全操作规程

（1）电工岗位作业人员，必须严格按要求持证上岗，作业前必须穿戴好劳动保护用品，随时携带专业工具，严禁穿高跟鞋、拖鞋上班。

（2）电气操作人员应思想集中，电器线路在未经测电笔确定无电前，应一律视为"有电"，不可用手触摸，不可绝对相信绝缘体，应认为有电操作。

（3）工作前应详细检查自己所用工具是否安全可靠，穿戴好必需的防护用品，以防工作时发生意外。

（4）维修线路要采取必要的措施，在开关手把上或线路上悬挂"有人工作、禁止合闸"的警告牌，防止他人误操作送电。

（5）工作中所有拆除的电线要处理好，带电线头包好，以防发生触电。

（6）所用导线及保险丝，其容量大小必须合乎规定标准，选择开关时必须大于所控制设备的总容量。

（7）工作完毕后，必须拆除临时地线，并检查是否有工具等物遗忘在电杆上。

（8）检查完工后，送电前必须认真检查，看是否合乎要求并和有关人员联系好，方能送电。

（9）带电操作时必须遵守一人操作一人进行监护的原则，防止出现意外事故，高空作业必须系好安全带。

（10）工作结束后，全部工作人员必须撤离工作地段，拆除警告牌，所有材料、工具、仪表等随之撤离，原有防护装置归位。

（11）操作地段清理后，操作人员要亲自检查，如要送电试验一定要和有关人员联系好，以免发生意外。

3.4.1.17　装载机岗位安全操作规程

（1）工作前，劳动防护用品穿戴齐全正确，女员工长发盘入帽内后才能上岗。上岗人员必须持证上岗。

（2）开车前，应检查发动机水位、油位是否符合要求，并检查连接处和各接头是否渗油、漏油。

（3）检查燃油油量、液压油油量及各油管接头有无漏油情况。

（4）检查蓄电池电极柱导线是否拧紧，其他导线有无松脱。

（5）检查轮胎气压、方向盘、制动踏板的自由行程是否合适。

（6）检查灯光、喇叭等信号装置是否正常。

（7）检查中所发现的问题，应在出车前进行排除。

（8）发动机发动后，检查各项仪表是否正常；发现异常，应立即熄火，进行检查排除，正常后方可运行。

（9）车辆行驶作业时，应注意倾听是否有异常声响。

（10）车辆在厂区、车间干道上行驶，其速度应控制在公司安全部门规定的速度范围内，并注意来往行人，随时鸣号。

（11）车辆只能在完全停车后才能换向；严禁超载、超速运行；出现异常现象，应停车检查，及时排除。

（12）车辆熄火后，拉紧制动刹车。

（13）给车辆加油时，必须熄火后才能进行。

（14）严格执行公司及分厂的相关安全规则和注意事项。

3.4.2　技术操作规程

3.4.2.1　净化工序技术操作规程

（1）将经过电除尘器除尘后还含有一定量的矿尘和有害杂质的高温炉气进行净化和降温，使炉气达到净化指标要求，送入干吸岗位。

（2）电除尘器来的高温（200~400℃）烟气进入文氏管内，以高速气流垂直撞击到文氏管喷射成雾状的稀酸液面上，使液体翻腾雾化，大大增加了气液接触面，部分液体中水分蒸发，烟气放热而大幅降温，同时烟气中大部分尘粒、砷、氟、三氧化硫等杂质被洗入稀酸而除去。

（3）经绝热蒸发增湿后的烟气在洗涤塔内与液体面在自下而上的运动中充分接触，界面不断更新，进一步洗去烟气中的微粒、杂质，并降低温度。

（4）烟气通过间冷器的管壁接触传热，将热量传递到循环冷却水中，使烟气降温到40℃以下，并使部分酸雾凝聚下来。

（5）烟气通过电除雾器，在高压静电的作用下，将其中的酸雾和微尘捕集下来，达到进干燥塔的要求。

（6）开停车操作法：

1）开车操作：

①系统开车通气前，应将循环槽、文氏管、斜板沉降槽等设备装水至正常液面高度，检查文氏管酸泵、洗涤塔酸泵、铅间冷器水泵和 CN 过滤器提升泵是否正常，检查各阀门的开启情况，并调整至正常运转状态。

②当高温炉气通入净化系统后，应密切注意各设备的运转情况，循环酸流量、酸量、炉气的温度、本岗位设备、压力、循环槽的液位等变化情况。

③根据工艺指标的要求，及时调节循环酸流量，补充水量，使各项操作指标逐步转入正常操作的要求。

④通气时，要经常注意电除雾安全水封水位情况。

2）停车操作：

①当硫酸离心风机停止运转后，稀酸泵仍照常运转，短期停车，稀酸可继续正常循环；如属长期停车，则应在硫酸离心风机停止运转 1h 以后方可停止各稀酸泵。

②停止通气后，应立即停止补充水的加入。

③停止通气后，停止循环水冷却塔风扇。

④停止稀酸泵运转后，应将斜板沉降器和 CN 过滤器内污泥排净。

⑤如属长期停车，应将各循环槽、斜板沉降器内的稀酸污泥和 CN 过滤器内污泥排空清洗。

3）电除雾器操作要点：

①电除雾器绝缘温度应控制在 120~160℃，长期停车后的开车应在开车前 8h 就给绝缘箱电热管送电，若因送电故障或温度不到 120℃，暂缓开车。

②长期停车后开车，应将顶部喷水阀门打开喷水，使全部沉淀极管壁都湿润后方可开车；待系统通气正常，接到启动通知后，电除雾器方可送电。

③短时间停车后的开车，如果停车前电除雾二次电压、二次电流正常，再次开车时一般不用打开顶部人孔喷水；若送不上电则停车检查，待确认无其他问题时，再进行喷水。

④若高压瓷瓶积尘，停电后用无水酒精擦净。

⑤沉淀极（塑料管）内壁及电晕极（锯齿状合金线）上积污泥太多，会使二次电压、电流波动（内部放电），需停车冲洗；若阴极线不正，应重新校正。

⑥电除雾器设备系硬聚氯乙烯塑料板制造，为使设备安全运转，操作温度不得高于 45℃，操作压力由安全水封控制，不得超过负压 9000mm 水柱，为此设有安全水封（电雾器底部），操作过程中，停车后开车要经常注意检查安全水封液位。

⑦安全水封抽通后，应全系统立即停车，检查清理后，水封液位加至溢流口后才能开车。

⑧电雾器排污水封的污水应常流。

⑨注意电雾器运行情况，如发现电流、电压严重不稳定及连续发生跳闸现象，应通知电工进行检查。产生放电现象的原因大致有：绝缘箱温度不足120℃，二次电压过高；阴极线偏离中心，重锤脱落后阴极线晃动，沸腾炉焙烧产生升华硫，沉淀极及电晕极积污太厚。

⑩经常观察电除雾器上部视镜，由视镜看到的电雾器内应清晰。若观察到到处有"烟雾"时，应及时检查电流、电压情况，有无偏低现象，若有应及时校正。

⑪电除雾器在升压和运行时注意观察设备各部有无放电现象，并应保持接好。

4）正常操作要点：

①根据稀酸温度、浓度定期排放 CN 过滤器内的污泥，排放污泥量视稀酸温度、浓度情况而定。

②控制电除雾器进口炉气温度低于 40℃，观察各压力、温度点的变化情况，经常检查 1 号、2 号循环泵上酸量大小的情况，调整至工艺所需最佳状态。

③根据系统压力、SO_2 浓度情况，调整脱气塔的补氧孔。

④根据净化工段各操作温度情况，调节补充加水量并保证两个循环槽液位的稳定。

⑤经常检查 1 号间冷器、2 号间冷器循环水量情况，杜绝净化工段各设备断酸、断水事故。

⑥在保证各项操作指标的情况下，精心操作，应尽量减少排污量。

3.4.2.2　转化工序技术操作规程

（1）将来自干燥后的 SO_2 气体通过钒催化剂的作用转化成 SO_3，供干吸岗位制备合格硫酸。

（2）净化后的 SO_2 烟气进入转化器内，依靠钒触媒（V_2O_5）的催化作用，使烟气中的 SO_2 在适宜的温度下转化为 SO_3，同时放出热量，其化学方程式为：

$$SO_2 + \frac{1}{2}O_2 \xrightarrow[400\sim500℃]{V_2O_5} SO_3$$

这是放热的可逆反应，通常采用钒催化剂来加快 SO_2 的转化，钒催化剂失效后 SO_2 的转化率极低，应更换新的钒催化剂。

（3）开停车操作。

1）开车前的检查与准备。

①联系电工检查电气设备是否齐全完好。

②检查各压力表、温度表是否齐全，灵敏准确。

③检查稀油站供油是否正常。

④检查 SO_2 风机油位是否正常。

⑤检查阀门是否灵活，全开回流阀，关闭附线阀。

⑥用管子钳盘车数圈。

2）开车。

①接到开车通知后，启动稀油站供油系统，供油正常后启动风机。

②待启动正常后，根据所需风量调节高压变频器频率至需要的负荷。

③检查运转部件润滑、轴承温度情况，轴承温度不得超过 90℃，油温不得超过 60℃。

3）停车。

①接到停车通知后，逐渐降低变频器频率。

②按下停车按钮。

③如遇断电，紧急停车，应按停车按钮。

4）短期停车后开车。

①接到开车通知后，与焙烧、净化、干吸各岗位联系。

②检查稀油站跟离心风机是否具备开车条件。

③检查各压力表、温度表是否齐备、灵敏齐全。

④检查各阀门是否灵活。

⑤按开车程序逐一开机。

⑥根据 SO_2 浓度及各段进出口温度调节，达到正常运行工艺指标。

5）短期停车。

①停车前应逐渐提高各段触媒进口温度 10~20℃，以出口不超过 600℃为限。

②各副线调节阀根据温升情况逐渐关闭。

③停车后应密切注意温度下降情况，如下降太快，应检查各阀门是否关死。

④定时盘车，作好开车准备。

6）长期停车后开车。

①老触媒开车。

ⅰ）联系干吸岗位开车并进行本岗位的检查与准备。

ⅱ）按离心风机开车程序开离心风机。

ⅲ）开电热炉、以每小时 10~30℃温升速度升温。

ⅳ）当一段和四段进口温度各达 430℃左右，出口温度大于 380℃，三段和五段出口温度大于 280℃，可与沸腾炉、净化等工序联系系统通气事宜。

ⅴ）根据各段温度情况调节风量逐渐增至正常，减少电炉组数，至全部停电热炉。

ⅵ）根据温度升高情况，可用副线阀调节各段温度至正常工艺指标。

②新触媒开车。

ⅰ）打开脱气塔补氧孔，干吸系统进行酸循环。

ⅱ）按 SO_2 离心风机开车程序启动风机。

ⅲ）开电热炉，根据转化器温度确定开启组数。

ⅳ）温升控制严格按新触媒温升程序操作。

ⅴ）净化系统开始酸循环。

ⅵ）按岗位操作规程启动电除尘器、电除雾器。

ⅶ）沸腾炉开车正常后，调节好脱气塔补氧孔的补氧量，进行转化器触媒饱和工作。

③新触媒饱和工作。

ⅰ）新触媒的饱和。钒催化剂在制造过程中通常已经用 SO_2 气体进行了预饱和，所以用于工业生产上不会因 SO_2 与催化剂中的 K_2O 发生化学反应生成 K_2SO_4 而产生大量的中和热。但是对于新装填的催化剂来说，由于吸附 SO_2 和 O_2 分子时会放出大量的吸附热，再加上生成焦硫酸盐时放出的反应热，将使催化剂床层的温度升到 570℃ 左右时形成突跃，如果不注意，床层下部温度将超过 620℃，使催化剂烧坏。因此需控制好 SO_2 浓度，避免因温升太快而烧坏催化剂。这个过程就是新催化剂的饱和作业。

ⅱ）新触媒的饱和操作。

a. 当沸腾炉升温结束后，调整主风机风量、净化空气补充孔，让少量 SO_2 气体进入转化器，进行触媒饱和。

b. 可用空气补充孔调节 SO_2 浓度，使其为 2% 左右，不超过 3%。

c. 注意一段进出口温度，进口应保持 400~410℃，温升速度每小时 30℃，出口温度不超过 550℃ 为宜。

d. 当一段出口温度由上升变下降到稳定时；表明一段触媒已饱和，此时控制一段进口温度为 400~420℃，并逐渐将 SO_2 浓度升至 3%~5%，不得超过 5%，进行二段触媒饱和，温升速度最高温度控制同一段，并逐渐将 SO_2 浓度升至 5%~7%，进行三段触媒饱和，温升速度最高控制温度同一段。

e. 以下各段依此方法操作，方法同上。

f. 触媒饱和期间转化器各段温度要求 15min 记录一次。

g. 一段催化剂已饱和好，逐渐提高气浓，待各段催化剂均饱和后转入正常操作。

④开车过程中的温度控制。

当催化剂处理完毕后，转化进入正常开车，首先应严格控制一段进口温度，当一段反应后，用一段反应热提高二段进口温度使二段反应，用1号阀调节二段进口温度；二段反应后，用二段反应提高三段进口温度，用4号阀调节三段进口温度；四段的进口温度由四段电炉控制，开车后四段很快反应，此时可逐渐开大主鼓风机气量。在保持一段和四段温度不降的情况下，逐组关闭电炉，用各段冷激阀及副线阀调节各段温度至正常指标范围内，进入正常生产。

⑤长期停车。

ⅰ）停车前8h通知干吸岗位提高各循环酸浓度等于98.8%。

ⅱ）停车前2h通知焙烧工段吹炉。

ⅲ）炉子停车后，维持一段进口温度高于400℃；打开净化电雾人孔吸入空气，用干燥的热空气对催化剂床层进行热吹（6～8h），热吹完毕后即可冷却降温。

ⅳ）若系统长期停车，在短期内不扒催化剂的情况下，转化器可不进行冷吹。

ⅴ）冷吹时，降温速率低于30℃，根据降温情况，可逐步开启冷激阀，加大风机风量。

⑥正常操作要点。

ⅰ）根据操作指标维持进转化器的二氧化硫浓度，随时注意气浓变化情况，并与焙烧工段进行联系。

ⅱ）严格控制转化器各段进口温度，分别用各段副线阀或冷激阀调节，具体方法如下：

a. 一、四段进口温度高低，可相应开关1号、4号冷激阀。

b. 开2号副线阀，降二段温度，关2号副线阀，升二段温度；开3号副线阀，升二段温度降一段温度；关3号副线阀，降二段温度升一段温度。

c. 开5号副线阀，降三段温度；关5号副线阀，升三段温度。

d. 开6号副线阀，降三段温度升五段温度；关5号副线阀，升三段温度降五段温度。

e. 开7号副线阀，降四段温度升三段温度；关7号副线阀，升四段温度降三段温度。

⑦密切注意风机出口压力，防止压差过大。

⑧随时检查控制仪表，如发现异常情况应及时联系检查。

⑨经常检查设备和管道有无漏气现象。

⑩按照《分厂生产过程提供控制程序》要求每小时填写《转化工段操作记录表》操作记录一次，要求内容准确、字迹清楚。

⑪按照《环境管理控制程序》的规定，每小时如实填写《尾气检测系统记录表》一次。

3.4.2.3　干吸工序技术操作规程

（1）原辅料进厂验收及标准。

1）片碱：质量验收标准：$w(NaOH) \geqslant 98\%$。

2）净化后的 SO_2 烟气在干燥塔内除去水分进入转化工序，转化的 SO_3 气体在吸收塔内被 98.3%酸吸收生产成品硫酸，SO_2 气体经尾吸塔吸收后，达标尾气排入大气中。

3）在干燥塔内用 92.5%～94.5%的硫酸淋洗烟气，利用浓硫酸强烈的吸水性，将烟气中的水分吸入淋洗酸中，送出干燥的烟气到转化系统，循环酸吸水后浓度变稀，通过串入 98.3%酸保持酸浓度。

在一、二吸收塔内用 98%～99%的浓硫酸淋洗烟气，将烟气中的 SO_3 吸收到硫酸中，循环酸浓度升高，串入 93%酸产出 98%的商品硫酸。吸收主要反应为：

$$SO_3 + H_2O = H_2SO_4 + Q$$

（2）开停车操作方法。

1）开车前的检查准备。

①检查设备、阀门、管道是否完好，是否符合开车要求。

②运转设备进行电气检查和试运转。

③检查各处仪表是否齐全、准确。

④检查酸泵安装是否正确良好，然后关死泵的出口，经盘车后试车观察运转是否正常。

⑤清除干吸塔、循环槽、地下槽等设备内的一切杂物，衬砖部分用棉纱擦净，然后逐一密封。

⑥检查带阳极的管式换热器的阳极保护装置是否良好。

2）开车顺序。

①在转化器开始升温、主风机开车前半小时，启动干燥酸泵，同时启动循环水泵，在系统通气前半小时，启动吸收酸泵（立式酸泵启动方法：先用手盘车数次，然后启动电动机，再慢慢打开出口阀至电流达到规定安培数为止）。

②检查泵运转是否正常，巡回检查设备和管道是否良好。

③如果酸浓度较低，或酸脏，可排走一部分，并补入新的浓酸保持循环酸槽液位在正常范围内。

④系统开始转入正常后，根据具体情况进行串酸，调节各个循环槽的液位和酸浓度。

3）停车。

①接到停车通知适当控制各循环槽酸的液位，防止停车时溢酸；适当提高干燥酸浓度到 96%左右。

②主风机停止运转后，方可停干燥、吸收酸循环泵。

③全关串酸阀、加水阀、停循环酸水泵；停带阳极保护管壳式换热器恒电位仪。

④如果停电、停水或大量漏酸时，应紧急停车，关闭各阀门，并通知有关岗位和班长。

⑤检修管壳式换热器时，要排酸泄压后才能检修。

（3）正常操作要点。

1）根据技术指标，及时调节串酸阀门，控制干燥酸和吸收酸的浓度，并保持稳定。调节方法是：98%酸浓度高时，串入93%酸或补充水；液位高时送入成品酸罐，93%酸槽液位高时，串入98%酸槽，93%酸浓度可出串入98%酸和串出93%酸来调节，对串酸阀的调节不要大起大落，要调一点看一下，稳定了再动作。

2）根据技术指标，经常注意干燥和吸收塔进口气体温度，遇到反常情况及时与净化及转化岗位联系。

3）经常观察尾气情况，根据酸浓度和烟囱尾气排放情况及时调节干燥酸和吸收酸浓度，检查酸泵运转情况，听、看有无异常：

①尾气冒浓白烟，是酸泵扬量不足，检查酸泵运转是否正常，出口是否开得过小，进塔酸温度是否偏高，查出原因及时处理。

②尾气冒黄烟，是吸收酸浓度过高，应及时串酸或加水。

③尾气冒白烟不很浓，可能是吸收酸浓度偏低，应停止加水和暂停串回93%酸。

④尾气很淡的白烟为正常。

4）根据技术指标，保证足够的循环酸量，使环酸槽的液位维持在一定范围。

5）每小时填写操作记录一次，要求数据准确，字迹清楚。

3.4.2.4 水处理岗位技术操作规程

A 工艺原理及流程

a 工艺流程

水处理工序流程如图3-4所示。

b 工艺原理

污水处理工艺：把生产过程中产生的污酸、污水（稀酸、精炼废水、综合废水）混合后加入石灰乳预中和，通过加双氧水、硫酸亚铁除砷，加重金属捕集剂除各种重金属，加磷酸三钠除镉，加石灰乳和聚合氯化铝除氟，加活性炭除有机物，加硫酸把pH调节到6~8，取样化验，待达到国家二级排放标准合格后排放。

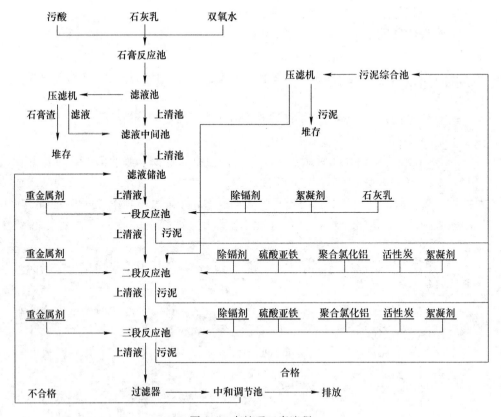

图 3-4　水处理工序流程

B　工艺技术条件控制及指标

（1）污水处理量。

设计污水处理量：120m³/d。

（2）外排水指标。

As<0.5mg/L；F<10mg/L；Cd<0.1mg/L；pH=6~9。

（3）药剂配制指标。

1）石灰：石灰中 CaO 含量>80%，配制浓度为 10%；

2）硫酸亚铁：配制浓度为 7%；

3）絮凝剂（聚丙烯酰胺 PAM）：配制浓度为 0.5%；

4）氧化剂（双氧水）：氧化剂的浓度为 4%；

5）除镉剂（Na₃PO₄）：配制浓度为 10%；

6）重金属剂：配制浓度为 10%；

7）吸附剂：配制浓度为 10%；

8）混凝剂（聚合氯化铝）：配制浓度为 10%。

（4）石膏反应系统的控制与指标。

（5）石灰乳。废水自调节池进入石膏反应池后，加入石灰，使 pH 值在 4~5 之间。在此 pH 范围内加入氧化剂使得废液里的三价砷离子尽可能被氧化成五价砷离子，此时废水中的硫酸根离子与石灰反应，生成硫酸钙颗粒物质，最终沉降在石膏沉淀池内。

（6）絮凝剂。废水在石灰等药剂反应完之后，需要进行泥水分离。为加快沉降速度，加入絮凝剂，使小颗粒状的物质形成具有良好沉降性能的絮凝团沉淀在石膏沉淀池内。为了使后续系统的除砷更充分，在滤液反应池中考虑再加入氧化剂，然后进入滤液中间水池。

C 石膏沉淀与石膏污泥压滤的操作

石膏反应形成的污泥进入到石膏沉淀池内进行沉淀，上清液从石膏沉淀池的出水堰进入滤液氧化池对废水继续进行氧化处理。沉淀在底部的污泥通过石膏压渣泵输送至板框压滤机进行脱水，脱水后的滤液进入到石膏沉淀池前端，石膏渣堆存起来。

D 一段处理系统的控制

（1）石灰乳。废水进入一段反应池后，加石灰调节 pH 值到 pH = 12 左右。使得废水中的重金属离子及砷与之反应，通过化学反应与水解生成颗粒物质，最终沉降在一段沉淀池内。

（2）除镉剂（Na_3PO_4）。加除镉剂是为了将水中的镉离子去除，消除其对环境的影响。前面将废水的 pH 提高至 12 左右，是为了除镉剂更好地发挥作用。除镉剂加药量为 0.8~1.0L/m³ 废水（配制浓度为 10%），此加药量要根据实际运行出水指标再进行调整。

（3）重金属剂（DTCR）。废水进入一段一号池段反应池后，在加入石灰的同时加入重金属捕集剂，主要目的是将废水中残留的重金属去除掉，使其排放时达标。重金属剂的加药量为 0.5L/m³ 废水（配制浓度为 10%），此加药量要根据实际运行出水指标再进行调整。

（4）絮凝剂。废水在与药剂反应后形成不同的颗粒物质，此时的沉淀颗粒很小，沉淀性能不好，为此，在絮凝反应池中加入絮凝剂，使小颗粒状的物质形成具有良好沉降性能的絮凝团。

一段排出的污泥进入综合污泥池中。上清液经沉淀池的三角出水堰流入排水渠至二段反应系统。

E 二段处理系统的控制

（1）石灰乳：废水进入二段反应池后，由于加入了硫酸亚铁，pH 会降低。为了维持废水的 pH 值，继续加石灰对废水的 pH 值进行调节，将 pH 值控制在 pH = 9.5 左右，使得废水在这个条件下能继续和药剂发生反应，降低水中的重金属离子及砷的含量。

（2）除砷剂（$FeSO_4$）：pH 值控制在 9.5 左右。在废水中加入硫酸亚铁之后，需要通入空气进行氧化作用。在二段的一号水池、二号水池及三号水池中通入空气，使得亚铁能充分地氧化成三价铁，从而生成砷酸铁以达到除去砷的目的。

（3）除镉剂（Na_3PO_4）：此段继续加入除镉剂是为了进一步将水中的镉离子等去除。

（4）吸附剂（粉状活性炭）：废水进入二段二号反应池后，加吸附剂，主要目的是将废水中残留的重金属去除掉，同时去除废水中的有机物。

（5）絮凝剂：使小颗粒状的物质形成具有良好沉降性能的絮凝团。

二段排出的污泥进入综合污泥池中。上清水经沉淀池的三角出水堰流入排水渠至三段反应系统。

F　三段处理系统的控制

废水自二段沉淀池进入三段反应池。在三段反应当中，加入的药剂的最佳反应条件是 pH＝8 左右。

（1）除砷剂（$FeSO_4$）：废水进入三段反应槽后，加酸调节 pH 值到 8 左右。根据实际废水中污染物的含量情况来调整 $FeSO_4$ 的加药量，同时通入空气进行氧化。

（2）混凝剂（PAC）：此段中加入 PAC 是为了去除废水中的残留氟离子。

（3）吸附剂（粉状活性炭）：废水进入三段二号反应池后，加吸附剂，主要目的是将废水中残留的有机物去除掉，同时进一步加强废水中的氟的去除。

（4）絮凝剂：使小颗粒状的物质形成具有良好沉降性能的絮凝团。

三段排出的污泥进入综合污泥池中。上清水经沉淀池的三角出水堰流入排水渠至三段反应系统。

以上三段的排泥时间为 8~20min，如果遇到废水的含 As 量过高的情况，污泥量可能会增多，这样根据情况可以定期手动排泥一次。

G　过滤系统

废水经三段沉淀池沉淀后的上清液流入废水中间池，此时废水中的重金属、pH 值及其余的污染物质在经过前面的石膏反应系统、三段的反应、絮凝、吸附和沉淀处理已被去除，此时的出水只有少量的重金属以 MeS 形式存在于水中，在前面的处理当中无法去除，如果还要进一步达到更高的出水要求，还需经过滤进一步去除，以实现排放要求，实现达标排放。

H　中和排放系统

废水在前面的处理过程当中，是通过加入 $Ca(OH)_2$ 为废水反应提供 OH^- 离子，这会使其 pH 升高，达不到排放标准 pH＝6~9。废水在过滤之后只有 pH 值不达标，因此在废水排放前必须用硫酸把废水的 pH 值回调至排放标准的 6~9 范围之内。

I 综合污泥处理系统

如前三段平流式沉淀池操作所述，一、二、三段各沉淀槽底的污泥经过排泥泵将污泥抽至综合污泥浓缩池内进行泥水浓缩。污泥从浓缩池底进入污泥提升井经压渣泵打入板框压滤机内进行脱水。压滤的上清液流进二段反应系统继续除杂，污泥块运往渣场堆存。

J 设备巡检与日常维护

（1）pH 计测头会在水中结垢，因此需要定期清洗维护，每 5 天校正一次 pH 计，确保 pH 测量的准确性。

（2）定期给电器柜内部除尘，以免灰尘太大影响运行及给检查线路带来不便。

（3）关闸之前首先断开小系统电源后再关总闸；如有元器件损坏的，注意在更换时一定要关断电源。

（4）定期巡查空压机运行情况，确保空压机运行良好，如发现运行不正常应及时通知班组长以上管理人员。

（5）经常对泵、减速机、搅拌机进行巡查与观察，发现有异常情况及时处理。

3.4.2.5 化验岗位技术操作规程

A 中和法测定硫酸含量

（1）方法提要。试样以甲基红-次甲基蓝为指示剂，用氢氧化钠中和滴定，其反应如下：

$$H^+ + OH^- \longrightarrow H_2O$$

（2）试剂。

1）甲基红-次甲基蓝指示剂：1 份 1g/L 次甲基蓝乙醇溶液与 2 份 1g/L 的甲基红乙醇溶液混合摇匀即可。

2）氢氧化钠标准溶液：准确称取 180g 氢氧化钠溶于 10L 预先赶净 CO_2 的水约 70mL，溶解完全后，加入 2 滴 5g/L 酚酞指示剂，用氢氧化钠标准溶液滴定至淡粉红色为终点。同时做空白实验。

$$c(NaOH) = \frac{G}{(V_1 - V_0) \times 0.2042}$$

式中　G——邻苯二甲酸氢钾的质量，g；

　　　V_1——氢氧化钠标准溶液的消耗量，mL；

　　　V_0——空白试验中氢氧化钠标准溶液的消耗量，mL；

0.2042——邻苯二甲酸氢钾克摩尔质量；

$c(\text{NaOH})$——氢氧化钠标准溶液的物质的量浓度，mol/L；

（3）操作方法。准确称取 0.6000g 试样于预先称量的称量瓶中，小心移入加有 100mL 水的 300mL 锥形瓶中，加入混合指示剂 3~4 滴，用氢氧化钠标准液滴定至褐绿色为终点。

（4）计算

$$w(\text{H}_2\text{SO}_4) = \frac{C \times V \times 0.0490}{G}$$

式中　C——氢氧化钠标准溶液的物质的量浓度，mol/L；

　　　V——氢氧化钠标准溶液的消耗量，mL；

　0.0490——硫酸的毫摩尔质量，kg/mmoL；

　　　G——试样质量，g。

B　气体中二氧化硫含量的测定和转化率的计算

（1）方法概述。气体中的二氧化硫通过定量的碘溶液时被氧化成为硫酸，碘液作用完毕时，指示剂颜色恰好消失，根据碘液用量和收集余气体积即可计算出被测气体中二氧化硫的含量，反应式如下：

$$\text{SO}_2 + \text{I}_2 + 2\text{H}_2\text{O} === \text{H}_2\text{SO}_4 + 2\text{HI}$$

（2）试剂。

1）5g/L 淀粉溶液。

2）0.001mol/L 碘标准溶液。精确量取 0.1mol/L 碘标液 10mL 于 1000mL 棕色容量瓶中，定容，摇匀即可。

3）0.1mol/L 碘标准溶液。准确称取 13g 碘以及 35g 碘化钾，溶于 300mL 水中，移入 1000mL 棕色容量瓶中，稀释至刻度，摇匀即可。

4）准确称取 0.1500g 预先在 105℃ 烘干至恒重的基准三氧化二砷于 400mL 烧杯中，加入 4mL1mol/L 的氢氧化钠溶液，待溶解完后，加入 50mL 水，2 滴 5g/L 的酚酞指示剂，用 1mol/L 的硫酸溶液中和至无色，加 3g 碳酸氢钠及 3mL5g/L 的淀粉指示剂，用碘标液滴定至浅蓝色。同时做空白试验。

$$c = \frac{G}{(V_1 - V_2) \times 0.04946}$$

式中　G——三氧化二砷的质量，g；

　　　V_1——碘标液的消耗量，mL；

　　　V_2——空白试验碘标液的消耗量，mL；

　0.04946——三氧化二砷的克摩尔质量。

（3）测定方法。

1）取 A、B 两支反应管。

2）用 A 管测进口二氧化硫含量。准确量取 0.1mol/L 的碘标液 5~10mL，注入反应管，加入 2mL5g/L 的淀粉溶液，加水至反应管 1/2 处，塞紧橡胶塞备用。

3）用 B 管测出口二氧化硫含量。准确量取 0.001mol/L 的碘标准液 1~5mL，注入反应管中，加入 2mL5g/L 淀粉溶液，加水至反应管 1/2 处，塞紧胶塞备用。

4）将 A、B 两管分别与进口和出口相连接并连接好测定装置。通入气体，使气流呈连续气泡，直至溶液蓝色恰好消失呈无色状，停止通气，时量气管内水位与水准瓶水位成水平，读取量气管内水位体积和稳定，计算得出二氧化硫含量。

（4）计算

$$c(SO_2) = \frac{CV_1 \times 10.944}{kV_2 + CV_1 \times 10.944}$$

式中　C——碘液的物质的量浓度，mol/L；

　　　V_1——量取碘标液的体积，mL；

　　　k——温度压力系数；

　　　V_2——余气体积，mL；

10.944——每毫摩尔 SO_2 所占得气体体积，mL/mmol。

转化率计算：

$$SO_2 转化率 = \frac{A - B}{A \times (1 - 0.015 \times B)} \times 100$$

式中　A——进口 SO_2 浓度，%；

　　　B——尾气出口 SO_2 浓度，%；

0.015——常数。

（5）注意事项。

1）采样前应充分抽气（正压则排气）以置换管道中余气，并注意管道不应漏气。

2）反应管反应时，应使气泡稳定均匀；反应时间不应过短或过长，2~3min 为宜。

3）测定转化器转化率时，应在进出口同时取样进行分析，因客观条件限制不能同时测定时，间隔不能过长。

4）反应所用的碘标准溶液的浓度和毫升数，应根据气体中 SO_2 的含量而定；在测定进口和尾气出口时，应尽量保持气泡流速反应时间一致。

C　气体中酸雾含量的测定

（1）方法概述。

将气体中的酸雾吸滤于棉花塞过滤管中，把吸附有酸雾的棉花置于水中，先用碘液滴定其上吸附的二氧化硫，然后用氢氧化钠滴定其总酸量，求出其酸雾含量。反应式如下：

$$SO_2 + I_2 + 2H_2O \Longrightarrow H_2SO_4 + 2HI$$

$$SO_3 + H_2O \Longrightarrow H_2SO_4$$

$$H_2SO_4 + 2NaOH \Longrightarrow Na_2SO_4 + 2H_2O$$

$$HI + NaOH \Longrightarrow NaI + H_2O$$

（2）试剂。

1）0.1mol/L 氢氧化钠标准溶液。配制及标定见硫酸浓度的测定。

2）0.01mol/L 碘标准溶液。配制及标定见气体中二氧化硫的测定。

3）5g/L 酚酞溶液。

4）60g/L 碘化钾溶液。

5）0.01mol/L 硫代硫酸钠溶液。准确称取 1.6000g 无水硫代硫酸钠，加入赶尽二氧化碳的水约 300mL，溶解完全后，移入 1000mL 棕色容量瓶，用赶尽二氧化碳的水稀释至刻度，摇匀，放置两周后使用。

6）甲基红-次甲基蓝混合指示剂。

（3）测定方法。

用两个三连球管装入 2g 干燥的脱脂棉（均匀装入，松紧适度），装好采样装置，调好流速并记录压差、流速和采样时间、温度。采样 45~60min 后取下，然后以每分钟 1~2L 的速度通入空气约 15min，以驱除棉花塞中二氧化硫；将棉花塞取出置于 400mL 烧杯中，冲洗球管内壁及采样管内壁 2~3 次，洗液并入烧杯中，加入中性蒸馏水 250mL，加 4mL5g/L 的淀粉溶液和 3mL60g/L 碘化钾溶液，搅拌均匀；用 0.01mol/L 的碘标准溶液滴定至淡蓝色为终点并记数；然后滴加 0.01mol/L 硫代硫酸钠使蓝色恰好褪去呈无色；加混合指示剂 4~8 滴，用 0.1mol/L 的氢氧化钠标准溶液滴定至褐绿色出现为终点；同时，用等量棉花和水做空白试验。

（4）计算

$$c(H_2SO_4) = \frac{[C_1(V_1 - V_2) - 2 \times C_2(V_3 - V_4)] \times 0.049}{V_0} \times 1000$$

式中　C_1——氢氧化钠标液的物质的量的浓度，mol/L；

　　　C_2——碘标液的物质的量的浓度，mol/L；

　　　V_1——氢氧化钠标液的消耗量，mL；

　　　V_2——空白试验中氢氧化钠标准溶液的消耗量，mL；

　　　V_3——碘标液的消耗量，mL；

　　　V_4——空白试验中碘标准溶液的消耗量，mL；

　　　V_0——标准状态下的采样气体体积，L；

　0.049——硫酸的毫摩尔质量，kg/mmol。

（5）注意事项。

①采样用棉花和所用有水均需呈中性。

②采样前一定要排气数分钟，以便置换管道中气体。

③采样后、滴定前，一定要有吹除 SO_2 这一过程；吹除速度为每分钟 1~2L。

D　尾气中三氧化硫含量的测定和吸收率的计算

（1）方法概述。气体通过润湿的棉花塞，其中三氧化硫即与水结合成酸雾而为棉花吸附，将棉花塞捕集的酸雾溶于水中，用标准碘液滴定棉花上吸附着的二氧化硫，再以标准氢氧化钠溶液滴定总酸量。反应式如下：

$$SO_2 + I_2 + 2H_2O \Longrightarrow H_2SO_4 + 2HI$$
$$SO_3 + H_2O \Longrightarrow H_2SO_4$$
$$H_2SO_4 + 2NaOH \Longrightarrow Na_2SO_4 + 2H_2O$$
$$HI + NaOH \Longrightarrow NaI + H_2O$$

（2）试剂配制。

1）0.1mol/L 氢氧化钠溶液。配制及标定见浓酸浓度的测定。

2）0.01mol/L 硫代硫酸钠溶液。配制见酸雾含量的测定。

3）0.01mol/L 碘标准溶液。配制及标定见气体中二氧化硫的测定。

4）5g/L 淀粉溶液。

5）甲基红-次甲基蓝混合指示剂。

6）60g/L 碘化钾溶液。

（3）测定方法。

1）测定前准备。称取中性脱脂棉 2g，均匀装入六连球管中，入口表层棉花加水 2mL，均匀润湿。

2）将准备好的六连球管连接好（湿润一头应接进气方向）。在负压状态下，调好流速并记录采样温度、压差、流速、时间。采样 45~60min 后取下；将棉花塞取出装入 400mL 烧杯中，冲洗球管内壁及采样管内壁 2~3 次，洗液并入烧杯中；加入中性蒸馏水约 250mL，加 4mL 5g/L 的淀粉溶液和 3mL 60g/L 的碘化钾溶液，搅拌均匀，用 0.01mol/L 的碘标准溶液滴定至淡蓝色，为终点，并记数；然后滴加 0.01mol/L 硫代硫酸钠使蓝色恰好褪去呈无色，加混合指示剂 4~8 滴，用 0.1mol/L 的氢氧化钠标准溶液滴定至出现褐绿色为终点，同时用等量的棉花和水做空白试验。

（4）计算。

$$c(SO_3) = \frac{[C_1(V_1 - V_2) - 2 \times C_2(V_3 - V_4)] \times 1.12}{V_0}$$

式中　C_1——氢氧化钠标液的物质的量的浓度，mol/L；

　　　　C_2——碘标液的物质的量的浓度，mol/L；

V_1——氢氧化钠标液的消耗量；mL；

V_2——空白试验中氢氧化钠标液的消耗量，mL；

V_3——碘标液的消耗量，mL；

V_4——空白试验中碘标准溶液的消耗量，mL；

V_0——标准状态下的采样气体体积，L；

1.12——常数。

吸收率的计算

$$SO_2 \ 转化率 = 100 - \left[\frac{C \times (1 - 0.015 \times A)}{A - B} \times 100 \right]$$

式中　A——进口气体中二氧化硫的含量，%；

B——尾气出口气体中二氧化硫含量，%；

C——尾气气体中三氧化硫含量，%；

0.015——公式推导出的常数。

（5）注意事项。

1）采样装置中，可用生产系统中的负压代替真空泵；

2）每次做样，均需做空白试验，不可省略不做；

3）采样前需抽气数分钟，确保置换完全管道中的积存气体；

4）所用脱脂棉及水均需呈中性。

E　风机出口水分的测定

（1）方法概述。将含有水分的气体，通过装有五氧化二磷吸收剂的干燥管，吸收掉其中的水分，根据干燥管的增重和通过气体的体积，即可求出气体中水分的含量，反应式如下：

$$P_2O_5 + H_2O \Longrightarrow 2HPO_3$$
$$P_2O_5 + 2H_2O \Longrightarrow H_4P_2O_7$$

（2）试剂。

1）粉末状五氧化二磷（分析纯）。

2）中性玻璃纤维制备。取适量玻璃纤维浸泡于深浓盐酸24h，用水洗涤至中性，105℃烤干放入干燥皿冷却备用。

（3）测定前准备。五氧化二磷干燥管的准备：将干燥洁净的中性玻璃纤维截成长约6mm的短丝，先铺一层在量杯底，再加入五氧化二磷和玻璃纤维，同时用玻棒搅拌混合均匀，然后将其迅速装入洁净干燥的U形管中，使用前，通入干燥炉气约5min，置换U形管中空气，然后放入干燥皿内30min，称量备用，称准至0.0001g。

（4）测定手续。在不连接干燥管的情况下排气数分钟，打开旋塞，调好流速并记录温度、压差、采样时间。采样45~60min后，取下干燥管，放入干燥皿半小时后准确称量。

（5）计算。

$$水分（标态） = \frac{W \times 1000}{V_0}$$

式中　W——五氧化二磷管采样后的增重，g；

　　　V_0——标准状态下的采样体积，L。

（6）注意事项。

1）在开关 U 形干燥管旋塞时，采样前后需一致，使干燥管的重量不受干燥管内气体压力的影响，如正压时先关前端旋塞，负压时先管后端旋塞；

2）干燥管每次称量前，应预先放入干燥器内半小时；

3）采样前应排气数分钟并检查整个采样装置是否漏气。

F　文氏管入口水分测定

（1）方法概述。见风机出口水分的测定。

（2）试剂。见风机出口水分的测定。

（3）测定前准备。见风机出口水分的测定。

（4）测定方法。在不连接硅胶 U 形管和五氧化磷 U 形管的情况下抽气数分钟，然后连接好采样装置，调好流速并记录时间、温度、压差、采样时间不定。待硅胶 U 形管内硅胶约有 1/3 变色即停止采样，取下硅胶管和五氧化二磷管，放入干燥器内，半小时后准确称量。

（5）计算。

$$水分（标态） = \frac{W \times 1000}{V_0}$$

式中　W——硅胶管和磷管采样后的增重，g；

　　　V_0——标准状态下的采样体积，L。

（6）注意事项。

见风机出口水分的测定。

G　文氏管含尘量的测定

（1）方法概述。使含尘气体通过装有棉花的捕尘管，气体中的矿尘即被阻留于捕尘管的棉花上，将棉花连同矿尘移入坩埚中，在 800℃ 的温度下灼烧，然后称量坩埚内残留的矿尘重量，根据通过捕尘管的气量和捕集到得矿尘的重量计算气体中的含尘量。

（2）测定前准备。准确称取 2.0000g 脱脂棉，用镊子将约 1g 的棉花装进捕尘管，底部装填较紧，表面较松。装有棉花的捕尘管在测定条件下的阻力应为 980Pa（100mm 水柱）左右。

（3）测定方法。连接好采样装置，开动真空泵，并记录时间、温度、压差、流速，随时调节通过采样孔的气体速度，使其与气体管内的气体流速相等，15min 后取下；仔细擦净采样管外部与进气孔周围的附着物，将捕尘管中的带尘棉花定量地移入已恒重的坩埚内；将预留的棉花绕在不锈钢丝上，少量多次，小心擦净采样管内壁附着的矿尘，然后将矿尘和棉花一并放入坩埚中，把棉花灰化后，移入马弗炉中在 800℃温度下灼烧 1h，移入干燥器，冷却至室温后称重；同时取等量棉花作空白试验。

（4）计算。

$$气体中含尘量（标态）（g/m^3）= \frac{(m_1 - m_2) \times 1000}{V_0}$$

式中　　m_2——矿尘与棉花灼烧残渣的总质量，g；

　　　　m_1——空白试验时棉花灼烧残渣的质量，g；

　　　　V_0——标准状态下采样气体体积，L。

（5）注意事项。

1）采样时，一定要保证通过采样孔的气体速度与管道内气体速度相等，即等速压力计的压力保持平衡。

2）灰化棉花的整个过程中，不能有明火的现象发生。

H　风机出口含尘量的测定

（1）方法概述。见文氏管含尘量的测定。

（2）测定前的准备。见文氏管含尘量的测定。

（3）测定手续。连接好采样装置，并记录时间、温度、流速、压差，采样 45~60min 后取下，以下操作同文氏管含尘量的测定。

（4）计算。见文氏管含尘量的测定。

I　炉气中含氧量的测定

（1）方法概述。取气体试样 100mL，先用碱液洗涤，除去气体中的二氧化硫、三氧化硫和氮氧化物，以其他的酸性气体，再以焦性没食子酸钾溶液吸收氧，由吸收前后的气体体积差数即可得氧含量，反应式如下：

$$2C_6H_3(OK)_3 + \frac{1}{2}O_2 \Longrightarrow C_6H_2(OK)_3 - C_6H_2(OK)_3 + H_2O$$

（2）试剂。

1）300g/L 氢氧化钾吸收液。

2）焦性没食子酸钾液。取固体焦性没食子酸 100g，加入 1L 300g/L 氢氧化钾溶液，溶解完全；溶液移入吸收瓶后，在与空气接触的液面上，加入液体石蜡一层，约 5~10mm。

3）封闭液。饱和氯化钠溶液加入硫酸 1 滴并用指示剂染色。

（3）测定手续。预先检查测定装置的紧密性，无漏气现象即可升降水准瓶的水门和控制活塞，用样气清洗气体分析仪及取样管道数次，然后准确采取样气100mL，将气体送入碱液吸收瓶反复洗涤吸收数次，直至量气管读数不变，余气的毫升不变，其体积记为 B。

（4）计算。

$$V(氧) = A - B$$

式中　A——碱液吸收后的余气体积，mL；

　　　B——焦性没食子酸钾溶液吸收后的余气体积，mL。

（5）注意事项。

1）读取气体体积时，水准瓶液位和量气管内液位应对成水平。

2）碱液易沾污活塞四周，易将活塞黏结咬死，使用中应经常活动检查，不用时活塞外要内塞纸条，防止黏结。

3）仪器使用前，一定要有试漏这一过程，否则结果不准确。

4）氧吸收液应经常更换，一般为吸收 5 批试样后就更换，长期不用则在使用前更换。

J　锌的测定

（1）概述。试样经酸溶解后，氨与杂质铁的沉淀物吸附镍、铅、铝、锡、锑等杂质共沉淀过滤分离之，而铜干扰硫脲或硫酸钠掩蔽，残余微量的干扰元素可用抗坏血酸掩蔽。在 pH6.5～6.8 的环境下，以二甲酚橙为指示剂，用 EDTA 络合滴定锌元素。反应式如下：

$$H_2Y^{2-} + Zn^{2+} \longrightarrow ZnY^{2-} + 2H^+$$

$$OH^- + Fe^+ \longrightarrow FeOH$$

（2）试剂配制。

1）硝酸：分析纯。

2）盐酸：分析纯。

3）氯酸钾：分析纯。

4）氨水：分析纯。

5）乙醇：分析纯。

6）5g/L 二甲酚橙。

7）氟化钾：100g/L。

8）氯化铵：300g/L；氢氟酸：分析纯。

9）硫代硫酸钠：100g/L。

10）抗坏血酸：分析纯。

11）pH5.5～5.8 乙酸-乙酸钠缓冲溶液：称取乙酸钠 200g，加水溶解完全，加入乙酸 80mL，用水稀释至 1000mL，摇匀，再准确调节 pH 值至 5.5～5.8 即可。

12）EDTA 标准溶液。

（3）测定方法。准确称取试样 0.2000g 放于 300mL 烧杯中，少许水湿润，加入盐酸 8mL 于低温电炉上盖皿加热溶解 1~3min 后，加入氢氟酸 4 滴，继续加热溶解至溶液清亮，加入硝酸 15~20mL、0.3g 氯酸钾，中温加入溶解至近干，取下稍冷，少量水冲洗杯壁及表皿，加入 300g/L 氯化铵溶液 10mL，加热煮沸溶解可溶性盐类。取下趁热加入氨水 20mL，乙醇 10mL；然后移入 200mL 容量瓶中，稀至刻度摇匀。干过滤于 50mL 容量瓶中，移入原烧杯中，加 1~2 滴 5g/L 二甲酚橙指示剂，用 1+1 盐酸中和至亮黄色，加入 100g/L 硫代硫酸钠 5mL，少许抗坏血酸至溶解完全。加入乙酸-乙酸钠缓冲溶液 15mL，用 EDTA 标准溶液滴定至亮黄色为终点。

（4）计算。

$$Zn\% = \frac{T \times V \times 4}{G} \times 100$$

式中　T——消耗 1mL EDTA 标准液相当的锌的克数，g/mL；

　　　V——EDTA 标准液的消耗量，mL；

　　　G——试样的质量，g；

　　　4——因为只取试样总体积的 1/4 来滴定，故结果要扩大 4 倍。

（5）注意事项。

1）指示剂易变质，需一周更换一次。否则终点颜色变化不明显。

2）本法为锌镉连测，试样如含镉，应在最终结果减除镉含量。

3）乙酸-乙酸钠缓冲溶液应保证 pH 值在 5.5~5.8 范围内（即保证最终滴定背景在 pH5.5~5.8），否则终点不明显。

4）如试样含铁量过低则需要补充铁离子，否则无氢氧化铁的沉淀产生，影响测定。

5）如试样含锰量高，则须在加入氨水后再加入 2~3 滴过氧化氢处理掩蔽。

K　总硫含量的测定

（1）方法概述。试样在 1200℃的温度下，挥发逸出三氧化硫和二氧化硫气体，经含有过氧化钠的吸收液氧化吸收后生成硫酸，用氢氧化钠中和滴定，再根据碱液的用量，计算出硫的含量。反应式如下：

$$SO_2 + H_2O_2 = SO_3 + H_2O$$
$$SO_3 + H_2O = H_2SO_4$$
$$2NaOH + H_2SO_4 = Na_2SO_4 + 2H_2O$$

（2）试剂配制。

1）30mL/L 的过氧化氢。准确量取 30mL 过氧化氢于 1000mL 容量瓶中，用水稀释至刻度，摇匀即可。

2）甲基红-次甲基蓝混合指示剂。配制方法见硫酸含量的测定。

3）0.1mol/L氢氧化钠标准溶液。配制及标定见硫酸含量的测定。

（3）测定前准备。连接好装置，将管式燃烧炉升温，在抽气状态下，由分液漏斗注入20mL过氧化氢，加入混合指示剂5~10滴，分3次加入水100mL，以便清洗分液漏斗，关闭旋塞，向滴定管中注入0.1mol/L氢氧化钠标液至"0"刻度。

（4）操作方法。准确称取试样0.1000g，均匀分散平铺于小瓷舟中，用金属长钩将瓷舟小心快速地推入已升温到1200℃的管式燃烧炉燃烧管的中心高温部分，立即塞紧橡皮塞；开动真空泵，随着燃料和吸收的进行，用0.1mol/L氢氧化钠标液滴定，直至吸收液由紫红色变为褐绿色为终点。继续吸收3min，吸收液保持褐绿不变，证明燃烧吸收完全，停泵，读取标液耗用量。

3.4.3 设备操作规程

3.4.3.1 抓斗桥式起重机操作规程

（1）开车前的主要检查内容和准备工作。

1）开车之前必须认真检查行车轨道上是否有工作人员或其他杂物。

2）检查各传动部位、钢绳、钢绳滚筒的情况。

3）检查防护安全设备设施。

4）检查起重机各安全门是否完好。

5）检查轨道上是否有阻碍物。

（2）正常开机操作。

合总电源的开关并按总电源启动按钮。

（3）设备运行中操作。

1）用电铃或灯光信号通知地面人员及有关岗位准备开车；通知地面人员离开行车工作区域。

2）空运行升降、大小车行走等动作，检查是否正常，各行程开关及制动器是否灵活可靠。

3）每班第一次起吊重物时，应在吊离地面高度0.5m后，将重物放下，以检查制动器的可靠性，确认可靠后才可进行工作。

4）吊起重物时，必须要在垂直的位置，不允许利用大车及小车斜向托动重物。

5）起重机带重物运行时，重物必须升起至少高于运行路线上的最高阻碍物0.5m，禁止重物在人头上越过。

6）在同一轨道上运行两台起重机时，要防止两台起重机相碰撞。在一台起重机发生故障情况下，才允许用另一台起重机移动这一台起重机。此时两台起重机须无负荷，必须用最低的速度缓缓移动。

7）起重机大车、小车不得靠碰撞车挡来停车，必须以最缓慢的行速逐步靠近边缘位置。

（4）正常停机操作。

1）运行机械需要停止时，须适当提前将控制器回到"0"位，使运行机械依靠运行惯性缓慢地停于停车位置。

2）不准采取打反车制动，只有在特殊情况下或事故状态时才允许使用此种方法，但也只能打反方向一挡。

3）不得用限位器开关作为正常停车开关。

4）完成任务后将车开到指定停车地点停车，把抓斗停放在地面上（禁止把抓斗悬挂在半空中），再按电气操作规程按下各部开关，并将电源开关切断。

（5）紧急开、停机操作。

1）运行中突遇急停电或线路电压下降时，必须将所有控制器调回到"0"位，并将总电源断掉。

2）运行中出现故障，应立即通知维修人员和设备管理员到现场检查维修，并上报值班长。

3.4.3.2　圆盘给料机操作规程

（1）圆盘给料机操作规程：

1）开车前应详细检查刮板、下料口是否堵塞，安全防护罩是否完好。

2）开车前应详细检查各部分润滑情况并注入适量的润滑油（脂）。

3）开车时，必须在后续输送系统运行正常后才能启动变频器。

（2）正常开机操作。按变频器启动按钮。

（3）设备运行中操作。给料能力通过调节变频器频率来控制。

（4）正常停机操作。按变频器停止按键。

（5）操作注意事项：

1）运转中应经常检查润滑情况、轴承工作情况、各部分温升情况，如发热或有过热现象应立即通知修理班人员及设备管理员到现场检查。

2）长期运转时，应定期检查刮板、圆盘、蜗杆、蜗轮以及密封件的磨损情况，以便及时调整修理或更换。

3.4.3.3　破碎机操作规程

（1）开机前的注意检查内容和准备工作。检查各部位螺栓有无松动；检查电机是否紧固确保无松动；检查轴承是否完好，三角皮带松紧度是否合适，各安全装置必须完整。

（2）正常开机操作。按控制柜启动按钮。

（3）设备运行中的操作。运转中监视轴承温度，电机的电流、温升、响声是否正常。

（4）正常停机操作。首先停止给矿，使破碎机空运转；按"停止"按钮，停止运转；拉下电源开关，切断电源。

（5）紧急开、停机操作。

1）轴承温度骤然上升达80℃时。

2）破碎滚筒卡死。

3）三角皮带断裂。

（6）操作注意事项。运行中禁止用各种工具到破碎机内清理积矿，若积矿严重必须停机待设备停止运转后再清理。

3.4.3.4 皮带运输机操作规程

（1）开机前的主要检查内容和准备工作。

1）先检查皮带周围是否有人或其他杂物，清理干净后才能开机。

2）确保紧急拉绳开关有效。

3）开机前检查皮带接头部位是否完好，主、从动滚筒的轴承润滑是否良好，各紧固件、安全防护装置是否齐全完好。

（2）正常开机操作。按控制柜启动按钮。

（3）设备运行中操作。

1）检查并调整皮带中心，避免皮带因跑偏被刮烂；注意不能用钢管或木料等其他物品校正，必须调整尾座丝杆，保证皮带运转自如。

2）设备运转中不准擅自离开岗位。

（4）正常停机操作。按控制柜上的停止按钮。

（5）紧急开、停机操作。紧急情况拉紧急拉绳开关。

（6）操作注意事项。

1）运行中严禁人员从皮带上翻越或走动等。

2）皮带运转时，严禁接触传动部位、清扫传动部位及润滑传动部位。

3）皮带严禁超负荷运行，皮带打滑时禁止浇水；定期在停机时清理主、从动滚筒及辊轮上的粘料。

3.4.3.5 振动筛操作规程

（1）开机前的主要检查内容和准备工作。认真检查设备各部件，链接部位是否完好，电器控制部分是否完好，确定设备无问题、无任何妨碍开机情况后，进行好上下岗位的联系后方能开机。

（2）正常开机操作。按控制柜上的启动按钮。

（3）设备运行中的操作。

1）班中认真操作，经常进行上下岗位联系，调整振动筛的给矿均匀，防止筛板破损漏粗矿，遇到问题及时处理，自己不能处理的及时汇报，损坏的零部件要及时更换。

2）经常检查设备运行情况，确保对振动电机紧固无松动；对筛面各部件、电器控制设备，在接班、班中和交班前要认真检查一次。

（4）正常停机操作。按控制柜上的停止按钮。

（5）操作注意事项。

1）开机顺序：开机→给矿。

2）停机顺序：停止给矿（待振筛上无料）→停机。

3.4.3.6　沸腾炉、焙砂、尘滚筒冷却水泵操作规程

（1）开机的主要检查内容和准备工作。

1）用手盘车，看转动是否均匀、有无摩擦现象。

2）点动检查电机转向是否与泵的转向牌一致，严禁反转。

3）检查启动液位（液面必须高于泵体以上，泵正常工作后液面必须高于泵），泵轴承油位、地脚螺栓是否紧固。

（2）正常开机操作。

1）打开进口阀，保持全开。

2）出口阀门应开至 $1/5 \sim 1/4$。

3）按控制柜上的启动按钮。

（3）设备运行中的操作。

1）根据工艺要求调节出口阀门，直到满足工艺要求。

2）巡检设备运行是否正常。

（4）正常停机操作。

1）停机时，先把出口阀门关闭，再停泵。

2）按控制柜上的停止按钮。

（5）紧急开停机操作。

如果运转中忽然断电，应立即关闭出口阀门和电源。

（6）操作注意事项。

1）沸腾炉冷却水泵意外停机或故障停机，应立即开启自来水确保沸腾炉水箱、水套内有水供应，防止水箱、水套被烧坏。

2）焙砂、焙尘冷却水泵意外停机或故障停机，应立即开启自来水来冷却焙

砂滚筒，防止滚筒因高温造成设备损坏。

3.4.3.7 冷却风扇操作规程

（1）开机前的主要检查内容和准备工作。

1）检查减速机是否缺油，油质是否良好。

2）检查风扇转向与转向牌是否一致，严禁反转。

3）检查填料、喷头是否完好。

（2）正常开机操作。启动风扇电机。

（3）设备运行中的操作。

1）待风扇运行正常才可以进冷却水。

2）根据工艺要求控制开风扇的数量，直到满足工艺要求。

（4）正常停机操作。

1）停机时，应先停止进冷却水，而后再停风扇。

2）按控制柜上的停止按钮。

3.4.3.8 焙砂冷却滚筒操作规程

（1）开机前的主要检查内容和准备工作。

1）检查托轮是否磨损，轴承间隙是否过大。

2）检查电机联轴器防护罩是否完好。

3）检查齿轮啮合磨损、润滑情况。

4）检查减速机润滑情况。

5）检查冷却水是否正常，没有开冷却水禁止进料（焙砂）。

（2）正常开机操作。先启动供水系统，后启动焙砂滚筒。

（3）设备运行中的操作。

1）启动焙砂滚筒后，检查滚筒运行是否平稳；若滚筒移位跑偏、异常振动或响声时立即上报处理。

2）冷却水与滚筒运行正常后，方可进料。

（4）正常停机操作。先停止进料，焙砂滚筒无料出时（确保滚筒内无料），才能停焙砂滚筒，最后停冷却水。

（5）注意事项。

1）供水泵出现问题时，应立即开启自来水冷却焙砂滚筒，防止滚筒因高温造成设备损坏。

2）无冷却水严禁进料。

3）停机前确保滚筒内无料。

3.4.3.9 焙砂链斗机操作规程

（1）开机前的主要检查内容和准备工作。

1）检查料斗、链轮、链条是否完整无缺。

2）检查安全防护罩是否完好。

3）检查减速机润滑情况。

4）检查减速机与机头链条松紧度。

5）检查料斗链条松紧度。

（2）正常开机操作。按控制机上的启动按钮。

（3）设备运行中的操作。

1）观察链斗机运行是否平稳；若链条、滚轮等跑偏应及时校正，异常振动或响声应及时上报处理。

2）运行正常后方可进料。

（4）正常停机操作。先停焙砂滚筒，然后停焙砂链斗机。

（5）注意事项。设备运行时，严禁用手、棍棒等物接触链轮轨道，以免造成安全事故。

3.4.3.10 焙尘冷却滚筒操作规程

（1）开机前的主要检查内容和准备工作。

1）检查托轮是否磨损，轴承间隙是否过大。

2）检查电机联轴器防护罩是否完好。

3）检查齿轮啮合磨损情况。

4）检查减速机润滑情况。

5）检查冷却水是否正常；没有开冷却水禁止进料（焙砂）。

（2）正常开机操作。先启动供水系统，后启动焙尘滚筒变频器，调节滚筒转数，直至满足生产需要。

（3）设备运行中操作。

1）启动焙砂滚筒后，检查滚筒运行是否平稳；若链条、滚轮等跑偏应及时校正，异常振动或响声应及时上报处理。

2）冷却水与滚筒运行正常后，方可进料。

（4）正常停机操作。先停止进料，焙尘滚筒无料出时（确保滚筒内无料），才能停焙砂滚筒，最后停冷却水。

（5）注意事项。

1）供水泵出现问题时，应立即开启自来水冷却焙砂滚筒，防止滚筒因高温造成设备损坏。

2）无冷却水严禁进料。

3）停机前确保滚筒内无料。

3.4.3.11 焙尘刮板机操作规程

（1）开机前的主要检查内容和工作。

1）检查刮板、链条是否完好。

2）检查安全防护罩是否完好。

3）检查减速机润滑情况。

4）检查减速机与机头链条松紧度。

5）检查刮板松紧度。

6）检查刮板机的密封性是否完好。

7）检查刮板机的运行方向是否与要求一致。

（2）正常开机操作。

按控制柜上的启动按钮（有变频器的按变频器上的启动按钮）。

（3）设备运行中的操作。

1）观察刮板机运行是否平稳。

2）运行正常后方可进料。

（4）正常停机操作。先停焙尘滚筒，然后停刮板机。

3.4.3.12 星型排灰机操作规程

（1）开机前的主要检查内容和准备工作。

1）检查安全防护罩是否完成。

2）检查减速机润滑情况。

3）手动盘车，星型排灰机应无摩擦现象，检查转动是否均匀。

（2）正常开机操作。按控制柜上的启动按钮。

（3）正常停机操作。应确保排灰机内无料才可以停机，防止卡死。

（4）注意事项。设备运行时，禁止用手或棍棒等物去清理排灰机内部物料。

3.4.3.13 炉底风机操作规程

（1）开机前的主要检查内容和准备工作。

1）检查安全防护罩是否完好。

2）进风阀、出风阀保持常开。

3）查看风机油位是否在中心线，如果低于中心线应加油，使油位在中心线左右；如果高于中心线应排放油，使油位在中心线左右。

4）手动盘动联轴器，联轴器应无阻碍。

5）检查高压变频器，若无故障，手动闭合高压变频器 SQ1、SQ3，断开 SQ2，KM 处于分闸状态。

6）通知公司 110kV 变电站，炉底风机要启动，待变电站回复，回复后方可合炉底风机现场高压启动开关。

7）变频器一般控制选择远程控制，等待启动（远程控制出现故障时选择本地控制）。

（2）正常开机操作。启动变频器远程控制器上的启动按钮（按 3s 后松手）。

（3）设备运行中的操作。

1）先低频率运行，然后再逐步增加运行频率直到达到生产要求。

2）每过 1h 检查鼓风机电机及鼓风机的油温振动情况，并做好记录。

（4）正常停机操作。停机：先把风机运行频率逐步降低，到 10Hz 时可以按停止开关（3s 后松手）停车。

（5）紧急开、停机操作。变频器出现故障时的启动：

1）闭合变频器 SQ2，断开 SQ1、SQ3，将变频器旁路。

2）通知公司 110kV 变电站，炉底风机要启动，待变电站回复，回复后方可合炉底风机现场高压启动开关。

3）把放空阀门开到合适位置，按变频器 KM 合闸，风机直接 50Hz 工频启动，再调节放空阀来调节风量。

（6）操作注意事项。

1）经常观察润滑油的飞溅情况是否正常，如过多或过少应调节油量。

2）随时注意是否有不正常的气味或冒烟现象及碰撞或摩擦声，如有不正常气味或冒烟现象及不正常的声音，应及时通知修理人员来检查。

3）加载应逐渐升高到额定压力，并不得超载运行，也不得满载时突然停车，必须逐步卸荷后再停车，以免损坏机器。

4）风机正常工作中严禁完全关闭进、排气口阀门，经常监视进气管路系统的进气状态，严防堵塞。

5）由于罗茨鼓风机的特性，不允许将排气口之气体长时间地直接回流鼓风机的进气口（改变进气口的温度），否则必将影响机器的安全；如需采取回流调节，则必须采用冷却措施。

6）鼓风机在额定工况下运行时，在靠近轴承部位的振动速度不超过 13mm/s。

7）每过 1~2h 检查鼓风机的油温及绕组温度，并做好记录；油温不能超过 65℃，电机绕组温度不得超过 90℃。在超过以上温度时应叫修理人员来检查。

8）随时注意轴承部位温度，温度不得高于 95℃；在超过 90℃ 时，应联系修理人员检修。

9）当升压（风机出口压力）$\Delta p \geqslant 49\text{kPa}$ 时，必须使用冷却水。

3.4.3.14　电除尘器操作规程

（1）开机前的主要检查内容和准备工作。

1）当电除尘器检修完成后具备运行条件时，检查各个部件，并用 2500V 兆欧表测量电场放电电极对地的电阻。

2）当电场放电电极对地的电阻值大于 500MΩ 时，检查确认电除尘器内部无人，派专人监护。

3）当电场放电电极对地的电阻值小于 500MΩ 时，重新检查各个部件是否符合要求，直到绝缘阻值大于 500MΩ，才可试车。

4）将高压电源连接到电场，分别对电场送电冷态试车，当二次电压和二次电流达到一定值时，认为符合运行条件无故障，即可切断高压电源，封闭人孔确保无泄漏，准备开车。

5）冷态试车完成，检查各人孔封闭情况，检查是否漏气，若漏气要密封好，准备通气。

（2）正常开机操作。

1）在通气前判断烟气中是否有易燃易爆气体成分时，应严格注意烟气条件的变化，如有达到易燃易爆极限时，禁止给电除尘器连接高压电源；电除尘器应处于停机状态，待烟气合格后再启动运行。

2）当每次用柴油或者煤升温过后，必须等到通气后 30min，电场温度达到 200℃才能送高压，送高压时从 1 电场开始，投入挡位缓慢，待电压电流稳定后再投入第 2 档。其他时候当烟气通过电场时，电除尘器出口烟气温度达到 200℃时，即可分别对各电场进行送电运行：调整二次电压和二次电流缓缓上升到一定值时，保持稳定正常运行。

（3）正常停机操作。

1）把调节开关全部关闭。

2）按停止开关、切断高压电源。

（4）设备运行中操作。控制二次电压在规定范围内（40~60kV），通过调节开关调节。

（5）操作注意事项。

1）烟气中如有易燃易爆或碳素类物质成分过高时，设备不能运行应停机。

2）在操作过程中，一般电场送电的二次电压、二次电流，第一电场比第二电场略低一些，第三电场比第二电场要略高一些，主要是根据粉尘的含量大小确定。

3）运行中如有电流、电压波动较大时，应降低电场运行电流来调整电场稳定运行的工作状态，当电场电压低于 30kV 时，说明电场或供电机组有故障，应停机找专业人员检查处理，运行中电流、电压值一定不能超过整流机的额定参数的 85%。

4）正常运行中，电除尘器排灰应保持每小时的正常排量，以防积灰过多产生严重故障。在处理灰斗积灰故障的热灰时，要有专业人员打开事故排渣口，以防热灰急速排出伤人。

5）要防止工艺条件中的烟气温度，不能高于设备的最高允许温度和不能低于烟气露点温度 +30℃，以免造成设备严重变形和露点运行不正常的严重设备故障。

6）当接到停机通知后，待前工段停机后，电除尘器准备停机，首先停止电场供电，如需打开人孔进行修理时应采取挂警示牌、高压接地、有监护人监护等安全措施。排灰机应将灰斗内的积灰全部排放出来后等待开机。如果长时间停机，确认灰斗内部无积灰时，即可停止排灰机的运行，同时用干细粉料将排灰机溢流料封口的余料排出来，以防低露点时结成渣块。

7）严格检查设备接地性能。

8）设备在停机检查或修理时，修理人员进入电场前，必须把电场断电，挂上检修警示牌并进行放电操作，把阴极接地，电场外有专人监护，确保安全后人员才能进入电场检修。当检修完毕后，应清点所有使用工具和配件及废料不能落入设备内，如有落入应设法取出，然后启动传动部分和进行冷态试车，确保无故障，才能封闭人孔准备开机。

9）严格按操作规程操作。

10）非电除尘器操作人员不得开、停电除尘器。

11）非电除尘器操作人员不得随意进入设备内。

12）无论任何时候，一个人不得进入电除尘器设备内。

3.4.3.15　电动葫芦操作规程

（1）开车前的主要检查内容和准备工作。

1）检查钢丝绳是否缠绕整齐有序，若松脱乱绕，应调整好并拉紧。

2）空载开动正反转试验，检查控制按钮、限位器等安全装置是否灵敏可靠；检查大车行走、小车行走、上升下降是否有效；检查钢绳器排绳是否整齐。

（2）正常开机操作。合上电动葫芦操作手柄的启动开关。

（3）设备运行中的操作。

1）起升重物时，必须进行试吊，不得超过规定的起重量。

2）不得倾斜起吊物品，禁止用起重机拖动任何物体。

3）起重机带重物运行时，禁止人从起重机下穿过。

4）限位器是防止吊钩上升或下降超过极限位置而设置的安全装置，不能当作行程开关经常使用。

5）起重机运行接近极限位置时，应点动运行。

6）不允许将负荷长时间悬吊在空中，以防止机件永久变形及其他事故。

7）重物下降制动时发现严重自溜（刹不住），不要惊慌失措，此时不能断电停车，应一直按着"下降"按钮，使重物按正常下降速度降至地面，再通知修理人员检查葫芦。

8）运行中出现故障，立即通知维修人员和设备管理员到现场检查维修，并上报值班长。

（4）正常停机操作。

1）工作完毕后，将吊钩上升到离地面2m以上的高度，并切断电源。

2）提升机用完后必须把提升机降到地面，禁止把提升机悬挂在半空中。

3.4.3.16 稀酸泵、净化循环水泵操作规程

（1）开机前的主要检查内容和准备工作。

1）用手盘车，看转动是否均匀、有无摩擦现象、润滑部位是否需加润滑油。

2）检查电机转向是否与泵的转向牌一致，严禁反转。

3）检查启动液位（液面必须高于泵体以上，泵正常工作后液面必须高于泵）。

4）检查泵的冷却水是否正常（无需冷却水的泵不需要该操作）。

（2）正常开机操作。

1）打开泵的冷却水。

2）打开进口阀，保持全开。

3）出口阀门应开至1/5~1/4。

4）按控制柜上的启动按钮。

（3）设备运行中的操作。

1）根据工艺要求调节出口阀门，直到满足工艺要求。

2）巡检设备运行是否正常。

（4）正常停机操作。停机时，先关闭出口阀门，再停泵。

（5）紧急开、停机操作。如果运转中忽然断电，应立即关闭出口阀门和电源。

（6）操作注意事项。

1）文氏管稀酸泵意外停机或故障停机，应立即开启高位水池的水，然后通知沸腾炉准备停机。

2）填料塔水泵意外停机或故障停机，应立即通知沸腾炉准备停机。

3.4.3.17　电除雾操作规程

（1）开车前的主要检查内容和准备工作。

1）由电工按要求认真检查，调整高压整流机和控制系统，确认设备完好备用。

2）检查供电系统所有设备，检查电场对地绝缘电阻小于 2Ω 方可送电。

3）电除雾器绝缘电加热器应在开车前 24h 通电升温，升温范围：升温 $50℃$ 后应按 $10\sim15℃/h$ 缓慢升温到规定值；恒温要求：达到规定值（130 ± 10）$℃$ 后恒温 $12\sim24h$，要求恒温检测仪表灵敏可靠，能自动调节温度到规定值。

4）空载试车或负载开车前，要向设备内壁喷水一次（约 10min），保证内表面全部润湿和设备下口水封的液位。

5）电气设备检查工作完成后，接通整流机组与电除雾器电场线路，进行通电空试，电场一切正常后要停止送电，等待通气；整流机组设备不准空运行。

（2）正常开机操作。

1）当沸腾炉用柴油或者煤升温时不准将烟气通入电除雾器内，以防止可燃气在设备内发生爆炸；沸腾炉升温正常后，才能把炉气通入电除雾器。

2）当接气 30min 后（气浓表有气浓显示）才能对电除雾进行送电，送电时先开启总电开关，再按自检按钮，待输出电压在 $20\sim60kV$ 之间后松开，再按启动按钮，然后再调节大电流开关和小电流开关，将电压调整到 $60\sim75kV$ 范围之间（投入调节开关时应该缓慢，投入 1 挡；待电流电压稳定后再投入 2 挡）。

（3）设备运行中操作。

1）要观察电除雾器上下试镜，看气流是否清澈；如果有微量雾体，再适当调整升高电压。

2）检查风机的变频数值和负压情况，保证气路顺畅，没有顶气现象。

3）检查水封、液流是否稳定，绝缘箱温度控制是否灵敏正常。

4）电气如有跳闸，要及时合上，如连续跳闸，要停电通知电工检查。

5）加热棒损坏或其他原因，使得绝缘箱温度低到 100℃，要立即停止高压电运行，防止高压绝缘部件击穿，待处置后检查正常，再通电升温达到正常值，稳定后再送高压电。

6）停电时要先关大电流和小电流开关，再关停止按钮，关总电源开关。

7）每班巡回检查电除雾器一次，一般停机时冲洗电除雾器一次；发现电极线、壳内附有升华硫或污垢，电压低到约 3 万伏时，要立即停高压电，然后用清水冲洗。

8）每边四根大木梁吊杆至石英套管一段是死角，易结垢，产生放电，损坏石英套管，要求每运行半年，至少停车清理一次。

（4）正常停机操作。

1）接到停车通知后，要通知电工做好停车准备，系统停止通气后（气浓表读数为0时），才能向电除雾器停止送电，关闭整流机组电源、总电源，挂上禁止合闸标牌。

2）立即用水冲洗清除电极污物，冲洗后要清理水封罐内杂质。

3）若需要进入电除雾器内进行冲洗时，要先断开电源，将高压整流器进行接地放电后，才能打开人孔进入电除雾器内，同时必须有监护人员监护。

4）进入电除雾器内，不准碰电极大梁、横梁和电极线，防止挤坏上部绝缘管或电极线移位造成短路放电。

（5）紧急开停机操作。

1）电除雾器送不上电时。

2）电除雾器被抽瘪或有变形时。

3）高压整流机组发生短路放电时。

4）整流机室发生重大事故时。

5）电除雾器二次电压小于25kV、二次电流≈0时。

3.4.3.18　浓酸泵操作规程

（1）开机前的主要检查内容和准备工作。

1）用手盘车，检查转动是否均匀、有无摩擦现象、润滑部位是否需加润滑油。

2）检查电机转向是否与泵的转向牌一致，严禁反转。

3）检查启动液位（液面必须高于泵体中心线300mm以上，泵正常工作后液面必须高于泵吸入管吸入口300mm以上）。

（2）正常开机操作。

1）打开进口阀，保持全开。

2）出口阀门应开至1/5~1/4。

3）按控制柜上的启动按钮。

（3）设备运行中操作。根据工艺要求调节出口阀门，直到满足工艺要求。

（4）正常停机操作。先关闭出口阀门，再停泵。

（5）紧急开、停机操作。如果运转中忽然断电，应立即关闭出口阀门和电源。

（6）注意事项。

1）干燥泵意外停机或故障停机，应立即通知沸腾炉停机。

2）一、二吸泵意外停机或故障停机，应立即通知沸腾炉停机。

3.4.3.19　尾气吸收系统操作规程

（1）开车前的主要检查内容和准备工作。

1）检查各台设备是否完好。

2）检查各设备的安全防护设备设施。

3）检查各设备的润滑情况。

4）检查碱液槽是否配有碱液。

（2）正常开机操作。

1）进气前要切换烟气与进吸收塔管道的阀门。

2）把碱液放入吸收塔内（一定要注意吸收塔内碱液的液面，一般控制在1/3 ~1/2）。

3）吸收塔内液面达到要求时，方可启动喷淋泵。

（3）设备运行中操作。

1）随时要注意碱液的pH值变化或尾气二氧化硫浓度的变化。

2）pH值变小或二氧化硫浓度升高，要更换碱液。

3）更换碱液的步骤。

①先更换第一吸收塔的碱液，一边排放一边补充新的碱液，注意吸收塔内碱液的液面不能低于喷淋泵的泵头高度，保持泵内充满碱液。

②更换第二吸收塔内的碱液和第一吸收塔的方法一样。

（4）正常停机操作。先停第一吸收塔的喷淋泵，再停第二吸收塔的泵，再切换烟气管道阀门。

3.4.3.20　尾气监测系统气体分析仪成套柜操作规程

（1）正常开机操作。

1）开启仪表K1、冷凝器K3、探头加热器K7，当上述三部件进入稳定状态以后，则可以对系统进行校准。

2）进行"0"点校准和跨度校准。

3）开启K8，使电伴热取样管线达到设定的温度范围。

4）接通开关K6，待取样指示灯发亮，接通泵的开关K2，将三通阀旋转到"测量气"位置。

5）开启电脑，运行数据采集系统软件。

（2）正常停机操作。关闭各控制器开关，并关闭总电源。

3.4.3.21　尾气监测系统P-5C烟气监测仪操作规程

（1）开机前的主要检查内容和准备工作。

1) 接通保护气，确保压缩空气的压力在 4~6bar 之间，传感器面板上压力报警灯不亮。

2) 将总电源开关处于 "0" 位置、电源开关处于关闭状态。

（2）正常开机操作。接通 220V AC 电源，将电源开关拨到 "I" 的位置，此时，在传送器的显示屏上有测量数值显示，此电流讯号将同时远传到中控室。

（3）设备运行中的操作。关闭各控制器开关，并关闭总电源。

3.4.3.22 尾气监测系统 HSPT-01 操作规程

（1）正常开机操作。接通 220V AC 电源，仪表进入运行状态。

（2）设备运行中的操作。

1) 每次启动仪器，控制器总是先进入自清洁程序，吹扫总时间为 150s。

2) 测量的周期可以从 0.5~4.5h 范围内选择，但补偿为 0.5h。

3) 有时也可以用 "复位" 开关手动操作进行，按压 "复位" 开关，程序将立即转入吹扫程序。

（3）正常停机操作。关闭各控制器开关，并关闭总电源。

3.4.3.23 二氧化硫风机操作规程

（1）开机前的主要检查内容和准备工作。

1) 进风阀，出风阀保持常开。

2) 启动稀油站油泵，待高位油箱回油管回油时，把进油管阀关闭，查看各油压表油压是否正常。

3) 查看风机电机油位是否在 1/3~2/3，如果低于 1/3 应开大进油阀，使油位在 1/3~2/3；如果高于 2/3 应关小进油阀，使油位在 1/3~2/3。

4) 手动盘动联轴器，联轴器应无阻碍。

5) 检查高压变频器，若无故障，手动闭合高压变频器 SQ1、SQ3，断开 SQ2、KM 分闸。

6) 通知公司 110kV 变电站，二氧化硫风机要启动，待变电站回复，回复后方可合二氧化硫风机现场启动开关。

7) 闭合 KM2、KM1，变频器得电。

8) 变频器一般选择远程控制，等待启动（远程控制出现故障时选择本地控制）。

（2）正常开机操作。启动变频器运程控制器上的启动开关（一般启动频率为 6Hz）。

（3）设备运行中操作。

1）先低频率运行，然后再逐步增加运行频率，直到达到生产要求。

2）每过 1h 检查风机电机及风机的油温，并做好记录。

（4）正常停机操作。

1）先把风机运行频率逐步降低，10Hz 时可以按停止按钮停车。

2）风机停稳后，再停稀油站。

（5）紧急开、停机操作。变频器出现故障时的启动：

1）闭合变频器 SQ2，断开 SQ1、SQ3，将变频器旁路。

2）通知公司 110kV 变电站，炉底风机要启动，待变电站回复，回复后方可合炉底风机现场高压启动开关。

3）把进口阀门处在关闭的位置，出口阀门处于全开位置，变频器 KM 合闸，风机直接 50Hz 工频启动。

4）根据工艺要求调解进口阀门的开度。

（6）操作注意事项。

1）在风机电机停机期间，应每班手动盘动电机与风机的联轴器 180°，预防轴瓦与轴之间腐蚀抱死及主轴变形。

2）要随时注意风机电机的振动，若振动大了要进行检查调整，使电机振动在合理范围内。

3）每过 1~2h 检查鼓风机电机的油温，并做好记录；油温不能超过 65℃；在超过 60℃时应叫修理人员来检查。

4）随时观察轴瓦的温度显示仪的读数，读数不能超过 70℃，并做好记录；超过时应叫修理人员来检查。

5）随时听风机电机声及风机声是否正常，若声音异常应叫修理人员来检查。

3.4.3.24　稀油站操作规程

（1）开机前的主要检查内容和准备工作。

1）检查电机转向是否与油泵一致。

2）检查控制柜内部电气元件是否完好。

3）把转向开关开至 2 号泵工作，1 号泵备用。

（2）正常开机操作。启动稀油站的泵的启动按钮。

（3）设备运行中的操作。

1）稀油站工作中，油压、油温和油位处于不正常位置时，会有相应的声光报警。报警分为两种：轻故障预报警用于提醒操作者注意；重故障报警用于强迫主机停机，除与集控连接外，一般还应与主机硬件连锁；报警时，可先按消音按钮，再根据故障诊断信号灯的显示情况，采取相应措施。

2）当过滤器压差高报警时，说明过滤器已堵塞，应扳动油滤器的反向阀手柄，取出原工作滤芯，更换或清洗滤片。

3）当出口油温大于 420℃时，应使冷却器投入工作；当油温小于 420℃时，根据主机工作情况使用或不用冷却器。

（4）正常停机操作。按泵的停止按钮。

（5）操作注意事项。

1）稀油站工作中，如因油压、油温和油位处于不正常位置时，会有相应的声光报警。报警分为两种：轻故障预报警用于提醒操作者注意；重故障报警用于强迫主机停机。报警时，可先按消音按钮，再根据故障诊断信号灯的显示采取相应措施。

2）当过滤器压差高报警时，说明过滤器已堵塞，应扳动油滤器的反向阀手柄，取出原工作滤芯，更换或清洗滤片。

3）当出口油温大于 420℃时，应使冷却器投入工作；当油温小于 420℃时，根据主机工作情况使用或不用冷却器。

3.4.3.25　水处理泵操作规程

（1）开机前的主要检查内容和准备工作。

1）用手盘车，检查转动是否均匀、有无摩擦现象、润滑部位是否需要加润滑油。

2）检查电机转向是否与泵的转向牌一致，严禁反转。

3）检查启动液位（液面必须高于泵体以上，泵正常工作后液面必须高于泵）。

（2）正常开机操作。

1）打开进口阀，保持全开。

2）出口阀门应开至 1/5~1/4。

3）按控制柜上按钮。

（3）设备运行中操作。根据工艺要求调节出口阀门，直到满足工艺要求。

（4）正常停机操作。先关闭出口阀门，再停泵。

（5）紧急开、停机操作。如果运转中忽然断电，应立即关闭出口阀门和电源。

3.4.3.26　空压机操作规程

（1）开机前的主要检查内容和准备工作。

1）按要求接好输气管路，确保管路通畅，避免开机后空气压力迅速升高造成憋压。

2）检查机器各管路接头、仪表接头、电线等是否有因运输、安装等原因造成的松动或脱落，如有须及时紧固。

3）检查油气桶内油位是否在油位计两刻线之间，运行后应再停机 10min。此时系统中流动的油基本已回流至油桶。运行中油位可能较停机时油位稍低，如不够，请及时补充。

4）开机前，应从进气阀内加入 0.5L 左右的润滑油，并用手转动空压机数转，防止起动时空压机因失油而烧损，请特别注意不可让异物掉进压缩室内，以免损坏机头。

5）检查电源安装是否正确，若三相电源相序不对或缺相，控制器会显示故障信息，此时应调整相序，交换其中的任意两相电源线即可。

6）检查主机转向。按下启动按钮 2s 后，立即按急停按钮，确认主机转向与机头端面（轴伸端）的箭头方向一致。

7）按下启动按钮开始运转。

8）观察压力和温度是否正常上升，显示器是否有异常指示，若有异常指示，立即"急停按钮"停机检查。

9）检查机器是否能正常加载，若发现有异常声音、异常振动或漏油等现象，立即"急停按钮"停机检查。

10）检查卸载功能。当排气压力达到微电脑控制器设定上限时，机器应能自动卸载；当系统压力降到设定下限值时，机器应能自动加载运行；安全阀连续开启时，应紧急停车。

11）检查排气温度是否保持在 95℃以下。

12）按"停机"按钮，检查空压机能否正常延时停机。

13）如一切正常，按"急停"按钮，检查空压机能否紧急停机。

（2）正常开机操作。

1）合上总电源，打开出口阀。

2）按下启动按钮，空压机开始自动运行。

（3）设备运行中操作。

1）空压机运行时应经常检查并记录排气压力、环境温度、排气温度、油位的参数。

2）空压机运行时，油路系统充满高温高压液体，不可松开油管路或进行其他危险操作。如有异常声音、异常振动等情况应立即按"急停"按钮停机检查。

（4）正常停机操作。

1）工作完毕后，按"停机"按钮，空压机进入停机程序，泄放内压后延时停机。注意：只有遇到紧急情况下才可按"急停"按钮停机。

2）关闭出口阀门，切断总电源。

（5）紧急开、停机操作。

1）压力和温度异常上升，显示器指示异常，立即按"急停"按钮停机检查。

2）机器异常加载，有异常声音、异常振动或漏油等现象，立即按"急停"按钮停机检查。

3.4.3.27　板式压滤机操作规程

（1）开机前的主要检查内容和准备工作。

1）检查各仪表指示灯是否正常。

2）检查电机转向是否与油泵的转向牌一致，严禁反转。

3）检查油箱液位。

4）检查压滤机滤板滤布是否整齐。

5）检查水嘴是否堵塞。

6）检查松开行程开关是否有效。

（2）正常开机操作。

1）调节压滤机压力（一般控制在 12～18MPa 以内）。

2）按压紧按钮。

3）当水嘴无水或水比较小时，开压缩空气反吹直至无水流出。

4）按松开按钮。

5）压滤机滤板松开，清理滤渣。

（3）正常停机操作。切断总电源。

（4）操作注意事项。压滤机在压紧的情况下才能进料，反之则任何情况下不能进料。

3.4.3.28　压力容器操作规程

（1）开机前的主要检查内容和准备工作。设备运行启动前应巡视、检查设备状况有否异常；安全附件、装置是否符合要求，管道接头、阀门有否泄漏，并查看运行参数要求、操作工艺指标及最高工作压力、最高或最低工作温度的规定，做到心中有数。符合安全条件时，方可启动设备，使容器投入运行。

（2）正常开机操作。启动空压机，打开压力容器的进口阀门。

（3）设备运行中操作。

1）压力容器运行期间安全检查的目的：

压力容器运行期间的检查是压力容器动态监测的重要手段，其目的是及时发现操作上或设备上出现的不正常状态，采取相应的措施进行调整或消除，防止异常情况的扩大和延续，保证容器安全运行。

2）对运行中的容器，主要检查以下三个方面：

①工艺条件方面。主要检查操作条件，包括操作压力、操作温度、液位是否在安全规程规定的范围内；容器工作介质的化学成分、物料配比、投料数量等，特别是那些影响容器安全的成分是否符合要求。

②设备状况方面。主要检查容器各连接部位有无泄漏、渗漏现象；容器的部件和附件有无塑性变形、腐蚀及其他缺陷或可疑迹象；容器及其连接管道有无振动、磨损等现象。

③安全装置方面。主要检查安全装置以及与安全有关的计量器具（如温度计、投料或液化气体充装计量用的磅秤等）是否保持完好状态。如压力表的取压管有无泄漏或堵塞现象；弹簧式安全阀的弹簧是否有锈蚀、被油污黏结等情况，冬季装设在室外的露天安全阀有无冻结的迹象；这些装置和器具是否在规定的允许使用期限内。

对运行中的容器进行巡回检查要定时、定点、定路线，操作人员在进行巡回检查时，应随身携带检查工具，沿着固定的检查线路和检查点认真检查。

（4）正常停机操作。停止空压机，关闭压力容器进气阀门。

（5）紧急开停机操作。

1）压力容器紧急停止运行的条件和操作步骤。

压力容器在运行过程中如发生下列异常现象之一时，操作人员应立即采取紧急措施，并按规定的报告程序及时向本厂有关部门报告：

①压力容器工作压力、介质温度或壁温超过许用值，采取措施仍不能得到有效控制。

②压力容器的主要受压元件发生裂缝、鼓包、变形、泄漏等危及安全的缺陷。

③安全附件失效。

④接管、紧固件损坏，难以保证安全运行。

⑤发生火灾直接威胁到压力容器安全运行。

⑥过量充装。

⑦压力容器液位失去控制，采取措施后仍得不到有效控制。

⑧压力容器与管道发生严重振动，危及安全运行。

2）紧急停止运行的操作步骤：

迅速切断电源，使向容器内输送物料的运转设备，如泵、压缩机等停止运行；联系有关岗位停止向容器内输送物料；迅速打开出口阀，泄放容器内的气体或其他物料；必要时打开放空阀，把气体排入大气中；对于系统性连续生产的压力容器，紧急停止运行时必须做好与前后有关岗位的联系工作；操作人员在处理紧急情况的同时，应立即与上级主管部门及有关技术人员取得联系，以便更有效地控制险情，避免发生更大的事故。

（6）操作注意事项。

1）容器及设备的开、停车必须严格执行岗位安全技术操作规程，应分段分级缓慢升、降压力，不得急剧升温或降温；工作中应严格控制工艺条件，观察监测仪表或装置、附件，严防容器超温、超压运行。

2）对于升压有壁温要求的容器，不得在壁温低于规定温度下升压。对液化气体容器，每次空罐充装时，必须严格控制物料充装速度，严防壁温过低发生脆断，严格控制充装量，防止满液或超装产生爆炸事故；对于易燃、易爆、有毒害的介质，应防止泄漏、错装，保持场所通风良好及防火措施有效。

3）对于有内衬和耐火材料衬里的反应容器，在操作或停车充氮期间，均应定时检查壁温，如有疑问，应进行复查；每次投入反应的物料应称量准确，且物料规格应符合工艺要求。

4）工作中，应定时、定点、定线、定项进行巡回检查。安全阀、压力表、测温仪表、紧急切断装置及其他安全装置应保持齐全、灵敏、可靠，每班应按有关规定检查、试验，有关巡视、检查、调试的情况应载入值班日记和设备缺陷记录。

5）发生下列情况之一者，操作人员有权采取紧急措施停止压力容器运行，并立即报告有关领导和部门：

①容器工作压力、工作温度或壁温超过许用值，采取各种措施仍不能使之正常时。

②容器主要承压元件发生裂纹、鼓包、变形、泄漏，不能延长至下一个检修周期处理时。

③安全附件或主要附件失效、接管端断裂、紧固件损坏难以保证安全运行时。

④发生火灾或其他意外事故已直接威胁容器正常运行时。

6）压力容器紧急停用后，再次开车，须经主管领导及技术总负责人批准，不得在原因未查清、措施不力的情况下盲目开车。

7）压力容器运行或进行耐压试验时，严禁对承压元件进行任何修理或紧固、拆卸、焊接等工作；对于操作规程许可的热紧固、运行调试应严格遵守安全技术规范。

8）容器运行或耐压试验需要调试、检查时，人的头部应避开事故源；检查路线应按确定部位进行。

9）进入容器内部应做好以下工作：

①切断压力源。应用盲板隔断与其连接的设备和管道，并应有明显的隔断标记，禁止仅仅用阀门代替盲板隔断，断开电源后的配电箱、柜应上锁，挂警示牌；

②盛装易燃、有毒、剧毒或窒息性介质的容器，必须经过置换、中和、消毒、清洗等处理并监测，取样分析合格；

③将容器人、手孔全部打开，通风放散达到要求。

10）对停用和备用的容器应按有关规定做好维护保养及停车检查工作，必要时，操作者应进行排放，清洗干净和置换。

3.5　烟气制酸技术经济指标

A　净化工序技术经济指标

（1）文氏管。入口烟气温度：200~400℃；出口烟气温度：30~65℃；进酸温度：<70℃；入酸压力：≥2.5kg；压力降：150~250Pa。

（2）填料塔。入口烟气温度：30~65℃；出口烟气温度：30~55℃；进酸温度：<55℃；入酸压力：≥2.0kg；压力降：200~400Pa。

（3）间接冷凝器。入口烟气温度：30~50℃；出口烟气温度：<40℃；压力降：400~800Pa；冷却水进口温度：<40℃。

（4）电除雾器。入口烟气温度：<40℃；出口烟气温度：<38℃；压力降：300~600Pa；绝缘箱温度：110~140℃；二次电压：45~70kV；二次电流：50~200mA、出口酸雾（标态）<30mg/m³；烟气中含 As（标态）<1mg/m³；烟气中含 F（标态）<5mg/m³；稀酸浓度：5%~20%。

B　转化工序技术经济指标

（1）一段进口：420℃±20℃。

二段进口：465℃±20℃。

三段进口：445℃±20℃。

四段进口：420℃±20℃。

五段进口：410℃±20℃。

（2）转化器一段进口 SO_2 浓度为：开炉点火升温后送气时：3%~5%，O_2/SO_2 比≥1；在正常生产送气时：5%~10%，O_2/SO_2 比≥1。

（3）总转化率>99%，尾气 SO_2 浓度≤0.014%。

（4）二氧化硫风机出口气体：出口酸雾（标态）<30mg/m³；烟气中含 As

（标态）<1mg/m^3、烟气中含 F（标态）<5mg/m^3。

C 干吸工序技术经济指标

（1）干燥塔。进塔气温：<38℃；进塔酸温：40~60℃；干燥酸浓度：92.5%~94.5%；出塔气体含水量（标态）：<100mg/m^3；出塔酸雾（标态）<30mg/m^3；烟气含 As（标态）<1mg/m^3；烟气中含 F（标态）<5mg/m^3。

（2）吸收塔：进塔气温：<250℃；进塔酸温：50~80℃；酸浓度：98.0%~99.0%；硫酸产品合格率：100%；吸收率：99.90%~99.98%；S 利用率：≥90%。

4 粗　　炼

4.1　粗炼原理

锌火法冶炼的主要特点为历史悠久，工艺成熟，产品质量差，综合回收差。

火法炼锌是将含 ZnO 的死焙烧矿在高温下用碳质还原剂还原提取金属锌的过程。基本原理：因 ZnS 不易直接还原（$T>1300℃$ 开始），而 ZnO 则较易，因此，先焙烧 ZnS 得到 ZnO，将 ZnO 在高温（1100℃）下用碳质还原剂在强还原和高于锌沸点的温度下进行还原，使锌以蒸气挥发然后冷凝为液态锌。

还原蒸馏法主要包括竖罐炼锌、平罐炼锌和电炉炼锌。竖罐和平罐炼锌是间接加热，电炉炼锌为直接加热。共同特点是：产生的炉气中锌蒸气浓度大，而且 CO_2 含量低，容易冷凝得到液体锌。

火法炼锌技术主要有竖罐炼锌、密闭鼓风炉炼锌、电炉炼锌、横罐炼锌（已淘汰）等几种工艺（火法炼锌原则流程见图 1-1）。

4.1.1　平罐炼锌

平罐炼锌是 20 世纪初采用的主要的炼锌方法，其装置如图 4-1 所示。

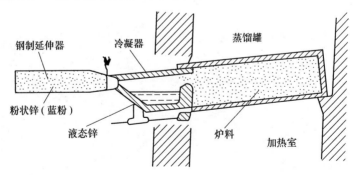

图 4-1　平罐炼锌装置

平罐炼锌时一座蒸馏炉约有 300 个罐，生产周期为 24h，每罐一周期生产 20~30kg，残渣中含锌约 5%~10%，锌回收率只有 80%~90%。

平罐炼锌的生产过程简单、基建投资少，但由于罐体容积少、生产能力低，难以实现连续化和机械化生产；而且燃料及耐火材料的消耗大，锌的回收率很低，所以目前已基本淘汰。

4.1.2　竖罐炼锌

竖罐炼锌于 20 世纪 30 年代应用于工业生产，经历了 70 多年，现已基本淘汰，但在我国的锌生产中仍占一定的地位。它的生产过程包括焙烧、制团、焦结、蒸馏和冷凝 5 个部分，工艺流程如图 4-2 所示。

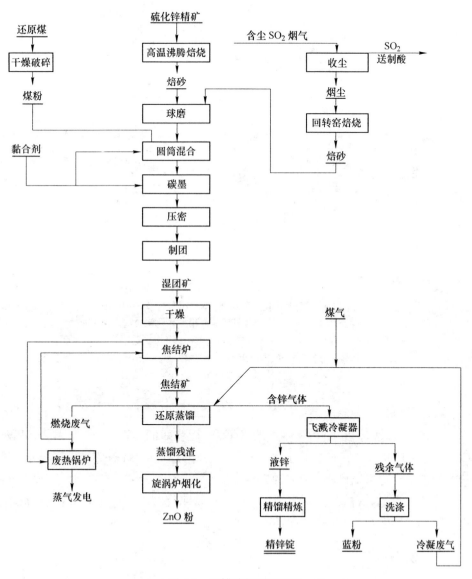

图 4-2　竖罐炼锌工艺流程

竖罐蒸馏炉如图 4-3 所示。

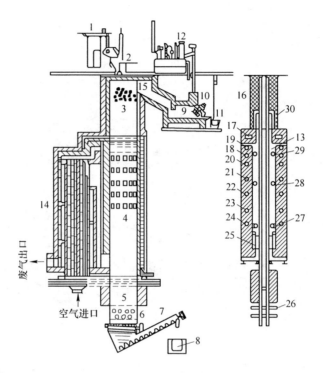

图 4-3　竖罐蒸馏炉

1—加料电车；2—加料斗；3—上延部；4—罐体；5—下延部；6—排矿辊；7—排矿螺旋；
8—水沟；9—冷凝器；10—转子；11—电葫芦运输斗；12—第二冷凝器；13—燃烧室；
14—换热室；15—罐口出口；16—上延部保温砖套；17—煤气支管；18—空气总管；
19~24—按顺序为第 1~6 空气支管；25—炉气进换热室口；26—人孔；27—下部测温孔；
28—中部测温孔；29—上部测温孔；30—小燃烧室

竖罐炼锌的原料是从罐顶加入，残渣从罐底排出，还原产出的炉气与炉料逆向运动，从上延部进入冷凝器。离开炉子上沿部的炉气的组分为 Zn 40%、CO 45%、H_2 8%、N_2 7%，几乎不含 CO_2。在冷凝器内，锌蒸气被锌雨急剧冷却成为液态锌，冷凝器冷凝效率为 95% 左右。

竖罐炼锌具有连续性作业、生产率、金属回收率、机械化程度都很高的优点，但存在制团过程复杂、消耗昂贵的碳化硅耐火材料等不足。

4.1.3　鼓风炉炼锌

密闭鼓风炉炼锌法又称为帝国熔炼法或 ISP 法，它合并了铅和锌两种火法冶炼流程，是处理复杂铅锌物料的较理想方法。

在间接加热的蒸馏罐内，炉料中配有过量的炭，出罐气体中 CO_2 浓度小于 1%，可以防止锌蒸气冷凝时被重新氧化。

直接加热的鼓风炉炼锌由于焦炭燃烧反应产生的 CO、CO_2，鼓入风中的 N_2 和还原反应产生的 Zn 蒸气混在一起，炉气被大量 CO、CO_2 和 N_2 气稀释，炉气为低锌高 CO_2 的高温炉气，含锌 5% ~ 7%，含 CO_2 11% ~ 14%，含 CO 18% ~ 20%，入冷凝器炉气温度高于 1000℃，使从含 CO_2 高的炉气中冷凝低浓度的锌蒸气存在许多困难。

在鼓风炉炼锌炉气的冷凝过程中，为了防止锌蒸气被氧化为 ZnO，在生产中采用高温密封炉顶和铅雨冷凝器。高温密封炉顶的另一个作用是防止高浓度的 CO 逸出炉外。

鼓风炉炼锌的优点：

（1）对原料的适应性强，可以处理铅锌的原生和次生原料，尤其适合处理难选的铅锌混合矿，简化选冶工艺流程，提高选冶综合回收率。

（2）生产能力大，燃料利用率高，有利于实现机械化和自动化，提高劳动生产率。

（3）基建投资费用少。

（4）可综合利用原矿中的有价金属，金、银、铜等富集于粗铅中予以回收，镉、锗、汞等可从其他产品或中间产品中回收。

鼓风炉炼锌的缺点：

（1）需要消耗较多质量好、价格高的冶金焦炭。

（2）技术条件要求较高，特别是烧结块的含硫量要低于 1%，使精矿的烧结过程控制复杂。

（3）炉内和冷凝器内部不可避免地产生炉结，需要定期清理，劳动强度大。

ISP 法炼锌的工艺流程如图 4-4 所示；图 4-5 为锌鼓风炉炉体结构。

密闭鼓风炉炼锌的设备（ISP 炼锌设备）流程见图 4-6。

鼓风炉炼锌的主要设备有密闭鼓风炉炉体、铅雨冷凝器、冷凝分离系统以及铅渣分离的电热前床。

密闭鼓风炉是鼓风炉系统的主要设备，由炉基、炉缸、炉腹、炉身、炉顶、水冷风口等部分组成。

由于密闭鼓风炉炉顶需要保持高温高压，密封式炉顶是悬挂式的，在炉顶上装有双钟加料器。

冷凝分离系统可分为冷凝系统和铅、锌分离系统两部分，铅雨冷凝器是鼓风炉炼锌的特殊设备，铅锌的分离一般采用冷却熔析法将锌分离出来。

铅雨冷凝法的特点：铅的蒸气压低、熔点低，铅对锌的溶解度随温度变化

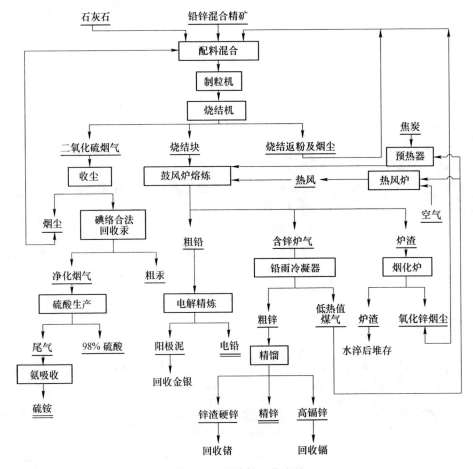

图 4-4　ISP 炼锌工艺流程

大，铅的热容量大。铅雨冷凝器如图 4-7 所示。

鼓风炉炼锌对物料适应性大，可处理成分复杂的铅锌矿以及各种铅锌氧化物残渣和中间物料，而且热效率高、生产成本低；但存在 SO_2、铅蒸气和粉尘对环境污染问题。

4.1.4　电炉炼锌

电炉炼锌的特点是直接加热炉料的方法，得到锌蒸气和熔体产物，如冰铜、熔铅和熔渣等。因此此法可处理多金属锌精矿。此法锌的回收率约为 90%，电耗为 3000~3600kW · h/t。

电炉炼锌是用焙烧矿（锌焙砂）与碳质还原剂混合，进行还原挥发熔炼，从而获得含锌气态烟气，锌焙砂中的氧化锌难以还原，因此电炉炼锌必须在高温

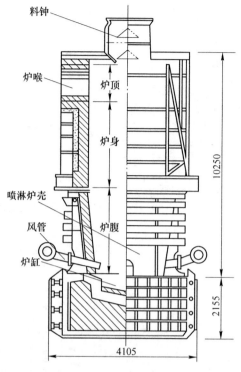

图 4-5 锌鼓风炉炉体结构

及强还原气氛下进行，所需的热能直接由电能转化为热能，直接加热炉料，从炉喉口出来的锌蒸气经过冷凝，变成液态锌，再经过浇注脱模，最终变成粗锌锭产品；没有完全冷凝的锌蒸气进入二冷，通过水洗变成蓝粉。一冷产出的锌灰和二冷产出的蓝粉通过制粒烘干，再次返回电炉生产。

电炉还原挥发熔炼工艺原理：电炉还原挥发熔炼是用沸腾炉焙烧产出的锌焙砂与碳质还原剂和熔剂混合，通过矿热电炉在高温及强还原气氛下进行还原挥发熔炼，从而获得 1200~1400℃ 的含锌气态烟气，烟气经过冷凝器冷凝后，温度降至 530~550℃，变成液态锌，再经过浇注脱模，最终变成粗锌锭产品。

4.2 粗炼工艺流程

电炉还原挥发熔炼的还原剂为焦丁，熔剂为石灰和石英石，焦丁和石英石利用回转窑干燥后，使水分低于 1%，通过电子皮带秤按一定比例配料后，经皮带输送机、斗式提升机输送至矿热电炉料仓。混合料通过螺旋给料机进入电炉，利用电极通电后产生的电能，转化为热能，直接加热炉料。

从矿热电炉炉喉口出来的 1200~1400℃ 的锌蒸气经过一级冷凝器，利用飞溅式转子扬起的锌雨进行冷凝，温度降至 530~550℃，变成液态锌；没有完全冷凝

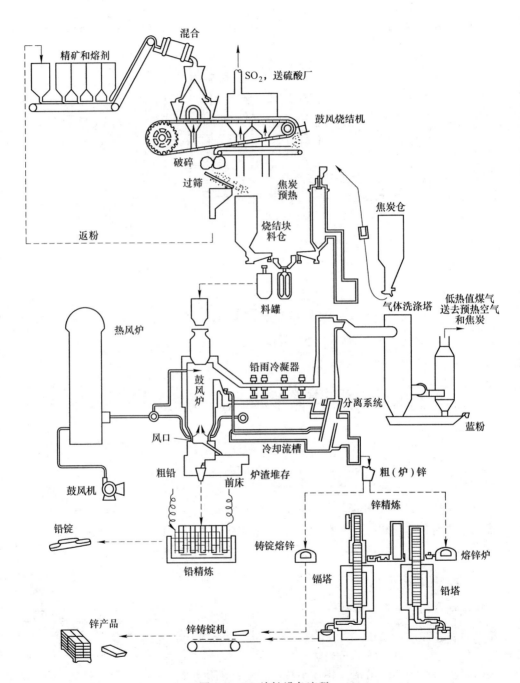

图 4-6　ISP 炼锌设备流程

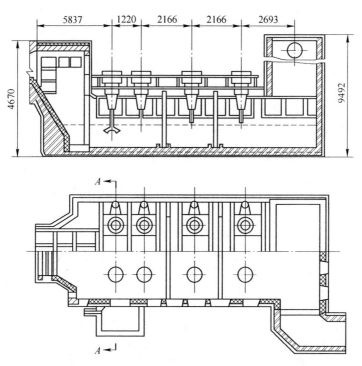

图 4-7 铅雨冷凝器

的锌蒸气进入二级冷凝器,通过文氏管喷淋洗涤,变成蓝粉。一级冷凝器产出的锌灰和二级冷凝器产出的蓝粉通过制粒干燥,再次返回电炉生产。一级冷凝器冷凝下来的液体锌,经过浇注脱模,最终变成粗锌锭产品。

电炉炼锌工艺流程如图4-8所示。

4.3 粗炼设备

电炉炼锌设备连接如图4-9所示。

4.4 粗炼正常操作

4.4.1 安全操作规程

4.4.1.1 备料安全操作规程

(1) 锤式破碎机岗位。

1)定期检查锤头的磨损情况,观察锤头是否有裂痕,锤头连接部位是否松动,并做相应处理和向上级领导反映。

2)破碎机破碎的物料粒度不允许超过规定的物料最大粒度。

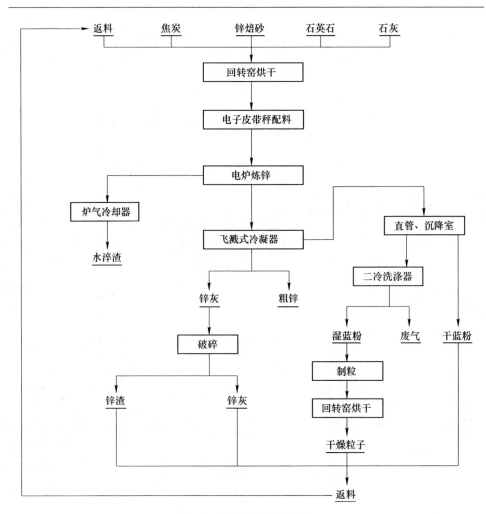

图 4-8　电炉炼锌工艺流程

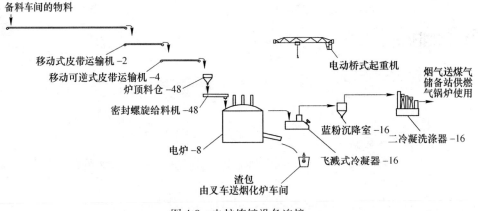

图 4-9　电炉炼锌设备连接

3）注意观察破碎机的运行情况，检查液压和润滑系统是否正常，如发现异常，须及时与中控室取得联系，根据情况采取相应措施并及时向上级领导汇报。

4）每天检查传动皮带和联轴器的防护罩有无松动，地脚螺栓有无松动，若有，则要及时紧固。

5）定期检查轴承的温度及声音是否正常，机体的振动出现异常应及时通知有关人员进行检查。

6）设备在运行过程中破碎机出现声音异常时，应立即停机检查。

7）注意观察卸料口是否有超过进料粒度要求的大块，一经发现，应及时停机进行处理。

8）作业人员在作业过程中或观察物料情况时，严禁站在破碎机进料口和卸料口正面，防止破碎物料飞出伤人。

（2）制粒机岗位。

1）作业人员严格按要求佩戴劳动保护用品，做好个人防护。

2）在设备启动之前，应检查电线绝缘是否完好，检查驱动电机与减速机等连接部位有无异物卡住。

3）检查减速机油位是否在刻度线以内。

4）在制粒机运转过程中，严禁用手去拣圆盘内的异物。

5）在制粒机运转过程中，严禁身体任何部位与圆盘接触，以免机械伤人。

6）在操作过程中应定期清扫电机上附着的粉尘，保证电机散热良好，以免烧坏电机。

（3）回转窑岗位。

1）作业人员严格按要求佩戴劳动保护用品，做好个人防护。

2）必须检查回转窑各种安全防护设施是否齐全。

3）必须检查回转窑各种传动系统、润滑系统是否正常。

4）打开回转窑下料的闸阀时，闸阀由小到大打开，以防热料下落过猛，溅飞伤人。

5）加燃料和扒火时必须戴好防护面罩，加燃料时应关闭风机。

6）严禁从运转设备上跨越或穿过。

7）进窑检修、处理故障，必须切断电源开关，办理相关作业证，设安全监护人员，并挂上"严禁合闸"的标志。

8）用小手推车拉物料时，禁止用脚蹬手推车，防止烫伤或夹伤。

（4）配料岗位。

1）配料作业人员，劳动保护用品必须穿戴齐全，严格执行管理制度。

2）对本岗位使用的设备必须定期进行检查，确保设备正常运行。

3）设备运转时，不准跨越、清理、传递物件和触动危险部位。

4）调整、检查设备时，应先停机、停电。

5）检查、修理机械、电器设备时，必须挂警示牌并派人监护。

6）作业人员在取样时，必须先观察四周情况，确认安全后方可进行作业。

（5）皮带输送机岗位。

1）工作环境及被送物料温度不得高于皮带所能承受的温度。不得输送具有酸碱性油类和有机溶剂成分的物料。

2）输送机使用前须检查各运转部分、胶带搭扣和承载装置是否正常，防护设备是否齐全；胶带的张紧度须在启动前调整到合适的程度。

3）输送机电动机必须绝缘良好，皮带式输送机电缆不允许乱拉和拖动，电动机要可靠接地。

4）皮带输送机应空载启动，待运转正常后方可上料，禁止先上料后开车；顺序反之才能停车。

5）有数台输送机串联运行时，应从卸料端开始，顺序启动，全部正常运转后，方可上料。

6）开机前，操作人员应对皮带输送机进行整体检查，确认皮带机和设备上无人工作或障碍物时，才准开机。

7）皮带打滑时严禁用手去拉动皮带，以免发生事故。

8）输送带上禁止站人和载人。

9）运行中出现胶带跑偏及松动现象时，应做相应调整，不得强行使用，以免磨损边缘和增加负荷。

10）输送皮带在运转过程中，发生异常情况时，必须停机处理；皮带输送机在运转时严禁作业人员对输送机的运动部分进行清扫维护或修理。

11）停车前必须先停止入料，等皮带上存料卸尽方可停车。

12）操作人员劳保用品穿戴必须做到"三紧"，女工长发必须盘入帽内，防止机械绞伤。

（6）链斗输送机岗位。

1）在工作过程中应专人专机看管，操作人员必须具有一定的技术常识及对链斗输送机性能熟悉；操作人员劳保用品穿戴必须做到"三紧"，女工长发必须盘入帽内，防止机械绞伤。

2）操作人员应定期检查各部分的工作情况，禁止在运转时对链斗输送机的转动部分进行清扫或修理。

3）链斗输送机的螺旋拉紧装置应调整适宜，保持链斗输送机的链条具有正常工作的张力；操作人员应经常观察链斗输送机链条的工作情况，损坏的料斗应及时更换或修复。

4）链斗输送机在使用过程中应保持正常润滑。

5）链斗输送机必须在空载下启动，卸料完毕后方可停车。

6）在工作前，看管人员应对链斗输送机进行整体检查。

7）在工作过程中发生故障，应立即停止运转，排除故障。

（7）皮带小车岗位。

1）操作前应先对小车车轮进行检查，检查车轮有无损坏。

2）认真检查小车轨道，看轨道上是否有障碍物。

3）检查减速机内润滑油是否足够。

4）检查滚筒是否完好。

5）对各设备检查完毕后，方可启动小车。

6）小车在运行过程中，操作人员必须注意观察小车是否越轨，如发现有越轨现象，应立即停车。

7）小车在行驶过程中，操作人员必须在小车侧面对小车进行操作，如有异常情况应立即停车。

8）小车在运行时，导线如在钢绳上滑动不畅，操作人员必须在停车后，方可绕过皮带进行手动滑动导线作业。

9）小车在行驶到钢柱时，严禁操作人员通过钢柱与小车之间间隙。

（8）行车岗位。

1）操作人员上岗时必须持有效证件，并穿戴好防护用品。

2）开车前应认真检查设备的机械、电气部分和防护保险装配是否完好、可靠。如果控制器、限位器、吊钩、钢丝绳、电铃、紧急开关等主要附件失灵，严禁吊运并立即停车检查。

3）正常吊运时不准多人指挥，但对任何人发出的紧急停车信号，都应立即停车。

4）行车行走时，吊钩（具）下不得有人，吊钩不能吊人玩耍，吊运通道必须畅通无阻。

5）行车停止使用时，吊钩（具）应停在安全位置，并使吊钩距离地面不低于2.5m。

6）操作控制手柄时，应先从"0"位转到第一挡，然后逐级增减速度；换向时，必须先转回"0"位。

7）当接近卷扬限位器，大小车接近终端或与邻近行车相遇时，速度要缓慢，不准用倒车代替制动、限位代替停车、紧急开关代替普通开关。

8）应在规定的安全走道、专用站台或扶梯上行走和上下，大车轨道两侧除检修外不准行走，小车轨道上严禁行走，不准从一台行车跨越另一台行车。

9）运行中，地面有人或落放吊件时，应鸣笛警告，严禁吊物在易燃易爆品和人上空越过；工作间歇时，不得将起重物悬在吊钩上。

10）两台行车同时吊起同一物件时，要听从专人指挥，步调一致。

11）运行时，行车与行车之间要保持一定的距离，严禁撞车。

12）重吨位物件起吊时应先稍微离地试吊，确认吊钩平稳、制动良好，然后升高，缓慢运行。

13）运行时由于突然发生故障而引起吊件下滑时，必须立即发出信号，同时，采取紧急措施向无人处降落；运行中发生突然停电，必须将开关手柄放到"0"位；起吊物未放下，驾驶员不得离开驾驶室。

14）露天行车遇有暴风、雷击或六级以上大风时，应停止工作切断电源；夜间作业应有充足的照明，行驶前注意轨道上有无障碍物，吊运高大物件妨碍视线时，两旁应设专人监视和指挥。

15）检修行车应停靠在安全地点，切断电源，挂上"禁止合闸"的警告牌，地面要设专人监护。

16）行车工必须认真做到"十不吊"：
①超载或被吊物重量不清不吊。
②指挥信号不明不吊。
③捆绑、吊挂不牢或不平衡，可能引起滑动时不吊。
④被吊物上有人或浮置物时不吊。
⑤结构或零部件有影响安全工作的缺陷或损伤不吊。
⑥遇有拉力不清的埋置物件时不吊。
⑦工作场所光线昏暗，无法看清场内被吊物和指挥信号时不吊。
⑧被吊物棱角处与捆绑钢绳间未加衬垫时不吊。
⑨歪拉斜吊重物时不吊。
⑩容器内装的物品过满时不吊。

17）工作完毕后，行车应停在规定位置，升起吊钩，小车开到驾驶室一端，并将控制手柄放置"0"位，切断电源。

（9）抓斗行车岗位。

1）工作前必须检查钢丝绳、滑轮制动器、限位器、信号、卷扬机和电器、机械等安全装置是否可靠，同时进行空载试运转检查。

2）检查周围是否有人和障碍物，在抓斗回转半径范围内严禁人员逗留和往来。

3）钢丝绳在卷筒上要排列整齐，当抓斗降到最低位置时，卷筒上的钢丝绳至少要保留两圈以上。

4）钢丝绳不准有扭结现象，如磨损或断丝数超过规定时应及时更换。

5）夜间工作时，上下空间必须有足够的照明设备。

6）工作完毕后，应将抓斗安置稳妥，拉下电闸，锁上电闸箱。

7）开车时要坚持发出信号，待人员撤离后，才允许抓吊。

8）在抓吊物料时，物料堆（池）旁的一切工作人员必须撤离，物料堆（池）旁有人工作时抓吊不得同时进行。

9）听到任何发出的停车信号，必须立即停车。

10）在电力输送中断的情况下，必须切断电源。

11）严禁酒后操作抓斗吊，操作时必须集中精力，不准做与操作无关的事。

12）必须持证上岗，非专职人员不准乱动和任意操作。

13）操作工有权拒绝任何人的违章指挥，有权制止和纠正任何人的违章作业行为。

14）抓吊物料时，钢绳必须同步伸缩。

（10）装载机岗位。

1）装载机行驶时，应收回铲斗，铲斗离地面约400~500mm。在行驶过程中注意是否有路障或高压线等。除规定的驾驶人员外，不准搭乘其他人员，严禁铲斗载人。

2）装载机行驶时，避免突然换向行驶，铲斗带负荷升起行驶时，不准急转弯和急刹车。

3）装载机在工作过程中若发现主离合器、制动器失灵，温度过高时，不得继续工作，应停机检查，以免发生事故。

4）装载机在运行过程中有异响时，应立即停车检查。

5）在夜间操作时，机车上前后照明设备必须齐备、完好。

6）装载机在公路上行驶必须遵守交通规则，谨慎驾驶，下坡禁止空挡溜放，应降低车速减小油门，刹车缓行下坡。

7）在倾斜坡地若发动机熄火，应把铲斗放在地上，并制动，将各操作杆置于中位，再启动发动机。

8）铲载物品时，根据现场物品的密度确定装载量，并使铲斗从正面插入，以免铲斗负荷过大，回转时倾倒。

9）满载后应注意斗杆不应升太高。

10）在向运送物品车辆装载时，禁止铲斗在运送物品车辆驾驶室上空越过。

11）向运送物品车辆装载时应尽量降低铲斗，减少卸落高度，防止偏载、超载和砸坏车箱。

12）对边坡、壕沟、凹坑卸料时要注意不要使铲斗过于伸出以免倾覆。

13）装载机不得在倾斜度超过规定的场地上工作，作业区内不得有障碍物及无关人员。

14）装载机的行驶道路应平坦。在石方施工场地作业时，轮式装载机应在轮胎上加装保护链或用钢质链板直边轮胎。

15）装载机转向架未锁闭时，严禁站在前后车架之间进行检修保养。

16）装载机大臂升起后，在进行润滑和调整等工作之前，必须装好安全销或采取其他措施支住大臂，以防大臂落下伤人。

17）作业后，应将装载机停放在安全场地，将铲斗平放地面，所有操作杆置于中位，并制动锁定。

（11）叉车岗位。

1）启动。

①起步时要查看周围有无人员和障碍物，然后鸣号起步。

②叉车在载物起步时，驾驶员应先确认所载货物平稳可靠。起步时须缓慢平稳起步。

2）行驶。

①叉车在运行时，不准载人，货叉上严禁站人。

②在吊笼中工作的人员数量不得超过 2 人，必须佩戴安全帽和安全带，所有工具装在工具袋内，以免掉落。

③在交叉或狭窄路口应小心慢行，并按喇叭随时准备停车。

④进出作业现场或行驶途中，要注意上空有无障碍物刮撞，非紧急情况下，不能急转弯和急刹车。

⑤空车上下斜坡，如果在斜坡上空车行驶，需要倒退上坡，货叉向前行驶下坡，这样重心会落在前轮上。

3）作业。

①严禁超载、偏载行驶。

②装卸货物时，从货叉承重开始至承重平稳以及相反的过程期间，必须启动刹车。

③作业速度要缓慢，严禁冲击性的装载货物。

④停车后禁止将货物悬于空中，卸货后应先降货叉至正常的行驶位置后再行驶。

⑤叉载物品时，货物重量应平均分担在两货叉上，货物不得偏斜，物品的一面应贴靠挡货架；小件货物应放入集物箱（板）内，防止掉落；叉车所载物品不得遮挡驾驶员视线，如出现遮挡驾驶员视线时应倒车缓慢行驶，如遇上坡则不应倒车行驶，应有一人在旁指挥货叉朝上前进。

⑥叉车在起重升降或行驶时，禁止任何人员站在货叉上把持物件或起平衡作用；叉车叉物升降时，货叉范围半径 1m 内禁止有人。

⑦搬运影响视线的货物或易滑的货物时，应倒车低速行驶。

⑧严禁下坡时，熄火滑行。

4）停车。

①尽量避免停在斜坡上，如不可避免，则应取其他可靠物件塞住车轮拉紧手刹并熄火；停放时应将货叉降到最低位置，拉紧后刹车，切断电路。

②不能将叉车停在紧急通道、出入口、消防设施旁。

③叉车暂时不使用时应关掉电源，拉刹车。

（12）水泵岗位。

1）接通电源，当泵达到正常转速时，再逐渐打开吐出管路上的闸阀，并调节到需要的工作状况，在吐出管上的闸阀关闭情况下，泵连续工作时间不能超过 3min。

2）在开车及运转的过程中应注意观察轴承是否发热，密封是否漏水和发热，水泵的振动和声响是否正常，如有异常情况，应及时处理。

3）轴承最高温度不得高于 80℃。

4）启动前应向水泵及吸水管路灌满水，吸水管中不能有存气或漏气现象。

5）水泵运转时，填料不能压得过紧，应保持适中；身体各部位不得与运转件相接触，巡检查看时，必须保持足够的安全距离。

6）水泵在运转过程中，如发现异常声响时应立即停车检查。

7）维修前必须切断电源，挂上"严禁合闸"标志后方可维修。

（13）空气压缩机岗位。

1）空气压缩机作业区应保持清洁和干燥。储气罐应放在通风良好处，距储气罐 15m 以内不得进行焊接或热加工作业。

2）空气压缩机的进、排气管较长时，应加以固定，管路不得有急弯；对较长管路应设伸缩变形装置。

3）输气胶管应保持畅通，不得扭曲，开启送气阀前，应将输气管道连接好，并通知现场有关人员后方可送气；在出气口前方不得有人工作或站立。

4）作业中，储气罐内压力不得超过铭牌额定压力，安全阀应灵敏有效；进、排气阀、轴承及各部件应无异响或过热现象。

5）每工作 2h 应将液气分离器、中间冷却器、后冷却器内的油水排放一次。储气罐内的油水每班应排放 1~2 次。

6）发现下列情况之一时应立即停机检查，找出原因并排除故障后，方可继续作业：

①漏水、漏气、漏电或冷却水突然中断。

②排气压力突然升高，排气阀、安全阀失效。

③机械有异响或电动机电刷发生强烈火花。

7）运转中，在缺水而使气缸过热停机时，应待气缸自然降温至 60℃ 以下时，方可加水。

8）停机时，应先卸去载荷，然后分离主离合器，再停止电动机的运转。

9）停机后，应关闭冷却水阀门，打开放气阀，放出各级冷却器和储气罐内的油水和存气，方可离岗。

4.4.1.2 电炉安全操作规程

（1）电炉炼锌岗位。

1）认真贯彻安全生产技术操作规程，严格岗位操作方法和操作程序。

2）严格劳动纪律，严禁脱岗、串岗，严禁上班喝酒，禁止在生产现场抽烟。

3）穿戴好劳动防护用品，在处理事故及操作时，应站在上风口，防止 CO 中毒。

4）切实保证炉气系统的正压操作，防止放炮及爆炸事故的发生。

5）正常操作时，不准站在出渣口、炉喉口、电极孔、一冷锌液池边等处，防止跑渣、喷渣、冒火、漏气或踏入锌液池中。

6）正常操作及处理事故时，身体及导电工具不得触及电极、电源和带电体。

7）接长、下放或更换电极时，严禁带电作业；需要作业时，应先通知配电工关闭电源，严格挂牌管理制度，并由专人现场进行安全监护，防止其他人员误操作，发生触电事故。

8）一、二冷进行清扫时，动作要迅速、准确，尽量减少锌及氧化锌的外逸，防止对车间内外环境的污染。

（2）一冷岗位。

1）使用 U 形管应及时调整锌液温度，其范围控制在 540℃左右（±20℃），检查时，必须穿戴好劳动保护用品，防止 U 形管漏水爆炸伤人。

2）及时掌握转子运转情况和磨损情况，根据实际状况及时调整转子角度或更换转子，更换转子时，先调整好转子长度，再进行安装；安装时，必须穿戴好劳动保护用品，防止锌蒸气烫伤。

3）一冷工在操作时，所用的工具和设备必须是干燥的，以免潮湿的工具与锌液接触发生爆炸；同时，各种铁器工具应尽量避免长时间接触锌液以免影响锌的质量。

4）根据二冷工的通知，清扫方箱、直管、挡墙及斜坡和清理方箱时，必须戴防火面罩，以防喷火伤人。

5）根据锌液面的高度及时放锌，锌液面过高或过低都会影响锌的冷凝；放锌时，必须穿戴好劳保用品，防止烫伤。

6）操作中要求各部位不得漏气，以免引起 CO 爆炸或中毒。

7）放渣时先检查流渣槽及渣口是否完好，然后打开补充水控制阀，再启动水泵，检查水泵工作是否正常，然后用钢钎或吹氧管打开渣口放渣；渣放出后，不能让熔渣溢出渣槽，以防伤人；放渣完毕后清理渣口，用浇注料或泥巴堵住。

8）在一、二冷配合作业时，应避免一、二冷两点同时作业，防止意外事故的发生。

9）浇铸锌锭前必须检查确认地模架位置地面是否有积水（确保锌模周围不小于1m的位置无积水），防止漏锌爆炸伤人；浇铸锌锭时必须戴好面罩，防止烫伤。

10）用锌包装运锌液过程中，放入锌包内的锌液高度必须低于锌包口10cm以上，防止运输过程中锌液洒落伤人。

11）作业人员在用小手推车拉料时，禁止用脚蹬手推车，防止烫伤或夹伤。

12）上一冷作业过程中，必须将锌池盖板放下，方可作业；无事严禁在斜坡口位置逗留，以防意外事故发生。

（3）二冷岗位。

1）经常检查电炉各部分的密封情况，避免空气进入炉内发生爆炸。

2）经常检查下料漏斗内的存料，严禁斗内无料，避免空气进入炉内发生爆炸。

3）经常检查下料螺旋电机运行情况，发现异常应及时处理。

4）下料包堵塞应通知配电工停止下料、二冷工把低阀压力调到微负压；需打通下料包作业过程，应按要求佩戴防护面罩，侧身操作，不能面对下料包，以防烧伤。

5）接长电极时，必须停电操作。

6）密封电极孔时，严禁使用金属构件，以防触电，必须用干燥的木棍。

7）二冷工必须及时清理蓝粉，以免堵塞二水封下管口，防止系统压力升高，CO泄漏中毒。

8）清扫二冷时，严禁吸烟或明火，操作人员要站在通风处，以防一氧化碳中毒；作业人员必须佩戴防护眼镜或防护面罩，防止蓝粉水溅入眼睛。

9）在一、二冷配合作业时，应避免一、二冷两点同时作业，防止意外事故的发生。

10）二冷工在密封电极孔、打下料包、探渣和清理沉降室等，必须戴防火面罩，以防喷火伤人。

11）严禁两个以上的岗位同时进行操作，防止引起压力波动或废气回流，发生爆炸和喷火伤人。

12）在二冷平台作业时，必须有监护人监护，严格按要求携带便携式CO检测仪，及时观看检测数据，并做好相应记录，确保人员的操作安全，防止作业人员一氧化碳中毒。

13）为防电炉二平台操作点一氧化碳泄漏，二冷作业人员必须及时进行巡检，检查是否存在漏气点，如存在必须及时处理。

14）为防电炉二平台一氧化碳浓度升高，电炉正常开机时，必须将二冷轴流风机启动，确保二平台及配电室内一氧化碳浓度不超 100mg/m³。

15）进入电炉二楼炉面、二冷和配电室时，严禁吸烟。

（4）电炉配电工岗位。

1）起弧前，先检查电极的提升系统、短网和连接螺栓等是否完好，经检查无安全隐患后，方可进行下一步操作。

2）打开高压室门观看高压柜的电压表及相间指示灯是否三颗都亮，如有一颗不亮（可能是缺相或烧损），应叫电工修理。

3）检查电炉变压器及连接铜排有无杂物短路，确认无安全隐患后，方可进行合闸通电。

4）操作时应有两人以上进行，并与设备保持一定的安全距离。

5）定期检查电炉变压器油温，油温异常时应及时检查原因并处理。

6）提升或下放三相电极时要缓慢均匀，直到电流达到规定电流。

7）炉内压力超过 400Pa，要立即降压并停止下料，视情况停电炉变压器。

8）停电炉变压器，确定电压、电流为"0"后分闸，方可进行其他作业。

9）炉顶温度一般控制在 800~1050℃，正常生产以探渣情况决定炉顶温度的高低。

10）操作中做到四个稳定，即料量稳定、电流稳定、温度稳定、压力稳定；绝不让料量、温度、电流、压力大起大落。

11）当炉内压力突然增大，电流猛增时应立即停高压，并停止下料，但不要急于提升电极（以免电极松动后炉气冲出烧坏设备），同时按电铃报警。

（5）放锌作业。

1）放锌作业时，检查一冷周围地面积水，溜槽是否干燥，避免锌液遇水发生爆炸伤人。

2）检查放锌溜槽是否畅通，检查无问题后方可进行放锌作业。

3）放锌作业时，作业人员必须正确佩戴安全防护罩，身体距放锌槽须有一定安全距离，防止漏锌造成烫伤。

4）对使用中的各种铁器工具必须烘干，避免因受潮接触锌液时爆炸。

5）及时观察锌液池内锌液高度，达到放锌要求（不高过放锌口 3cm）时，及时组织人员放出锌液，防止锌液池内锌液液面过高，影响产量和质量。

6）用锌包装运锌液过程中，放入锌包内的锌液高度必须低于锌包口 10cm 以上，防止运输过程中锌液洒落伤人。

7）锌液铸锭前必须认真检查锌模是否干燥，模架周围（1m 以内）位置地面是否有积水，防止漏锌爆炸伤人；浇铸锌锭时，必须戴好面罩，防止烫伤。

8）卸模作业过程中，作业人员严禁用脚蹬锌模，防止锌模夹伤和烫伤。

9）码垛作业时，操作人员应距锌垛有一定安全距离（大于30cm），以防锌垛倾倒砸伤或烫伤。

10）放锌作业过程中，作业人员应与锌模、锌包保持足够安全距离（应不小于50cm），防止漏锌烫伤。

（6）清方箱作业。

1）在清理方箱前，必须对电炉况进行了解确认（交接班必须清楚），按要求穿戴劳动保护用品。

2）人员在上一冷操作平台操作前必须确认是否安全，防护措施是否到位（如锌池防护盖板是否盖好等），经确认后方可进行操作。

3）在开方箱前要把方箱门顶紧，防止开箱后高温锌灰流出伤人。

4）操作人员在将方箱铁销子打开后，应及时撤离锌池操作平台。

5）清完方箱后，及时关闭并密封方箱门，防止喷火和漏气，同时将锌池防护盖板打开。

（7）放生铁含铜物料作业。

1）作业前，操作人员必须严格按要求佩戴好相应安全防护用品，进行吹渣口作业时，必须戴放渣手套。

2）放生铁含铜物料前，先探渣确定温度达到后方能进行放生铁含铜物料操作。

3）确认干渣池是否清理完毕，干渣池内是否有积水；若有积水，必须进行处理。

4）注意观察熔池情况，确认干渣池能容下放出的生铁含铜物料。

5）检查理出的渣沟是否通畅，准备好堵渣口的工具。

6）放生铁含铜物料前先检查电炉周围有无氧气、乙炔等爆炸物品，若有该类物品，必须移至安全距离（20m以上）；在放生铁含铜物料过程中使用的氧气瓶，必须按氧气、乙炔使用规定摆放，使用完后及时撤离现场。

7）放生铁含铜物料前，一冷工、二冷工、行车操作人员必须及时撤离至安全区域。

8）检查底渣口至干渣池段是否完好并进行干燥处理，支砌是否严格按照标准进行。

9）检查渣槽周围的立柱是否已进行防护。

10）放生铁含铜物料前，应检查干渣槽是否有相应的防跑渣措施。

11）检查一冷地面是否有积水，若有积水，必须做相应的处理。

12）放生铁含铜物料作业前，必须对一冷现场各进出水管进行安全防护，或关闭进水管阀。

13）放完生铁含铜物料后，及时向干渣池内浇水，必须正确佩戴劳动保护用品。

（8）放渣作业。

1）作业前，操作人员必须严格按要求佩戴好相应安全防护用品，进行吹渣口作业时，必须戴放渣手套。

2）放渣前，先探渣确定熔池后方能进行放渣操作。

3）放渣时先检查流渣槽及流渣口是否完好，然后打开补充水控制阀，再启动水泵，检查水泵工作是否正常。

4）放渣前先检查电炉周围有无氧气、乙炔等爆炸物品，若有该类物品，必须移至安全距离（20m 以上）；在放渣过程中使用的氧气瓶，必须按氧气、乙炔使用规定摆放，使用完后及时撤离放渣现场。

5）放渣前，检查渣槽是否有漏水现象，若有，必须进行焊接方能放渣。

6）检查是否做好相应的跑渣防护措施。

7）用钢钎或吹氧管打开渣口放渣，渣放出后，不能让熔渣溢出渣槽，以防伤人；放渣完毕后清理，渣口用浇注料或泥巴堵住。

8）熔渣放出后，操作人员应及时撤离至安全区域，以防渣含铁高，遇水发生爆炸伤人。

（9）大清作业。

1）大清前，先观察炉顶、直管压差，达到 $150 \sim 200Pa$ 时，方能进行大清作业。

2）大清作业必须分闸进行，提前做好相关准备工作，并对大清作业现场进行安全条件确认，填写检维修作业安全条件确认表，方可进行作业。

3）作业时依次打开 2 号、3 号下料包、尾气阀门，吊出 1 ~ 3 号转子及倾斜部盖板。

4）大清作业前，必须将各个（1 号、2 号、3 号）锌液池安全防护盖板盖好，并进行确认；大清作业人员必须严格按要求佩戴好安全防护用品，确保个人安全防护。

5）起吊转子及盖板时，必须对起吊工具进行检查并确认，确保起吊安全。

6）在一冷上方使用大锤等工具时，必须确定一冷下方无人，避免交叉作业。

7）起吊盖板时严禁作业人员站在盖板上同时起吊；用叉车协助作业时，严禁作业人员站在叉车上。

8）拆除转子时，严禁用叉车撬动转子座；大清现场必须有专人负责协调工作，确保大清作业有序开展。

9）大清作业完毕后，依次将倾斜部盖板盖上并密封，吊装 1 ~ 3 号转子，调整尾气阀门及盖好 2 号、3 号下料包、正常投入生产。

4.4.1.3　修理岗位安全操作规程

（1）修理岗位。

1）作业前必须穿戴好劳动保护用品，女工长发应盘入帽内。

2）机械设备、氧焊、电焊的检修操作必须持有操作证的人员才能进行操作。

3）检修带电设备的机械时，必须先切断电源，拉下闸刀开关，悬挂"有人操作、禁止启动"等警示标志，并设置专人监护才能进行。

4）使用砂轮机时，必须戴好防护眼镜，用手握稳工件，身体不得正对砂轮机，不得使用无防护罩的砂轮机。

5）在进行电焊和气焊作业时，严格按照安全操作注意事项进行。

6）修理房内工具，物料应摆放整齐，保持场所清洁卫生。

7）检修作业中，起吊物件时，严禁多人同时指挥，物件下禁止站人。

8）严格执行危险作业安全管理制度。

（2）台式钻床岗位。

1）工作前必须穿好工作服，扎好袖口，不准围围巾，严禁戴手套，女生发辫应挽在帽子内。

2）检查设备上的防护、保险、信号装置。机械传动部分、电气部分要有可靠的防护装置；检查工、卡具是否完好，否则不准开动。

3）钻床的平台要紧固，工件要夹紧；钻小件时，应用专用工具夹持，防止被加工件带起旋转，不准用手拿着或按着钻孔。

4）手动进刀一般按逐渐增压和减压的原则进行，以免用力过猛造成事故。

5）调整钻床速度、行程、装夹工具和工件，以及擦拭钻床时要停车进行。

6）钻床开动后，不准接触运动着的工件、刀具和传动部分；禁止隔着机床转动部分传递或拿取工具等物品。

7）钻头上绕有长屑时，要停车清除，禁止用口吹、手拉，应使用刷子或铁钩清除。

8）凡两人或两人以上在同一台机床工作时，必须有一人负责安全，统一指挥，防止发生事故。

9）发现异常情况应立即停车，请有关人员进行检查。

10）钻床运转时，不准离开工作岗位，因故要离开时必须停车并切断电源。

11）工作完后，关闭机床总闸，擦净机床，清扫工作地点。

（3）焊工岗位。

1）焊接人员必须穿工作服，应佩戴防护遮光面罩、脚盖和手套等工作防护用品。

2）焊接前应检查导线是否绝缘，焊具不宜放置在潮湿人行道上，邻近电焊机导电部分间距离不得小于 1.5m。

3）电焊机外壳和接地线必须要有良好的接地，焊钳的绝缘手柄必须完整无缺，雨雪天禁止露天作业。

4）不准在堆有易燃易爆的场所进行焊接操作；必须焊接时，一定要在 6m 以外，并在电弧焊场周围配置灭火器材等安全防护措施。

5）焊接作业时与带电体要相距 1.5~3.0m 的安全距离，严禁在带电器材上进行焊接。

6）禁止在有气体、液体压力的容器上进行焊接。

7）对密封的或盛装的物品性能不明的容器不准焊接。

8）在有 5 级风力的环境中不准焊接，防止火星飞溅引起火灾。

9）在金属容器内、狭小空间等受限空间内焊接，必须按要求办理相关作业证，并有人监护。

10）电焊金属工作台与地设有保护性接地措施；在潮湿金属结构上焊接，焊工应站在木板或盖有绝缘胶皮上工作，以免触电。

11）在工作间断时，应切断电源，检查周围是否有火星，消灭火源。

12）严格执行焊工"十不焊"原则。

不是焊工不焊；要害部位和重要场所不焊；不了解周围情况不焊；不了解焊接物内部情况不焊；装过易燃物品的容器不焊；用可燃材料作保温隔音的部位不焊；密闭或有压力的容器管道不焊；焊接部位旁有易燃易爆品不焊；附近有与明火作业相抵触的作业不焊；禁火区内未办理动火审批手续不焊。

（4）气焊和气割岗位。

1）氧气瓶严禁靠近易燃品、油脂等；氧气瓶与易燃易爆物品及其他火源之间的距离一般不得小于 10m。

2）在开启瓶阀时，操作者应站在出气口的侧面，以免受气体冲击。

3）氧气乙炔瓶所用的减压器，必须有符合要求的高压表和低压表；高压包指针保持灵敏，以反映瓶内的气压高低。

4）开启氧气乙炔瓶阀门时，动作要平稳，慢慢开启，以防气体损坏减压器。

5）氧气乙炔瓶减压器安装好后，应将减压器调节螺丝拧紧，然后开启氧气、乙炔瓶阀，不要面对减压表；工作结束后，首先将减压表调节螺丝拧紧，然后将氧气关闭。

6）氧气瓶的气体不允许全部用完，至少应留 1 个表压的剩余气量。

7）乙炔瓶必须设有回火防止口，以免发生回火爆炸事故。

8）焊炬和割炬在使用之前必须检查射吸能力或者是否漏气，并检查氧气胶带、乙炔胶带及各连接处是否有漏气现象，焊嘴或割嘴有无堵塞等情况，必要时可用通针将焊嘴疏通。

9）严禁把已点燃火焰的焊炬或割炬随意卧放在工件附近或地面上。

10）在焊、割工件过程中遇到回火时，应迅速关闭氧气阀，然后再关闭乙炔阀，稍等一下后再打开氧气阀，吹除焊炬内的烟灰，然后重新点火使用。

11）修理各种容器或管道时，在焊割前应了解容器或管道内的是什么液体或气体及所有阀门是否已打开，存余的液体或气体是否清除干净，否则不能进行焊割工作。

12）当焊、割储存过原油、汽油、煤油或其他易燃物品的容器时，需要将容器上的孔盖完全打开，用碱水或蒸汽和水将容器内壁清洗干净，并用压缩空气吹干后，方可进行焊、割工作。

13）在焊、割工件过程中，氧气、乙炔气瓶必须做好防倒措施，乙炔气瓶禁止平卧在地面使用。

（5）氧气、乙炔使用岗位。

1）氧气、乙炔焊割操作人员必须经培训考核，持有效证件上岗作业，作业时正确穿戴劳动防护用品。

2）严禁氧气瓶与乙炔瓶等易燃气瓶混装运输；使用符合安全标准的氧气、乙炔，作业场所严禁吸烟。

3）严禁对乙炔、氧气瓶敲击、碰撞，乙炔、氧气瓶存放距离不得小于6m，使用距离不得小于8m，距明火应大于10m。

4）气瓶应有明显的色标和防震圈，不得靠近热源，不在日光下暴晒，露天放置要采取遮阳措施，用后应放入专用仓库内。

5）防回火装置、减压器、压力表、安全帽等安全防护装置齐全有效，皮管用夹头紧固，不漏气；检验是否漏气要用肥皂水，严禁用明火。

6）氧气瓶、氧化气表及焊割工具上，严禁沾染油脂、可燃气体或其他物品。

7）电炉处于生产状态维修电炉、设备，使用氧气、乙炔气瓶时，严禁将瓶体置于一冷等热源附近，必须置于背一冷处15~20m以外；严禁在二冷位置放置氧气瓶及乙炔气瓶，必须远离电炉本体。

8）在输气胶管或减压器发生爆炸燃烧时应立即关闭瓶阀；在点火时，焊枪口不准对人。

9）危险源点严禁放置危险品，二楼料仓四周严禁放置氧气瓶及乙炔气瓶。

10）氧气、乙炔在存放和使用过程中，必须设置防倒安全装置，保证其在使用过程中不易倾倒造成事故。

11）在放渣过程中，严禁渣槽、渣池附近放置氧气瓶和乙炔气瓶。

12）不得手持连接胶管的焊枪爬梯、登高等。

13）工作完毕，应将气瓶阀关好，拧上安全罩，检查操作场地，确认无着火危险后，方准离开。

14）在焊、割工件过程中，乙炔瓶只能直立，不能卧放，以防丙酮流出，引起燃烧爆炸。

15）气瓶内气体不可用尽，氧气应留有 0.1～0.2MPa、乙炔应留有 0.01～0.02MPa 余压。

（6）氧气瓶、乙炔气瓶储存安全规程。

1）仓库保持阴凉通风，不准将气瓶置于日光下暴晒，库房周围严禁堆放各种可燃材料。

2）必须做好仓库的消防安全措施。

3）气瓶入库前须经验收：

①检查气瓶包装外形有无明显外伤，附件是否齐全，有无合格证等。

②密封性能是否良好，有无漏气现象。

4）氧气、乙炔气瓶严禁混放，且严禁与可燃易燃品同库存放，乙炔气瓶必须竖立存放，做好防倾倒措施。

5）氧气、乙炔气瓶运放过程中应用专用小车，且应轻装轻放，严禁抛滑、滚动、撞击，不准接触明火。

6）空、饱瓶严格区分且分类存放。

4.4.2　技术操作规程

4.4.2.1　破碎筛分工序

（1）电炉产出锌灰和其他分厂外进锌灰，先进行筛分，将大块含锌物料分离。

（2）物料通过皮带输送至颚式破碎机破碎后，再进行二级打砂机破碎。

（3）经打砂机破碎后物料用皮带输送至筛分机进行筛分，大于 2.5mm 的锌灰直接入炉使用，小于 2.5mm 的锌灰倒运至制粒工序进行制粒。

4.4.2.2　制粒工序

（1）制粒要求：锌灰与湿蓝粉比例为 1.5∶1 混合，提前 1 天加少量水氧化物料；通过行车把物料装入料仓，打开给料机进料，并同时加适量水混合，待物料开始裹料时停水。制出成品粒子后皮带将物料输送到指定位置。

（2）制粒粒度要求控制在 8～20mm。

（3）制出的锌粒子要求水分低于 13%，再阴干 2～3 天。

4.4.2.3　烘烤工序

（1）回转窑均匀控制燃烧室煤层厚度、鼓风压力和风量等，保证燃烧室稳定燃烧，维持技术要求的火仓温度范围，并保持一定的抽力，尽量减少燃烧室煤灰进入窑内。

（2）回转窑：正常控制时，窑头温度控制≥800℃，窑尾温度控制≤300℃，火仓温度控制800~950℃。

（3）物料经回转窑干燥后在出料口位置进行筛分，小于5mm的灰单独堆放，并返回制粒；大于5mm以上物料堆放至成品区，干燥后炉料含水量低于0.8%。

4.4.2.4　配料工序

（1）由技术员观察电炉每天的渣型、炉况变化，调整配比，提供每台电炉配比，通过配比换算百分比输入电子定量皮带秤控制系统，定时、定量输送至电炉料仓中。

（2）定期校正电子皮带秤，电子皮带秤精度的显示值和实际值范围控制在小于1%。

（3）送料时，要求按照要求进行送料，所送物料必须混合均匀，以保证电炉的正常生产。

（4）所有物料入炉水分要求≤0.5%，若发现水分超标，必须进行返烤。

（5）根据电炉生产用料情况及时供料，不允许料斗缺料。

（6）准确记录配料情况及上料情况，报告操作工。

4.4.2.5　电炉、配电工序

（1）配电技术操作规程。

1）起弧前，先检查电极的提升系统是否完好，经检查无安全隐患后，方可进行下一步操作。

2）打开高压室门观看高压柜的电压表及相间指示灯是否三颗都亮，如有一颗不亮（可能是缺相或烧损），应叫电工修理。

3）检查电炉变压器及连接铜排有无杂物短路，确认无安全隐患后，方可进行合闸通电。

4）操作时应有两人以上进行，并与设备保持一定的安全距离。

5）操作工应熟练掌握操作室内的各有关仪表和控制按钮的操作，做到操作准确无误。

6）操作电极时必须在"0"位上停留5s左右方可反方向提升或降落，提升或下放三相电极时要缓慢均匀，直到电流达到规定电流。

7）在提升电极时，必须注意电极升降情况，发现电极卡死时及时通知二冷工清理电极孔。

（2）加料技术操作规程。

1）正常生产连续加料，保持4点料量均匀，严格控制吨料电耗。

2）加料时注意给料机运作状况，有堵塞时及时关掉给料机并及时通知二冷工处理。

（3）炉况操作。

1）同一工作电压下，电极插入的深浅对积铁形成的速度有着直接影响。正常情况下，炼锌电炉电极插入深度以渣层厚度的 1/3~1/2 为宜。

2）操作中做到四个稳定，即料量稳定、电流稳定、温度稳定、压力稳定。

3）绝不让料量、温度、电流、压力大起大落。4000kV·A 电炉在正常生产过程中使用 1 挡，额定电压 185V，操作电流 12.5~14kA，正常功率一般维持在 4050~4200kV·A。

4）当炉内压力突然增大，电流猛增时应立即停高压，并停止下料，但不要急于提升电极（以免电极松动后炉气冲出烧坏设备），同时按电铃报警。

5）定期检查电炉变压器油温，当油温大于 45℃ 时，应及时检查原因并处理。

6）当炉内压力超过 400Pa 时，停止下料，视情况停电炉变压器，然后进行其他处理。停电炉变压器时，确定电压、电流为 "0" 后分闸，方可进行其他作业。

7）正常操作时，炉顶温度一般控制在 800~1100℃。

（4）放渣技术操作规程。

1）通过探渣，渣面高度超过使用渣口 300mm 以上时，当班必须进行放渣。

2）正常生产每隔 24h 放渣一次。

3）放渣时应先检查渣池水面是否到位，流渣槽及流渣口是否完好，水泵工作是否正常，再决定是否放渣。

4）放渣时用钢钎或吹氧管打开渣口放渣，放渣完毕后清理渣口，用浇注料或泥巴堵住，停水泵。

（5）放铁技术操作规程。

1）正常生产，25~30 天为一个放铁周期。

2）计划放铁，需提前 2 天进行炉渣调整，调整渣型适合烧铁。

3）烧铁过程，控制炉温在 1350℃ 以下；当温度继续上升，用炉料适当控制炉温。

4）放铁时用吹氧管打开渣口放铁，放铁完毕后清理渣口，用泥巴堵住。

（6）炉体。

1）正常生产时，每班必须对炉壳进行巡查，观察炉壳是否漏水等。

2）当电炉生产至后期，增加炉壳巡视，要求 1h 一次，防止因炉壳烧通跑渣，被迫停炉。

4.4.2.6 一冷工序

（1）掌握锌液温度，使用 U 形管及时调整锌液温度，其范围控制在 550℃ ± 20℃（根据实际情况调整），否则影响冷凝效率；经常检查 U 形冷却管，防止漏水爆炸。

（2）及时掌握转子运转情况和磨损情况，根据实际状况及时调整转子角度或更换转子。

（3）正常情况下，一冷安装转子角度呈 43°，转子安装长度一般为 660～730mm，转子频率 40～42Hz，转子转速为 330～350r/min。转子安装长度可根据各台电炉一冷变形情况进行适当调整。

（4）对使用中的各种铁器工具应尽量避免长时间接触锌液，以免影响锌的质量。

（5）根据二冷工的通知，及时清扫方箱、直管、挡墙及斜坡，以免影响锌蒸气通过。

（6）根据锌液面的高度及时放锌，锌液面过高或过低都会影响锌的冷凝。正常情况下，锌液面控制在 320～380mm，锌液面高度可根据各台电炉一冷变形情况进行适当调整。

（7）操作中要求各部位不得漏气，以免引起锌蒸气氧化、CO 爆炸或正压 CO 中毒。

（8）对因锌液面温度低产生的浮渣，可洒上少量氯化铵搅动，熔化后再清理。

（9）用锌包装运锌液过程中，放入锌包内的锌液高度必须大于锌包口 10cm，防止运输过程中锌液洒落伤人。

（10）每个班必须对方箱进行清理，至少一次，防止堵塞烟气通道影响生产。

4.4.2.7 二冷工序

（1）二冷工应密切配合操作工，二冷是确保开炉通气绝对安全的重要岗位，因此开炉操作要求动作准确、果断，反应敏捷。

（2）当系统压差（炉顶压力与直管压力差）超过 100Pa 时，通知一冷工清理压差。

（3）正常生产，二水封、三水封盖上强化器，打开文氏管给水阀门，通过调整尾气底阀门调整压力；绝不允许整个系统为负压，否则将产生煤气爆炸。

（4）在操作中，堆积在水槽中二水封下部洗涤下来的蓝粉必须及时清理，否则蓝粉堆积堵死二水封管下口，会引起煤气爆炸。

（5）一旦煤气爆炸，将水封盖冲开时，应立即关死废气阀门，拉开直管，再将四水封、三水封、二水封盖上，最后盖上一水封。

（6）保证炉顶压力在 50~250Pa，在加料时必须保证正压，绝不允许负压加料；正常操作系统压力控制在微正压 150~300Pa。

（7）保证二冷各部位的通畅，及时拉斜管、清负压。

（8）清扫二冷时，严禁吸烟或点火，以防 CO 爆炸，必须站在上风口以防 CO 中毒。

（9）在一、二冷配合作业时，应避免一、二冷两点同时作业，防止意外事故的发生。

4.4.2.8　开炉操作

（1）准备干燥水淬渣 40~45t 入炉。

（2）检查底渣口、中渣口、上渣口是否堵牢；测量原始总高，上、中渣口到炉底的距离，并做好记录；清理炉内木柴灰，向炉内铺水淬渣，再铺焦丁做好起弧前准备工作。

（3）检查一冷内衬是否完好，转子安装是否符合要求；测量一冷底部到转子叶轮中心尺寸，并做好记录；检查电机传动轮与转子皮带轮是否在同一水平线，测试转子空载运行电流，并做好记录。

（4）检查一冷 U 形冷却管是否扎紧，并通水检查其密封性是否良好；通水检查炉壳冷却水循环系统的喷淋情况是否均匀，喷嘴有无堵塞，喷淋水有无外漏现象；检查炉壳焊接处是否有裂缝，并通水检查炉壳是否漏水。

（5）检查下一冷水、下料包冷却水、变压器冷却水、二冷洗涤水、冲渣水等循环系统的控制闸阀、管道是否正常，各用水设备（水泵）是否完好。

（6）检查二冷洗涤塔内是否干净、文氏管喷头喷水是否良好、二冷的气密性是否良好、尾气控制阀是否灵活可靠、水封盖是否用钢绳拴牢，打捞二冷水槽内蓝粉。

（7）检查下一冷水、下料包冷却水、变压器冷却水、二冷洗涤水、冲渣水等循环系统的控制闸阀、管道是否正常，各用水设备（水泵）是否完好。

（8）检查炉顶、直管压力计的管道是否畅通；检查小料仓内有无余料，若有余料必须掏出来；检查沉降室、直管、方箱是否通畅。

（9）检查螺旋给料机的运行是否灵活、正常；清除夹持器、铜排、短网上的灰尘。

（10）检查各岗位的记录本是否准备齐全；清扫变压器、配电柜的卫生。

（11）检查电极提升装置是否升降自如，校正电极大臂、钢绳有无变形，秤砣有无卡死现象，夹持器的夹紧和放松装置（千斤顶）是否可靠，夹持器上方有无抱箍，并接好电极等待起弧。

（12）检测夹持器对地绝缘电阻值应大于5MΩ，否则需要重新作绝缘处理；对5号炉相关的控制按钮、开关贴标签，注明控制的设备。

（13）开炉前，对电炉变压器提前进行空投试验24h，空投试验做好记录，其他电气设备进行空负荷试车。

（14）检查高压控制室分合闸转换开关是否灵活。检查电炉用电各条线路是否有老化现象，生产照明条件是否满足，如有，立即进行修复。

（15）检查温度表、压力计、高压、低压配电柜和电炉操作台上的指示灯、仪表、按钮、转换开关是否正常灵活，若有损坏的立即更换；清扫电器设备。

（16）检查开炉用具是否齐全，如更换电极用的专用吊具、上电极的链钳、开渣口用的炮钢、大锤、堵渣口的泥土、氧气瓶、吹氧管、掏灰的耙子、接锌铁瓢、刮子、拉灰小推车以及有关劳动保护用品等。

（17）检查各工作岗位、通道的照明是否满足夜间生产需求，安全通道是否畅通。

（18）做好开炉数据采集流程及含锌物料、产品的计量工作流程；取探渣样化验后，经计算向控制室下达配比。

4.4.2.9 停炉操作

（1）停炉前，先检查干渣槽是否完好，干渣池及渣槽周围是否有积水，若有积水，必须立即进行处理。

（2）根据计划停炉的时间，提前2天调整渣型，然后停料进行烧铁，待探渣达到放铁要求时，便可放底铁。

（3）底铁放完后，及时用水浇，便于清理。

（4）停炉后，先停电分闸，将下料包打开，再将一冷锌液全部舀出，吊出3个转子。

（5）吊出电极，打开人门孔，让炉子逐渐冷却，同时，吊出斜坡及1号、2号转子盖板，便于冷却；冷却速度不宜太快，否则会引起电炉内衬发生裂纹，影响使用寿命。

4.4.2.10 泵站、空压机工序技术操作规程

（1）保证电炉正常供水，防止因供水不正常而影响电炉生产。

（2）定期巡查各冷却水池及水处理浓密池水位，视情况及时调整用水。

（3）定期巡查空压机运行情况，确保空压机运行良好，如发现运行不正常应及时通知班组长以上管理人员，保持储气压力大于0.35MPa以上；当气压小于0.35MPa时需启动2台空压机，满足除尘器及电炉用气量。

（4）600m³冷却塔冷却水温控制在35℃以下；水温超过35℃以上时，需检

查冷却塔上喷嘴是否堵塞、失效，或冷却塔风扇是否故障，未能达到冷却效果（图4-10）。

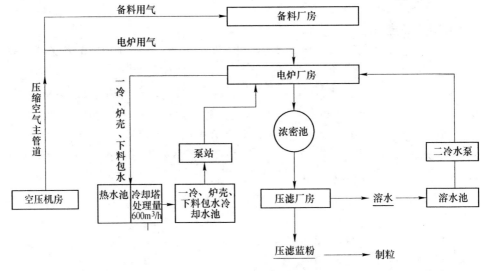

图 4-10　水处理泵站示意图

4.4.3　设备操作规程

4.4.3.1　4000kV·A 电炉

（1）开机前的主要检查内容和准备工作。

1）配电工必须熟练掌握操作室内的各有关仪表和控制按钮的操作，做到操作准确无误。

2）开机前应用空压机压缩空气清扫变压器母线及短网积落灰尘，清扫时必须停变压器高压电，并挂上禁止合闸标识牌。

3）经常检查电极提升系统，发现电极凝结、钢丝绳断股、变速箱缺油、螺丝松动、绝缘老化等状况时必须及时停机处理。

（2）正常开机操作。

1）根据探渣情况和电炉的运行情况，及时调整电流和进料量。

2）操作中做到料量稳定、电流稳定、温度稳定，绝不让料量、温度、电流大起大落。

3）松放和更换电极时，严禁带电操作，均应停高压，并用压缩空气清理电极接头处，再上石墨接头，电极接合处要求无缝。

（3）设备运行中操作。

1）加强电极孔的封闭，减少冒火及锌蒸气在电极孔四周冷凝结瘤，防止电极卡死和电极氧化。

2）操作电极时必须在"0"位上停留 5s 左右方可反方向提升或降落。

3）正常生产时系统压力要求控制平稳，如压力上升超过 400Pa 时要立即停料，但不要盲目提电极。

（4）正常停机操作。在停机前应把料仓内余料下完，并把炉内底铁和炉渣放完，电极提到最高位，才可停机；并把真空断路器小车拉出到实验位置上，挂上禁止合闸警示牌方可离开。

（5）紧急开、停机操作。当炉内压力增大，电流猛增应立即停高压，但不要急于提电极（以免电极松动后炉气冲出烧坏设备），同时按电铃报警。

（6）操作注意事项。

1）加料时注意加料机运作状况，有堵塞时及时关掉加料机并及时处理。

2）不要将夹持器夹在电极接头处，以防折断。

4.4.3.2　4000kV·A 变压器

（1）开机前的主要检查内容和准备工作。

1）变压器绝缘是否合格，检查时用 1000V 或 2500V 摇表，测定时间不少于 1min，表针稳定为止。绝缘电阻每千伏不低于 1MΩ，测定顺序为高压对地、低压对地、高低压间。

2）油箱有无漏油和渗油现象，油面是否在油标所指示的范围内，油表是否畅通，呼吸孔是否通气，呼吸器内硅胶呈蓝色。

3）分接头开关位置是否正确，接触是否良好。

4）瓷套管应清洁、无松动。

5）变压器应定期进行外部检查，变压器每小时检查一次。

（2）正常开机操作。开机前先断开高压接地开关，然后投入高压真空断路器。

（3）设备运行中操作。

1）变压器运行中发现下列异常现象后，立即报告领导：

①上层油温超过 85℃。

②外壳漏油，油面变化，油位下降。

③套管发生裂纹，有放电现象。

2）变压器应巡视和检查如下项目：

①声音是否正常，正常运行有均匀的"嗡嗡"声。

②上层油温不超过 85℃。

③有无渗、漏油现象，油色及油位指示是否正常。

④套管是否清洁，有无破损、裂纹、放电痕迹及其他现象。

⑤防爆管膜无破裂、无漏油。

⑥瓦斯继电器窗内油面是否正常，有无瓦斯气体。

⑦变压器油泵是否正常运行。

（4）正常停机操作。停机前先降低用电负荷为0A，再断开高压真空断路器，然后投入高压接地开关。

（5）紧急开、停机操作。如发现变压器有特殊情况直接停机。

（6）操作注意事项。

1）变压器有下列情况时，应立即联系停电处理：

①变压器内部响声很大，有放电声。

②变压器的温度剧烈上升。

③漏油严重，油面下降很快。

2）变压器发生下列严重事故，应立即停电处理：

①变压器防爆管喷油、喷火，变压器本身起火。

②变压器套管爆裂。

③变压器本体铁壳破裂，大量向外喷油。

3）变压器着火时，应首先打开放油门，将油放入油池，同时用二氧化碳、四氯化碳灭火器进行灭火；变压器及周围电源全部切断后用泡沫灭火机灭火，禁止用水灭火。

4）出现轻瓦斯信号时应对变压器检查。如由于油位降低、油枕无油，应加油；如瓦斯继电器内有气体时，应观察气体颜色及时上报，并作相应处理。

5）运行变压器和备用变压器内的油，应按规定进行耐压试验和简化试验。

4.4.3.3　内燃叉车

（1）开机前的主要检查内容和准备工作。

1）检查车辆。

①叉车作业前，应检查外观，加注燃料、润滑油和冷却水。

②检查启动、运转及制动性能。

③检查灯光、音响信号是否齐全有效。

④叉车运行过程中应检查压力、温度是否正常。

⑤叉车运行后应检查外漏泄情况并及时更换密封件。

2）正常开机操作。

起步：

①起步前，观察四周，确认无妨碍行车安全的障碍后，先鸣笛，后起步。

②叉车在载物起步时，驾驶员应先确认所载货物平稳可靠。

③起步时须缓慢平稳起步。

（2）装卸。

1）叉载物品时，应按需调整两货叉间距，使两叉负荷均衡，不得偏斜，物品的一面应贴靠挡货架，叉载的重量应符合载荷中心曲线标志牌的规定。

2）载物高度不得遮挡驾驶员的视线。

3）在进行物品的装卸过程中，必须用制动器制动叉车。

4）货叉在接近或撤离物品时，车速应缓慢平稳，注意车轮不要碾压物品垫木，以免碾压物蹦起伤人。

5）货叉叉货时，货叉应尽可能深地叉入载荷下面，还要注意货叉尖不能碰到其他货物或物件；应采用最小的门架后倾来稳定载荷，以免载荷向后滑动；放下载荷时可使门架少量前倾，以便于安放载荷和抽出货叉。

（3）正常停机操作。正常停机，将叉车冲洗擦拭干净，进行日常例行保养后，开到指定位置停放，并把两叉臂降至地面，拉起手刹关闭发动机熄火，停电，拔下钥匙。

（4）紧急开、停机操作。如遇到特殊情况应立即踩下脚制动器，同时拉手制动器。

（5）操作注意事项。

1）禁止高速叉取货物和用叉头向坚硬物体碰撞。

2）叉车作业时禁止人员站在货叉上。

3）叉车在叉物作业时，禁止人员站在货叉周围以免货物倒塌伤人。

4）禁止用货叉举升人员从事高处作业，以免发生高处坠落事故。

5）不准用制动惯性溜放物品。

6）禁止使用单叉进行作业。

7）禁止超载作业。

4.4.3.4　颚式破碎机

（1）开机前的主要检查内容和准备工作。

1）认真检查颚式破碎机的主要零件是否完好，紧固螺栓等连接件是否松动，皮带轮外罩是否完整，传动件是否相碰或有障碍物，各轴承润滑情况等。

2）检查辅助设备（如皮带运输机、电器设备和信号设备）是否完好。

3）检查破碎腔中有无物料。若破碎腔中有大块锌块或杂物，必须清理干净，以保证颚式破碎机在空载下启动。

4）做好上述准备工作后，发出要开车的信号，取得同意方可开车。

（2）正常开机操作。颚式破碎机启动后，要经过一段时间才能达到正常转速；启动电机时应注意控制电流表，通常经 $20\sim30s$ 的启动高峰电流后就降到正常的工作电流值。

（3）设备运行中操作。颚式破碎机正常运转后方可开动给料设备；给料时应根据给料的大小和颚式破碎机的工作情况，及时调整给料量，保证均匀给料；避免过载。通常破碎腔中的物料高度不应超过破碎腔高度的2/3。

（4）常停机操作。

1）必须按生产顺序停车，即先停给料皮带机，待破碎腔中全部物料破碎完毕后再逐一停颚式破碎机、锤式破碎机。应当注意，当破碎腔中还有物料时不得关闭颚式破碎机电机，以免再次启动造成困难。

2）停机后应检查机器各部分并做好清理现场卫生工作。

（5）紧急开、停机操作。发现异常情况，立即停止送料，然后停机，故障排除后方能继续运转。

（6）操作注意事项。

1）颚式破碎机在运转中要经常注意大块含锌物料卡住给料口现象，应停车后用铁钩取出（禁止用手直接取）。

2）要严防铲牙、铁板、钻头、钢球等金属块进入颚式破碎机，这些非破碎物会使颚式破碎机损坏。

4.4.3.5　回转窑

（1）开机前的主要检查内容和准备工作。

1）开机前，应检查确保筒体内无积料，同时检查密封装置是否完整可靠、连接是否紧密，应严防漏风。

2）检查窑头鼓风机、圆盘下料机是否完好。

3）检查传动部分、托轮、挡轮是否完好。

4）检查驱动齿轮组、托轮组的润滑及磨损情况。

5）检查减速机的油位，油位应保持在油标上下刻度线中间位置。

6）检查各部件是否完好无损，紧固件有无松动，防护装置是否齐全牢固，电气设备是否完好。

7）滚筒移位跑偏的应及时调整。

（2）正常开机操作。

1）合上回转窑总电源，缓慢、匀速地转动速度调节器，直至调到所需的运行转速。

2）启动窑头鼓风机。

3）开启圆盘下料机。

（3）设备运行中操作。

1）在设备运转过程中，应保持筒体内的温度恒定，使烘烤的物料水分合格。

2）设备运转时应经常检查各转动部分有无振动、撞击、摩擦等不正常声音，齿轮啮合是否正常。

（4）正常停机操作。

1）工作完毕后，先停圆盘下料机，待窑体内的物料烘烤完毕后，停窑头鼓风机，并缓慢匀速使控制回转窑转速的调节器归零。

2）切断总电源。

（5）紧急开、停机操作。

如突发故障或事故需停机时，应立即关闭回转窑的总电源，并挂上禁止合闸警示牌。

（6）操作注意事项。

1）设备运行时，禁止人员从设备下方通过。

2）设备运行过程中，禁止靠近或触摸筒体，以免高温烫伤。

3）设备运行过程中，需对窑头添加燃料（原煤）时，需先停鼓风机，再添加燃料，以免火苗从窑头窜出造成烧伤。

4.4.3.6 螺杆式空压机

（1）开机前的主要检查内容和准备工作。

1）检查各连接部位、地脚螺栓是否紧固。

2）检查电路是否接正确，各接头是否连接可靠。

3）按规定向曲轴箱内加润滑油（加到比视油镜上的上油标线略低为宜）。

4）用手（或盘车工具）转动飞轮 2~3 转，以检查运动部件的转动情况是否正常。

（2）正常开机操作：

1）转动减荷阀手轮，使螺杆上升，关闭减荷阀。

2）按下启动按钮，启动电动机，同时观察机器旋转方向是否正确（旋转方向应为面对电动机尾部，顺时针方向）。

3）使电动机断续启动 2~3 次，每次约 3min，以检查空压机转动情况是否正常，有无振动和敲击声。

4）空负荷试车的时间可连续运转 1~2h，在此期间应检查各运动部位的温度，润滑情况，曲轴箱内的油温，有否振动，紧固件是否牢固等；如无异常情况，则可进行负荷试车。

（3）设备运行中操作。

1）手动关闭减压阀，打开储气罐上截止阀，启动空压机。

2）待空压机转速稳定后，打开减荷阀，调节储气罐阀门，使其压力为 0.4MPa，运转 30min，若无异常，方可调到 0.7MPa 运行。

3）运转过程中，必须检视以下内容：

①连杆大头甩上甩下飞溅润滑的油勺的工作情况应正常。

②空压机的声音和振动应正常。

（4）正常停机操作。

1）逐渐关闭减荷阀，使机器进入空负荷运转。

2）断电、停车。

3）放出储气罐中的水。

（5）紧急开、停机操作。

在运行中发现下列情况，应立即停车，找出原因并排除：

1）安全阀连续开启时。

2）压缩机或电机有不正常的声音时。

3）有油勺断裂时。

（6）操作注意事项。

1）放尽储气罐中的冷凝水，做好机组的清洁工作，检查连接处是否有松动。

2）检查润滑油量，不能低于下油标线。

3）开机时，先关节减荷，打开储气罐上截止阀。

4）注意监视仪表与机组，及时发现隐患，消除事故。

5）停车时，先关减荷阀，再停车。

4.4.3.7　链斗输送机

（1）开机前的主要检查内容和准备工作。

1）定期检查设备的运转情况，及时处理与排除故障。

2）定期按规定对各注油点加润滑油或润滑脂。

3）开机前检查各紧固件，检查链条、滚轮等是否跑偏，必须无障碍物等。

（2）正常开机操作。空载启动链斗输送机，运行平稳后才能进料。

（3）设备运行中操作。

1）及时更换易损件，防止链条与链轮的不正常啮合运转。

2）一般情况下，应每班检查链条的运转与磨损情况，及时排除故障，及时更换损坏件。

3）运行中应检查销子是否紧固，链条是否跑偏，是否有异常振动或响声。

4）当链斗机发生故障时，要分析原因，作好记录，及时处理。

（4）正常停机操作。停机前应先停止送料，物料输送完毕后方能停机。

（5）紧急开、停机操作。发现异常情况，立即停止送料，然后停机，故障排除后方能继续运转。

（6）操作注意事项。

1）对设备进行维护保养时，应确保设备已停机。

2）对设备进行维护保养时，应确保废弃物（如废油等）不污染环境。

4.4.3.8 水泵

（1）开机前的主要检查内容和准备工作。

1）水泵的放置地点必须坚固，安装必须牢固平稳，大的进出水管要用支架撑牢，以免机身承受外力。

2）电机与水泵必须同心，电气及传动部分的外露处必须有防护装置，泵的周围应保持清洁。

3）检查水泵及其电动机的底部和各连接部件的螺栓是否牢固，不得松动。

4）检查叶轮旋转时是否有摩阻声。

5）检查进出水管的支架是否牢固，吸水管端头有无阻塞或漏水现象，水泵及水管内有沉积物时应清除。

6）检查皮带松紧度、填料压盖的松紧是否适当。

7）检查排气阀是否畅通，进出水的接头是否严密不漏，泵轮与泵体之间是否密封良好、不漏水。

8）进水池内不得有漂浮物，需要充水的泵应按要求充水。

9）对潜水泵应检查电缆有无破损、折断情况，检查电机的密封可靠性。

（2）正常开机操作。

1）离心泵充水后，关闭抽气孔或充水装里的阀门，同时启动动力机，达到额定转速后打开真空表和压力表阀门，观察是否正常，若有异常情况应将出水管上闸阀开启。

2）机组必须运转平稳，声音正常。

3）水泵转向必须正确，并禁止长时空载运行。

（3）设备运行中操作。

1）吸水管端头过滤器应保持畅通，防止污泥杂物阻塞。

2）填料盖松紧要适当，运转时必须保持有水陆续满出，并注意水管不得漏气。

（4）正常停机操作。

1）水泵在运转过程中，如发现异常声响时应立即停车检查。

2）维修前必须切断电源，挂上"严禁全合闸"标志后方可维修。

（5）紧急开、停机操作。泵在运行过程中如果出现下列故障应立即停车：1）异常泄漏；2）振动异常；3）泵内有异常响声；4）出现火花；5）现场电流持续超高；6）压力不稳定；7）泵输不出物料。

异常停车时：先关闭泵的电源，再关闭出口阀和进口阀。

开车：然后查找出现问题的原因，找机修部门解决问题。恢复正常后再开车。

（6）操作注意事项。水泵运转时，严禁任何人从机上跨越。

4.4.3.9　电动单双梁行车

（1）开机前的主要检查内容和准备工作。

1）行车工须经训练考试，并持有操作证者方能独立操作，未经专门训练和考试不得单独操作。

2）开车前应认真检查设备机械、电气部分和防护保险装置是否完好、可靠；如果控制器制动器、限位器、电铃、紧急开关等主要附件失灵，严禁吊运。

3）必须听从挂钩起重人员指挥，但对任何人发出的紧急停车信号，都应立即停车。

4）行车工必须在得到指挥信号后方能进行操作，行车启动时，应先鸣铃。

（2）正常开机操作。

1）操作控制器手柄时应先从"0"位转到第一档，然后逐级挡减速度；换向时，必须先转回"0"位。

2）当接近卷扬限位器、大小车临近终端或与邻近行车相遇时，速度要缓慢；不准用反车代替制动、限位代停车、紧急开关代普通开关。

3）应在规定的安全走道、专用站台或扶梯上行走和上下；大车轨道两侧除检修外不准行走；小车轨道上严禁行走；不准从一台行车跨越到另一台行车。

（3）设备运行中操作。

1）行车工必须做到"十不吊"：

①超过额定负荷不吊。

②工作场地昏暗，无法看清场地，初次吊物或指挥不明不吊。

③吊绳和附件捆缚不牢、不符合安全要求不吊。

④行车吊挂重物直接进行加工的不吊。

⑤歪拉斜挂不吊。

⑥工件上站人或放有活动物品的不吊。

⑦氧气瓶、乙炔瓶等具有爆炸性危险的物品不吊。

⑧带棱角、快口未垫好的不吊。

⑨重量不明不吊，埋在地下的物件不吊。

⑩管理人员违章指挥不吊。

2）露天行车遇有暴风、雷击或六级以上大风时应停止工作，切断电源；车轮前后应塞垫块卡牢。

3）夜间作业应有足够的照明。

4）龙门吊安全操作按本规程执行，行驶时注意轨道上有无障碍物（先检查，再行驶）；吊运高大物件妨碍视线时，两旁应设专人监视和指挥。

（4）正常停机操作。工作完毕，不得将起重物悬在空中停留，行车应停在规定位置。

（5）紧急开、停机操作。

1）运动中发生突然停电，必须将开关手柄放置"0"位；起吊件未放下或索具未脱钩，不准离开驾驶室（若单梁没有驾驶室，可以不考虑）。

2）运行时由于突然故障而引起漏钢或吊件下滑时，必须采取紧急措施向无人处降落。

3）行车有故障进行维修时，应停靠在安全地点，切断电源。

4）检修行车应停靠在安全地点，切断电源挂上"禁止合闸"的警告牌；地面要设围栏，并挂"禁止通行"的标志。

（6）操作注意事项。

1）运行中，地面有人或落放吊件时应鸣铃警告。严禁吊物在人头上越过，吊运物件离地不得过高。

2）行车操作人员严禁湿手或带湿手套操作，在操作前应将手上的油或水擦拭干净，以防油或水进入操作按钮盒造成漏电伤人事故。

3）重吨位物件起吊时，应先稍离地试吊，确认吊挂平稳、制动良好，然后升高，缓慢运行；不准同时操作三只控制手柄。

4）行车运行时，严禁有人上下，也不准在运行时进行检修和调整机件。

5）吊运液体锌前，应先看好锌包高度，然后鸣铃和慢速运行；下降速度要缓稳。

6）两台行车同时起吊一物件时，要听从指挥，步调一致。

7）运行时，行车与行车之间要保持一定的距离，严禁撞车；同壁行吊车错车时，小车主动避让。

4.4.3.10 抓斗行车

（1）开机前的主要检查内容和准备工作。

1）工作前必须检查钢丝绳、滑轮制动器、限位器、信号、卷扬机和电器、机械等安全装置是否可靠，同时进行空载试运转检查。

2）检查周围是否有人和障碍物，在抓斗回转半径范围内严禁人员逗留和往来。

（2）正常开机操作。

1）必须持证上岗，非专职人员严禁乱动和任意操作。

2）开车时要坚持发出信号，待人员撤离后才许抓吊。

（3）设备运行中操作。

1）操作工有权拒绝任何人的违章指挥，有权制止和纠正任何人的违章作业行为。

2）夜间工作时，上下空间必须有足够的照明设备。

3）在抓吊物料时，物料堆（池）旁的一切工作人员必须撤离，物料堆（池）旁有人工作时抓吊不得同时进行。

4）在抓运物料时，吊臂仰角最小不得小于 45°，回转和上下速度不得猛转、猛上和猛下。

5）抓吊物料时，钢绳必须同步伸缩。

6）钢丝绳在卷筒上要排列整齐，当抓斗降到最低位置时，卷筒上的钢丝绳至少要保留两圈以上。

7）钢丝绳不准有扭结现象，如磨损或断丝数超过规定时应及时更换。

（4）正常停机操作。工作完毕后，应将抓斗安置稳妥，拉下电闸，锁上电闸箱。

（5）紧急开、停机操作。如发生紧急情况应立即按下急停开关。

（6）操作注意事项。

1）严禁酒后操作抓斗吊，操作时必须集中精力，不准做与操作无关的事。

2）听到任何发出的停车信号，必须立即停车。

3）在电力输送中断的情况下，必须切断电源。

4.4.3.11 装载机

（1）开机前的主要检查内容和准备工作。

1）启动前应重点检查制动器、方向盘、轮胎气压、仪表、灯光、喇叭、燃油、润滑油、冷却水、液压系统、液压油和各连接部件是否达到规定要求。

2）将变速杆置于空挡位置，拉紧手制动器，开启后观察各仪表指示是否正常，机器运转无异常后方可进行作业；寒冷季节不得以明火预热部件、油管和油箱，严禁拖、顶启动。

（2）正常开机操作。

1）起步前应先鸣笛示意，将铲斗提升到离地面 0.5m 左右；作业时，应使用低速挡；用高速挡行驶时，不得进行提升和翻转铲斗动作。

2）装堆积原煤或焙砂等物料时，铲斗宜用低速插入，逐渐提高内燃机转速向前推进。

（3）设备运行中操作。

1）在松散不平的场地作业，可把铲臂放在浮动位置，使铲斗平稳地推进，如推进时阻力过大，可稍稍提升铲臂。

2）装料时，铲斗应从正面插入，防止铲斗单边受力。

3）往运输车辆上卸料时应缓慢，铲斗前翻和回位时不得碰撞车厢。

4）铲臂向上或向下动作达到最大限度时，应将操纵杆回到空挡位置，防止在安全阀作用下发出噪声和引起故障。

5）经常注意各仪表和指示信号的工作情况，查听内燃机及其他各部位的运转声音，发现损毁和异常应立即停车检查；待故障排除后，方可继续作业。

（4）正常停机操作。

1）作业后，应将装载机停在比较平整的场地上，并将铲斗平放在地面上。

2）将操纵杆放在空挡位置，拉紧手制动器。

3）冬季将内燃机的冷却水放空（这条是防止冰冻，根据实际进行考虑是否需要）。

（5）紧急开、停机操作。如遇到特殊情况应立即踩下脚制动器，同时拉手制动器。

（6）操作注意事项。

1）严禁铲斗载人，严禁超载使用装载机。

2）下坡或拐弯时，不得高速行驶；下坡时，不得熄火滑行；特殊情况下在坡道上停车时，除拉紧手制动器并挂好低速挡外，还应将轮胎楔牢。

3）作业区域严禁闲人围观；在公路上作业时，应设专人监护。

4）严禁在发动机运转时钻入车下、斗前或轮胎正前后方进行维修作业。

4.4.3.12　锤式破碎机

（1）开机前的主要检查内容和准备工作。

1）认真检查锤式破碎机的主要零件是否完好，紧固螺栓等连接件是否松动，皮带轮外罩是否完整，传动件是否相碰或有障碍物等。

2）检查辅助设备（如皮带运输机、电器设备和信号设备）是否完好。

做好上述准备工作后，发出要开车的信号，取得同意方可开车。

（2）正常开机操作。

1）锤式破碎机启动后，要经过一段时间才能达到正常转速；启动电机时应注意控制电流表，通常经 20~30s 的启动高峰电流后就降到正常的工作电流值；在正常运转过程中要注意电流表的指示值，不准许长时间超过规定的额定电流值，否则容易发生烧毁电机的事故。

2）要严防铲牙、铁板、钻头、钢球等金属块进入锤式破碎机，这些非破碎物将使锤式破碎机损坏。

（3）设备运行中操作。

1）锤式破碎机正常运转后方可开动给料设备；给料时应根据给料的大小和锤式破碎机的工作情况及时调整给料量，保证均匀给料，避免过载；通常破碎腔中的物料高度不应超过破碎腔高度的 2/3。

2）锤式破碎机在运转中，要经常注意大块含锌物料卡住给料口现象；应停车后用铁钩取出（禁止用手直接取）。

（4）正常停机操作。

1）必须按生产顺序停车，即先停给料皮带机，待破碎腔中全部物料破碎完毕后再逐一停颚式锤式破碎机、锤式锤式破碎机；应当注意，当破碎腔中还有物料时不得关闭锤式破碎机电机，以免再次启动造成困难。

2）停机后应检查机器各部分并做好清理现场卫生工作。

（5）紧急开、停机操作。直接关闭总电源，并挂上禁止合闸警示牌。

（6）操作注意事项。

1）检查破碎腔中有无物料。若破碎腔中有大块锌块或杂物，必须清理干净，以保证锤式破碎机在空载下启动。

2）运行中禁止操作人员眼睛朝向进料口观察。

4.4.3.13　喷油式双螺杆压缩机

（1）开机前的主要检查内容和准备工作。

1）每次开机前，略微打开油气桶下方的排污球阀，以排除油气桶内的冷凝水（因水比油重，沉淀在下部），一旦看见有油流出，迅速关闭；对处于高热高湿环境、连续运转的空压机，请务必每周至少一次停机 10h 以上，以便排除出润滑油中的冷凝水，避免润滑油乳化；对处于严寒环境的压缩机，应确保润滑。

2）检查静态油位，不足时应予以补充。加油时，应确认系统内无压力时方可打开加油口盖；严禁混用不同牌号的润滑油，混用不同牌号或不合格的润滑油，有可能增大油耗，甚至造成机头卡死的严重后果。

3）开机前用手转动空压机数转，应活动自如，如有卡滞现象应检查原因。

（2）正常开机操作。

1）合上总电源，打开截止阀。

2）按下启动按钮，压缩机开始自动运行。

（3）设备运行中操作。

1）因本压缩机自动化程度较高，拥有完善的安全保护功能，一般无需人员看守或操作；但为确保安全，运行时应经常检查并记录排气压力、环境温度、排气压温度等参数，供日后检修参考。

2）观察压力和温度是否正常上升，显示器是否有异常指示；若有异常指示，立即按"急停按钮"停机检查。

3）检查机器是否能正常加载，若发现有异常声音、异常振动或漏油等现象，立即按"急停按钮"停机检查。

4）检查卸载功能。当排气压力达到微电脑控制器设定的上限值时，机器应能自动卸载；当系统压力降到设定的下限值时，机器应能自动加载运行。

5）检查排气温度是否保持在95℃以下。

（4）正常停机操作。

1）工作完毕后，按"停机"按钮，压缩机进入正常停机程序，泄放内压后延时停机。

2）关闭截止阀，切断总电源。

（5）紧急开、停机操作。如有异常声音、异常响动等情况应立即按"急停按钮"停机检查。注意，只有遇到紧急情况才可按"急停按钮"停机。

（6）操作注意事项。运行时，油路系统充满高温高压液体，不可松开油管路或进行其他危险操作。

4.4.3.14 皮带输送机

（1）开机前的主要检查内容和准备工作。

1）开机前，操作人员应对皮带输送机进行整体检查，检查是否有障碍物。

2）输送机在使用前须检查各运转部分、胶带搭扣和承载装置是否正常；防护设施是否齐全；胶带的张紧度是否合适，是否跑偏。

（2）正常开机操作。皮带输送机应空载启动，等运转正常后方可入料；禁止先入料后开车。

（3）设备运行中操作。

1）运行中出现胶带跑偏及打滑现象时，应做相应调整，不得强行使用，以免磨损边缘和增加负荷。

2）运行中检查各托轮、辊、站轮是否运转正常。

（4）正常停机操作。停车前必须先停止入料，等皮带上存料卸尽方可停车。

（5）紧急开、停机操作。

1）发现异常情况时，应立即前端运转设备后方可停机。

2）如发现紧急情况时应立即急停开关，并挂上禁止合闸警示牌。

（6）操作注意事项。

1）工作环境及被送物料温度不得高于50℃和低于-10℃，不得输送具有酸碱性油类和有机溶剂成分的物料，禁止超负荷运行。

2）输送带上禁止行人或乘人。

3）皮带打滑时严禁用手去拉动皮带，以免发生事故。

4.4.3.15 砂轮机

（1）开机前的主要检查内容和准备工作。

1）仔细检查其零件是否有松动现象，若有，应加以修复和紧固。

2）检查电路是否连接正确，各接头是否连接可靠。

3）检查砂轮是否有裂纹，用木槌轻敲砂轮，发出清脆声音方可使用。

4）检查砂轮机外壳是否可靠接地。

5）检查砂轮机的旋转方向是否与转向指示牌一致。

6）砂轮机安全防护罩是否齐全可靠。

（2）正常开机操作。

1）砂轮机使用过程中两块砂轮直径之差不应超过20%。

2）砂轮机每次使用不能超过20min。

3）更换新砂轮片后，应将砂轮试运转。

（3）设备运行中操作。使用砂轮机时请勿将工件与砂轮猛磕，以免砂轮破碎飞出伤人。

（4）正常停机操作。使用完毕和意外停车时，应将开关置于关闭状态。

（5）紧急开、停机操作。

1）砂轮破损时。

2）砂轮机或电机有不正常声音时。

（6）操作注意事项。

1）使用砂轮机时，戴好防尘眼镜。

2）操作人员应站在侧面操作。

4.4.3.16　台式钻床

（1）开机前的主要检查内容和准备工作。

1）检查设备上的防护、保险、信号装置，机械传动部分、电气部分要有可靠的防护接地装置。

2）检查各润滑部位润滑、各紧固件等是否良好。

3）工、卡具是否完好，否则不准开动。

（2）正常开机操作。

1）钻床的平台要紧固，工件要夹紧；钻小件时，应用专用工具夹紧，防止被加工件带起旋转，不准拿手拿着或按着钻孔。

2）调整钻床速度、行程、装夹工具和工件，以及擦拭钻床时，要停车进行。

（3）设备运行中操作。

1）钻床开动后，不准接触运动着的工件、刀具和传动部分；禁止隔着机床传动部分传递或拿取工具等物品。

2）手动进刀一般按逐渐增压和减压的原则进行，以免用力过猛造成事故。

3）钻头上绕长铁屑时，要停车清除，禁止用口吹、手拉，应使用刷子或铁钩清除。

4）钻床运转时，不准离开工作岗位，因故要离开时必须停车并切断电源。

（4）正常停机操作。

1）工作完后，关闭机床电源。

2）工件按要求堆放在指定位置。

3）擦净机床，清扫工作地点。

（5）紧急开、停机操作。发现异常情况应立即停车，请有关人员进行检查。

（6）操作注意事项。

1）操作前必须穿戴好劳动防护用品，严禁戴手套，女工发辫应挽在帽子内。

2）凡两人或两人以上在同一台机床工作时，必须有一人负责安全监护，统一指挥，防止发生事故。

4.4.3.17　厢式压滤机

（1）开机前的主要检查内容和准备工作。

1）操作前检查滤板在横梁上的安放顺序和滤板数量，检查滤布是否折叠或破损。

2）检查各管口接头有无接错、结合面垫片是否垫好，检查出液口是否有结块。

3）检查压力表、液压站油位、行程开关等是否正常。

（2）正常开机操作。

1）合上电源开关，电源指示灯亮。

2）按"启动"按钮，启动油泵。

（3）设备运行中操作。

1）按"压紧"按钮，活塞推动压紧板，将所有滤板压紧；当电接点压力表压力上升至上限时，旋转开关至自动保压"1"位，工作压力值保持在上下限之间，油泵停止工作，板框处于保压状态。

2）启动进料泵进料过滤。

3）人工拉板卸渣。

4）卸完渣后，检查滤布、滤板，清洗结合面上的残渣。

5）将所有滤板移至止推板端并位居两横梁中央时，即可进入下一个工作循环。

（4）正常停机操作。

1）过滤完毕关闭进料阀，停止进料。

2）旋转开关至保压复位"0"位置，按油泵启动按钮；再按滤板放松按钮，当压紧板回至适当位置时，停止油泵。

（5）紧急开、停机操作。如启动进料泵时因滤板未压紧导致液体喷出，应该立即停止进料泵。

（6）操作注意事项。

1）启动油泵时人的身体各部位不准伸入滤板间，防止压伤。

2）启动进料泵时注意压滤液体溅入眼睛。

4.4.3.18　圆盘制粒机

（1）开机前的主要检查内容和准备工作。

1）每次开机前，需检查确认圆盘内没有物料或仅有少量物料；若圆盘内有大量物料堆积，需把物料全部从圆盘内清除，确保制粒机空载启动或低负荷启动。

2）在设备启动之前，应检查电线绝缘是否完好，检查驱动电机与减速机等连接部位有无异物卡住。

3）检查减速机的油位及驱动齿轮组、各轴承座的润滑情况。

4）检查大小驱动齿轮组的磨损情况。

5）检查圆盘盘体的磨损情况。

6）检查各紧固件情况，同时检查给料机、皮带机等，无障碍物方可开机。

（2）正常开机操作。合上总电源，启动变频器。

（3）设备运行中操作。

1）设备运转时，根据盘内的物料成球情况，适当调整下料量及加水量。

2）根据物料成球情况，适当调整成球盘转速，使物料粒度达到生产所需要求。

（4）正常停机操作。工作完毕后，先停止下料，关闭加水装置；待圆盘内的料量较少，颗粒不能从盘边自动流出时，停变频器，再切断总电源。

（5）紧急开、停机操作。

1）底边衬板螺栓脱落，衬板翘起时。

2）大、小齿轮啮合不正常，突然发生较大震动，或减速机发生异常声响时。

3）圆盘面径向、轴向跳动过大时。

4）各部位轴承座温度过高、电机温升过高，或电机电流超过规定值时。

5）减速器、电机、各连接件基础螺栓松动时。

（6）操作注意事项。

1）在制粒机运转过程中，严禁用手去拣圆盘内的异物。

2）在制粒机运转过程中，操作人员必须衣扣扣紧，严禁身体任何部位与圆盘接触，以免机械伤人。

3）行车在向制粒机料仓内吊加物料和装载机在向制粒机房内补充物料时，

所有操作人员必须撤离到安全区域,防止事故发生。

4.4.3.19 震动筛分机

(1) 开机前的主要检查内容和准备工作。

1) 上岗前,按规定穿好工作服和戴好有关劳保用品。

2) 熟悉本岗位开、停车程序,以及有关岗位的联络信号。

3) 集控启动时,应离开设备的运转部位,在开关附近就地监视设备启动情况。

4) 对震动筛分机进一步做如下检查:筛面应平整,无破损、松动现象,筛孔、筛缝不应有过度磨损现象。

5) 振动筛应空载启动。

(2) 正常开机操作。按开车顺序先启动筛子,确认运转正常后,方可开启打砂机、破碎机皮带机进行给料,给料应均匀。

(3) 设备运行中操作。出现压筛子现象时,应将筛子上的物料铲去大部分后再启动,不允许带负荷启动。

(4) 正常停机操作。

1) 在停止给料,并将筛上物排空后,方可停车。

2) 停车后做好设备润滑工作及其他维护保养工作。

(5) 紧急开、停机操作。运行中发现下列情况应立即停车处理:大面积的筛面破损,造成严重漏料;大片筛网松动,影响筛子的正常工作;排料溜槽堵塞,筛箱严重摆动。

(6) 操作注意事项。

1) 筛箱振动应平稳,若筛箱摇晃,应检查 4 个支撑弹簧的工作情况。

2) 轴承温度不得超过 75℃。

3) 筛网无松动或被砸坏而出现严重漏料现象。

4) 密切注视筛子的振幅和转速,发现异常及时处理或汇报。

5) 注意前后溜槽有无堵塞现象。

4.4.3.20 压力容器(气瓶)

(1) 开机前的主要检查内容和准备工作。

1) 不要擅自更改气瓶的钢印和颜色标记。

2) 气瓶使用前应进行安全状况检查,对盛装气体进行确认。

3) 气瓶的放置地点不得靠近热源,距明火 6~8m 以外;盛装易起聚合反应或分解反应气体的气瓶,应避开放射性射线源。

(2) 正常开机操作。

1）气瓶立放时应采取防止倾倒措施。

2）夏季应防止曝晒。

（3）设备运行中操作。

1）在可能造成回流的使用场合，使用设备上必须配置防止倒灌的装置，如单向阀、止回阀、缓冲罐等。

2）气瓶投入使用后，不得对瓶体进行挖补、焊接修理。

3）加强对气瓶压力表的维护管理，严禁无故损坏压力表。

（4）正常停机操作。瓶内气体不得用尽，必须留有剩余压力，永久气体气瓶的剩余压力应不小于 0.05MPa；液化气体气瓶应留有不小于 0.5%~1.0% 规定充装量的剩余气体。

（5）紧急开、停机操作。如果气管回火时，应立即关闭高压氧气总阀，再关闭乙炔气总阀。

（6）操作注意事项。

1）严禁敲击、碰撞。

2）严禁在气瓶上进行电焊引弧。

3）严禁用温度超过 40℃ 的热源对气瓶加热。

4.4.3.21　制粒机

（1）开机前的主要检查内容和准备工作。

1）在设备启动之前，应检查电线绝缘是否完好，检查驱动电机与减速机等连接部位有无异物卡住。

2）检查减速机油位是否在刻度线以内。

3）检查各部位紧固及轴承润滑情况。

（2）正常开机操作。开机时应按顺序先开皮带运输机、制粒机（根据情况调整制粒机变频器频率）、给料机、水源。

（3）设备运行中操作。

1）在操作过程中应定期清扫电机上附着的粉尘，保证电机散热良好，以免温度过高烧坏电机。

2）运转中检查设备振动、声音、轴承座及电机等的轴承温度是否正常。

（4）正常停机操作。正常停机时应按顺序关闭水源，再关闭给料机，最后关闭制粒机和皮带运输机。

（5）紧急开、停机操作。在制粒机运转过程中发现圆盘内有金属等异物时，应立即停止制粒机，清除异物后再开机。

（6）操作注意事项。

1）在制粒机运转过程中，严禁用手去拣圆盘内的异物。

2）在制粒机运转过程中，严禁身体任何部位与圆盘接触，以免机械伤人。

4.4.3.22　脉冲袋式除尘器

（1）开机前的主要检查内容和准备工作。

1）开机前应检查除尘器、通风管路、脉冲阀、油水分离、压缩空气管道有无漏水、漏油、漏气现象。

2）检查阀门、气缸蝶阀、灰斗是否灵活，无卡死现象。

3）经常检查各紧固件是否紧固。

4）经常检查各润滑点是否有润滑油，确保润滑油质、油量达到要求。

5）检查风机皮带、冷却水是否通畅，油水分离器压力表及排水情况。

（2）正常开机操作。风机应无负荷启动。启动风机时，应先关闭闸门，达到正常转速时，再缓慢开大闸门，达到规定负荷为止。

（3）设备运行中操作。进风道、排风道、各室之间不得有串风现象。

1）应经常检查清灰系统的脉冲阀、气室开关、气缸、压缩空气油水分离器等部位，及时排水、加油，确保正常工作。

2）经常检查通风管路是否有粉尘堆积，是否有堵塞现象，发现后应及时处理。

3）各吸尘点的控制风量蝶阀，应保持在灰尘不外溢的最小位量，不得随意开大。

4）滤袋骨架应保持完整、光滑，不得有变形、开裂等现象，发现后应及时处理。

5）操作人员必须熟悉风机的结构、性能及使用说明，确保风机外壳不漏气。

6）经常检查各润滑点是否有润滑油，确保油质、油量达到要求。

（4）正常停机操作。

1）工作结束后应先停止风机，检查传动皮带是否有破损、断裂、缺数、拉长等现象，如发现应及时处理。

2）风机停止后再停止脉冲阀。

3）启动卸灰阀卸灰，清理完除尘器箱体内灰尘并清理现场卫生后方可离开。

（5）紧急开、停机操作。如发现风机的振动大或声音异常时，应立即停机并挂上禁止合闸警示牌后进行检查处理。

（6）操作注意事项。

1）露天风机应防雨、防腐。

2）在检查或调整设备时，必须通知有关操作人员，并将自动-手动控制开关转到手动位置。

3）在维修设备时，检修人员应切断电源，挂上"禁止合闸"警示牌。

4.4.3.23   工业洗衣机

（1）开机前的主要检查内容和准备工作。

1）检查桶内有无杂物。

2）检查传动皮带张紧程度是否适当，各部紧固螺栓是否松动。

3）桶内放足清水，盖上箱门，扣上门扣，准备启动。

（2）正常开机操作。合上电源开关，观察是否缺相，如转动不正常，立即停电检查。

（3）设备运行中操作。

1）按动电动开关，以观察窗中观察，使滚箱移门向上，打开移门，把需洗涤的织物放入筒内，关好移门将弹性门锁锁入门扣，关好外门。

2）注入适量清水，以能充分浸湿织物为限，顺时针旋转定时器，将织物预洗五分钟后，关闭定时器。

3）打开外门，将预溶化的洗涤剂倒入洗衣机内（不需打开滚筒移门），每公斤织物需洗涤剂 15~25 克，一般洗涤时间为 30 分钟即可。

4）如需加湿洗涤可稍许开启蒸汽阀门，加热湿度一般控制在 60℃ 以下。

5）洗涤完毕，打开排气阀，排尽污水，关闭排水阀后放入清水进行漂洗，漂洗次数一般为 2~3 次。

（4）正常停机操作。

1）拉掉电源闸刀，停止运转。

2）取出桶内衣服。

3）检查桶内是否掉有东西。

（5）紧急开、停机操作：出现电脑有信号，而某一执行元件无响应；门开后，不能点动；无法启动，显示"门未关"；主轴承有异常声音，轴承发热严重；门发生漏水等情况时应立即停车。然后查找出现问题的原因，找机修科解决问题。恢复正常后再开车。

（6）操作注意事项。

1）如发现设备运转不正常时，应立即停机检查，并报告主管部门领导，待事故处理后，再投入运行。

2）运行中轴承温度不超过 75℃，电机温度不超过 65℃。

4.5   粗炼技术经济指标

4.5.1   工艺技术条件控制

焙砂、返料、焦炭、石灰、硅石水分要求 ≤0.5%，含 S≤0.5%。

焙砂粒度 -200 目粒度低于 20%；焦炭、石英石、石灰粒度要求分别为 3~

12mm、3~12mm、3~30mm。

炉顶温度控制在800~1100℃，炉顶温度过高对炉子寿命不利，炉顶温度过低产锌效果不好。

正常生产吨料电耗控制在（1300±100）kW·h/t。

锌液池温度控制在（550±20）℃。

熔池高度超过所选择放渣高度350mm以上时需进行放渣。

炉渣成分控制在：$w(Zn)$：2%~5%；$w(Fe)$：28%~35%；$w(CaO)$：17%~21%；$w(MgO) \leqslant 4\%$；$w(Al_2O_3) \leqslant 7\%$；$w(SiO_2)$：21%~25%。

4.5.2　原辅料进厂验收及标准

焙砂：质量验收标准：$w(Zn) > 52\%$；$w(S) < 0.5\%$；$w(H_2O) < 0.1\%$，粒度−200目粒度<20%。

焦丁：质量验收标准：固定碳≥75%；挥发分2%~3.5%；灰分21.5%~23%；$w(S) < 0.5\%$；粒度：3~10mm。

石灰：质量验收标准：$w(CaO) \geqslant 80\%$，$w(MgO) \leqslant 5\%$，粒度：10~30mm。

硅石：质量验收标准：$w(SiO_2) \geqslant 95\%$，粒度：3~20mm，硅石表面无泥沙。

外购锌灰：质量验收标准：$\sum = w(F) + w(Cl) + w(S) < 0.5\%$，锌灰里面不掺杂砖块、铁块等杂物。

原煤：质量验收标准：煤矸石<10%，泥沙<3%。

5 粗 锌 精 炼

5.1 粗锌精炼原理

5.1.1 粗锌精炼目的

粗锌精馏法精炼是与竖罐蒸馏炼锌同一时期发展起来的，由美国新泽西公司首创，因此又称为新泽西精馏法。20世纪30年代以来，世界各国凡有火法炼锌工厂的国家几乎先后都有这种装置。我国的精馏法技术是葫芦岛锌厂于1957年由波兰引进建设的，经过多年的研究开发，其技术逐渐完善。

精馏法具有以下特点：

（1）可生产含锌99.99%~99.999%的纯锌。

（2）可将原料中的铅（Pb）、镉（Cd）、铟（In）、锗（Ge）等金属富集于相应的副产物中，有利于综合回收。

（3）对原料适应性广，灵活性大。

（4）炉体结构复杂，需要优质碳化硅（SiC）制品，筑炉和生产操作要求较严。

20世纪80年代以来，我国精馏法技术取得了很大进步，其趋向有以下几个方面：

（1）塔盘大型化。在通用型（990mm×457mm）塔盘基础上，研制了1260mm×620mm型和1372mm×762mm型两种大塔盘，并增加了塔体高度，生产能力得到了大幅度提高。

（2）扩大了精馏法的应用范围。精馏炉除用于生产精锌外，还可用于生产普通锌粉、超细锌粉、高级氧化锌等。

（3）提高了生产过程中的机械化和自动化程度。精锌铸锭、锌锭码垛及捆扎等作业都实现了自动化，并初步实现了精馏炉燃烧室温度的自动控制。

（4）塔盘制造质量和塔体寿命均有提高。

各种火法炼锌产出的粗锌成分见表5-1，这种锌的用途十分有限，各厂家根据用户的要求，约有10%~85%的粗锌送去精炼。

从表5-1中的数据可以看出，粗锌中常见的杂质主要是铅（Pb）、镉（Cd）、铁（Fe），另外还有少量的铜（Cu）、锡（Sn）、铟（In）等。这些元素都影响锌和锌制品的性质，从而限制了它的使用范围。因此，根据锌的各种用途对锌质量的要求，必须进行精炼，以提高锌的纯度，并回收这些杂质元素。我国工业用锌的牌号与化学成分见表 5-2。

表 5-1　火法炼锌产出粗锌的化学成分　　　　（%）

方法	Zn	Pb	Cd	Cu	Sn	Fe	In
鼓风炉炼锌	98~99	0.9~1.2	0.04	0.10	0.002~0.004	0.002~0.01	
竖罐炼锌	98.5~99.9	0.10~0.80	0.04~0.15	0.0008		0.01~0.1	0.0036
平罐炼锌	98~99	0.976	0.192	0.0012		0.0092	
电热法炼锌	98.9	1.1	0.07			0.013	

表 5-2　GB/T 470—1997 规定的锌锭化学成分　　　　（%）

牌号	化学成分									
	主要成分锌（不小于）	杂质含量（不大于）								
		Pb	Cd	Fe	Cu	Sn	Al	As	Sb	总和
Zn99.995	99.995	0.003	0.002	0.001	0.001					0.0050
Zn99.99	99.99	0.005	0.003	0.003	0.002	0.001				0.010
Zn99.95	99.95	0.020	0.003	0.010	0.002	0.001				0.050
Zn99.5	99.5	0.3	0.02	0.04	0.002	0.002	0.010	0.005	0.01	0.50
Zn98.7	98.7	1.0	0.20	0.05	0.005	0.002	0.010	0.01	0.02	1.30

对于标准牌号中的 Zn 99.995（表 5-2）可用于生产氧化锌、热镀锌合金；Zn 99.99 可用于生产喷涂锌丝。利用精馏过程，能直接生产优质氧化锌和超细锌粉。

精馏法生产中，作为中间产物的高镉锌可用作生产精镉的初级原料，还可利用副产品粗铅来富集，回收稀有金属铟。韶关冶炼厂利用蒸馏法处理含锗的硬锌，回收金属锗。

总之，粗锌精馏精炼的目的在于获得高纯锌，满足用户需求；利用精馏法生产高级氧化锌、普通锌粉和超细锌粉等；在锌精馏的同时回收铅、镉、铟、锗等有价金属。

5.1.2　粗锌精炼原理

5.1.2.1　锌及其他金属的蒸气压与温度的关系

用精馏法分离锌、铅、镉、铁等金属的基本原理是基于在一定温度下不同金属的蒸气压存在差异。

物质由液态转变为气态的过程称为蒸发；由固态转变为气态的过程称为升

华。在冶金学中，常把蒸发和升华统称为挥发，而把与挥发相反的过程称为凝结或凝聚。液态的物质在温度 T（注：T 为热力学温度，单位为 K，与摄氏温度 t 之间的换算关系为 $T=t+273$）时转变为气态，并达到平衡，此时气相物质的蒸气压称为该物质在温度 T 时的饱和蒸气压，简称蒸气压，它表示在一定温度下物质的挥发能力。物质的蒸气压可以通过实验测定，也可以由热力学数据进行计算。锌及其他金属的蒸气压与温度的关系如图 5-1 所示。

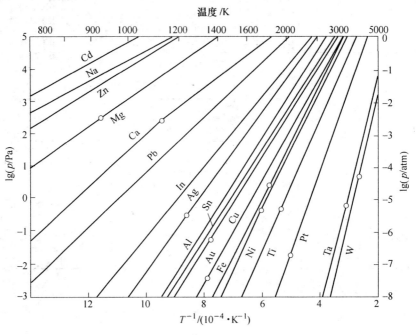

图 5-1　锌及其他金属的蒸气压

（图中 "○" 代表金属的熔点）

在图 5-1 中，镉的蒸气压远远大于锌和铅，而锌的蒸气压大于铅和铁。如果锌中含铅为 12%，在锌的沸点温度 1180K（即 907℃）时，这种合金中锌的蒸气压 P_{zn} 为 101kPa，铅的蒸气压 P_{Pb} 为 2.9×10^{-3}kPa，从这些数据看，与液态合金相平衡的气相中 P_{Zn} 比 P_{Pb} 大得多。这样便可使锌、铅分离。用同样的方法也可以使锌与铁、铜、铟、锡等蒸气压小的金属分离。在锌精馏生产中，利用上述方法首先使锌镉合金与铅、铁、铜、铟等金属分离，得到含镉锌。

Zn-Cd-Pb 三元系的气-液平衡组成列于表 5-3。

铅、锌、镉的沸点分别为 1525℃、907℃ 和 767℃。在铅、锌、镉三元合金中，随着合金中铅的含量增加，粗锌的沸点升高；相反镉的含量增加时，粗锌的沸点降低。加入精馏塔中的粗锌，其中铅与镉的含量并不高，可以把粗锌的沸点看作纯锌的沸点。但是，流至铅塔下部的粗锌中铅的含量便会增加，因而沸点也就相应提高。不过，从铅塔下部流出的残余金属仍以锌为主，高沸点的铁、铅、铜的含量仍然在5%以下。所以只要保证铅塔内的温度在1000℃左右，就能保证镉完全蒸发，此时锌的蒸发量也很大。

表5-3 Zn-Cd-Pb 气液两相的平衡成分

编号	液 相			沸点/℃	气 相		
	x_{Zn}	x_{Cd}	x_{Pb}		x_{Zn}	x_{Cd}	x_{Pb}
1	0.231	0.693	0.077	755	0.096	0.903	0.86×10^{-5}
2	0.429	0.429	0.143	809	0.220	0.780	2.8×10^{-5}
3	0.600	0.200	0.200	846	0.422	0.579	8.3×10^{-5}
4	0.200	0.600	0.200	791	0.105	0.895	2.2×10^{-5}
5	0.333	0.333	0.333	826	0.204	0.760	6.5×10^{-5}
6	0.429	0.143	0.429	869	0.519	0.481	16.0×10^{-5}
7	0.077	0.693	0.231	784	0.042	0.958	2.0×10^{-5}
8	0.143	0.429	0.429	812	0.123	0.877	4.8×10^{-5}
9	0.200	0.200	0.600	860	0.317	0.683	14.8×10^{-5}

注：x 为摩尔分数，表示合金中各组分的浓度。

从表5-3中的气相平衡数据可以看出，在合金的沸点下，气相中铅的含量是不高的，可以认为铅在铅塔中完全不挥发而留在残余金属中。平衡气相中镉的含量很大，可认为粗锌中的镉在铅塔中完全挥发，与挥发的锌蒸气一道进入铅塔冷凝器中冷凝为液体（即含镉锌），再流至镉塔中实现锌与镉的分离。

5.1.2.2 利用Zn-Cd，Zn-Pb二元系相图分析粗锌精馏精炼过程

A Zn-Cd 二元系沸点组成图

在对镉塔中的含镉锌的行为进行分析时，经常用到如图5-2所示的Zn-Cd二元系沸点组成图。

在恒定外压下（如100kPa），测出各种成分液体（如40%Zn+60%Cd）的沸点与平衡气、液两相的关系，就可得到Zn-Cd二元系沸点组成图。

图5-2中下边的曲线表示锌中镉含量变化时，这种Zn-Cd合金的沸点与液相组成之间的关系，叫做液相线。随着合金中镉含量的升高，液相合金的沸点沿该线逐渐降低。上边的曲线是气相线，表示该合金沸腾时，与之平衡的气相成分变化规律。气相线上方区域叫气相区；液相线下方区域是液相区；两者之间的闭合

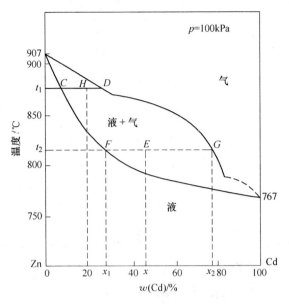

图 5-2　Zn-Cd 二元系沸点组成

区域是气液共存区。

　　从图 5-2 中可以看出，在 100kPa 压力下，纯锌的沸点为 907℃，纯镉的沸点为 767℃。即在一定外压下，蒸气压越高的液体，其沸点越低。在图中，同一温度下镉的气相含量高于液相含量。如将含镉 20% 的金属加热至温度 t_1，得到平衡的气、液两相，其中气相含镉量（D 点）为 28%，液相含镉量（C 点）为 8%，气相中镉含量高于液相中的镉含量。所以，通过蒸发和分馏可使锌、镉分离。

　　B　利用相图分析锌、镉分离过程

　　在铅塔中分离出来的锌、镉蒸气，经冷凝后，便成为液体合金，即含镉锌。为了使镉与锌分离，必须进行分馏过程。

　　锌和镉的分馏原理。可以用图 5-3 所示的 Zn-Cd 二元系的沸点组成图来说明。将成分为 A 的含镉锌加热至 a 点时，这种含镉的锌便会沸腾，锌与镉会同时挥发。但是低沸点的镉要比高沸点的锌蒸发得多些。镉在蒸气中的含量比在液态中的含量更多。该气相冷却时，其组成沿着 Ⅱ 线（气相线）变化。从 Ⅰ 线（液相线）上的 a 点作横坐标的平行线交 Ⅱ 线于 b 点。b 点所代表的成分即为 A 成分的合金加热至 a 点蒸发气液两相平衡时气相的平衡成分。当 b 点组成的气相冷凝至 c 点，从 c 点作横坐标的平行线，与 Ⅰ、Ⅱ 线分别交于 a′ 与 b′ 点，a′ 与 b′ 点即为 c 点温度下液相与气相平衡时的两相组成。可见，被冷凝下来的液相含有的锌较 b 点气相多，含镉却较少。未被冷凝的气相则相反，气相中富集了低沸点的镉。组成为 b′ 的气相继续冷却便会得到 a″ 和 b″ 的液、气平衡时的两相组成。经过如此反复多次的蒸发与冷凝，液相中就富集了较高沸点的锌，气相中则富集了较低沸点的镉，从而使沸点有差别的两种金属达到完全分离。实际生产中上述分馏过程是在镉塔中进行的，Zn-Cd 合金经分馏后在镉塔中上部冷凝器得到冷凝产物——高镉锌（其中含镉达 2%~20%），在镉塔下部得到的精锌含锌可达 99.999%。

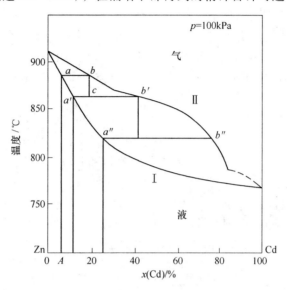

图 5-3　利用 Zn-Cd 二元系相图分析锌镉精馏分离过程示意图

总之，整个粗锌精馏过程分为两个阶段。第一阶段是在铅塔中脱除高沸点杂质金属铅、铁和铜等；第二阶段是在镉塔中脱除低沸点杂质金属镉、砷等。无论在铅塔还是镉塔中，都包括蒸发和冷凝回流两个物理过程；无论是在蒸发盘还是在回流盘中，都同时进行着蒸发和冷凝回流。只不过在蒸发盘中主要过程是蒸发，在回流盘中主要过程是冷凝回流。

必须指出，用精馏精炼方法脱除粗锌中铅、镉等杂质的程度，除受到热力学条件影响外，生产中的其他因素，例如塔内温度的波动、气流速度及其与回流液体的接触程度、加料量及加料均匀程度、回流塔外氧化锌"挂壁"的薄厚等都有很大的影响。尤其在镉塔中，由于锌与镉的沸点很接近，使其难以完全分离，因此要求严格控制生产条件（特别是温度），并要有较多的锌挥发，才能保证精锌的质量。

5.1.2.3　粗锌熔析精炼原理

粗锌精炼的方法主要有精馏法、熔析法和真空蒸馏法。在粗锌精馏精炼生产中，熔析法仅作为精馏法的一种辅助方法。

从铅塔下延部排出的铅、铁含量很高的馏余锌进入熔析炉，使锌和铅、铁熔析分离。熔析精炼的原理是基于锌、铅、铁熔点和密度的不同，通过控制一定的温度，使它们分层分离开来。三者的密度（t/m^3）分别为：锌 7.13、铅 11.34、铁 7.87。

温度在 1063K（即 790℃）以上，锌和铅能以任何比例相互溶解为均质合金。从图 5-4 的 Zn-Pb 系相图中可以看出，当温度低于 1063K 时，液态铅锌合金分为两层，上层是含少量铅的锌，下层是含少量锌的铅，而且随着温度的逐渐降低，上层的含锌量会越来越高，锌在上层不断富集；同理，下层的铅含量也逐步增加。只要控制适当的熔析温度，便会使锌、铅分离，从而得到 B 号锌（又称无镉锌，位于上层）和粗铅（位于下层）。

至于铁，也随着熔析温度而变。如图 5-5 的 Zn-Fe 系相图所示，锌铁化合物主要以 $FeZn_7$、Fe_5Zn_{21} 等形态溶于馏余锌中。随着温度的降低，会不断有 α-Fe、$FeZn_7$ 等物质析出，锌铁分离越来越好。冷却时有糊状结构的硬锌析出，使锌铁分离。

在精馏生产过程中，控制熔析炉大池温度，可使馏余锌在其中分为三层：上层为含铅的锌，即无镉锌或 B 号锌；中层为锌铁糊状熔体（含 $FeZn_7$、Fe_5Zn_{21} 等化合物），称为硬锌；下层为含锌的铅，即粗铅。

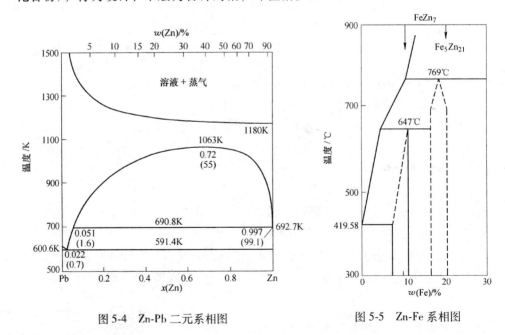

图 5-4 Zn-Pb 二元系相图   图 5-5 Zn-Fe 系相图

5.2 粗锌精炼工艺流程

葫芦岛锌厂四塔型精馏法工艺流程如图 5-6 所示。

某厂粗锌精炼工艺流程如图 5-7 所示。

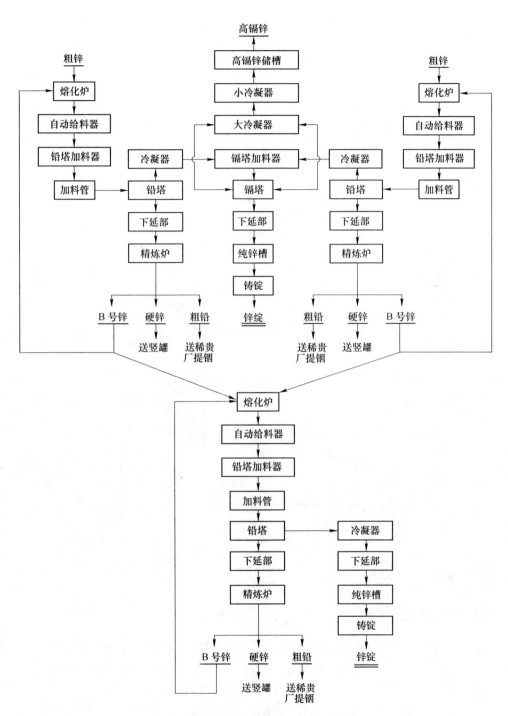

图 5-6 葫芦岛锌厂四塔型精馏法工艺流程

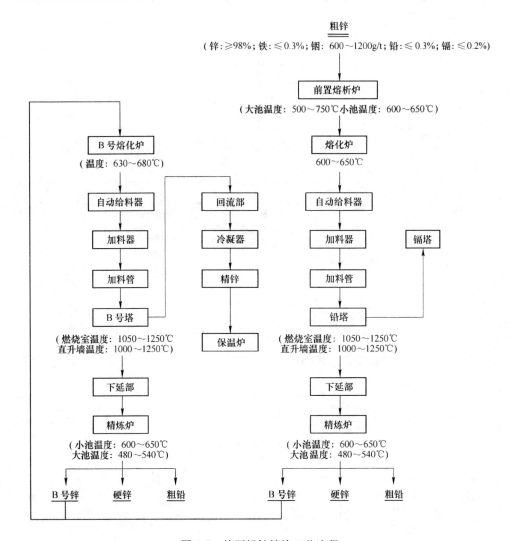

图 5-7　某厂粗锌精炼工艺流程

5.3　粗锌精炼设备

5.3.1　精馏塔的构造

　　粗锌精馏精炼过程是在密闭的精馏塔内进行的。精馏塔包括铅塔和镉塔。铅塔的主要作用是脱除粗锌中高沸点杂质 Pb、Fe、In、Cu、Sn 等；镉塔的主要作用是脱除低沸点杂质 Cd、As 等。精馏塔由塔本体、燃烧室、换热室和下延部构成，而镉塔还应包括大冷凝器。借助溜槽和加料管，精馏塔与熔化炉、熔析炉、纯锌槽和冷凝器相连，形成一个密封的精馏系统。

精馏塔的构造及其组合如图 5-8 所示。

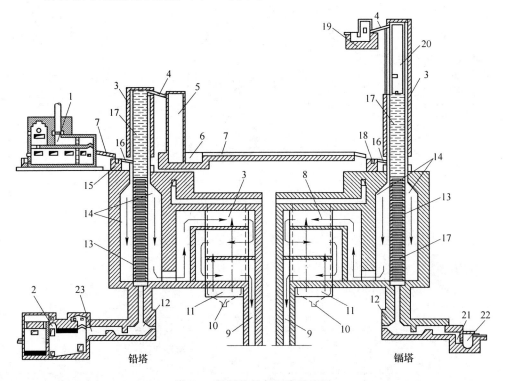

图 5-8 锌精馏炉的组合示意图

1—熔化炉；2—精炼炉；3—回流塔保温套；4—连接槽（溜槽）；5—铅塔冷凝器；6—储锌池；
7—流锌槽（流槽）；8—换热室；9—烟气出口；10—煤气进口；11—空气进口；12—下延部；
13—蒸发盘；14—燃烧室；15—铅塔加料器；16—流管（加料管）；17—回流盘；18—镉塔加料器；
19—镉塔小冷凝器；20—镉塔大冷凝器；21—精锌出口；22—纯锌槽；23—馏余锌出口

根据粗锌处理量规模、杂质含量多少等因素，精馏塔的生产组合有两塔型、三塔型、四塔型、七塔型等。目前，国内工厂大多采用三塔型和四塔型。三塔型由两座铅塔和一座镉塔组成一个生产组；四塔型由三铅塔（其中一座专用于处理B 号锌）和一镉塔组成，或采用 3：2：3 型，现多采用前者。

5.3.1.1 塔本体

塔本体由塔盘重叠安装而成，它分为两部分：在燃烧室内的部分称为蒸发段，燃烧室以上的部分称为回流段。回流段不外加热，但四周有保温空间。

A 塔盘结构

每座精馏塔有 50~60 块塔盘。塔盘系优质碳化硅（SiC）制品，形状均为长方形，但其内部结构不同，技术要求也各异。盘的四角为圆角，以防因热应力变化而开裂。塔盘盘壁接口都设有向里倾斜的坡面，倾斜角为 7°~9°，以保证叠砌稳固。

目前，国内工厂大多使用大型化塔盘（共有两类）和通用型塔盘两种类型，其结构尺寸见表 5-4。

表 5-4　国内常用塔盘的结构尺寸

塔盘型号		外形尺寸（长×宽×高×厚）/mm	盘上气孔面积/m²	采用厂家
大型塔盘	蒸发盘	1372×762×190×38	0.193	葫芦岛锌厂
	回流盘	1372×762×190×38	0.1135	
	蒸发盘	1260×620×190×38	0.1114	韶关冶炼厂
	回流盘	1260×620×190×38	0.0779	
通用塔盘	蒸发盘	990×457×165×38	0.077	
	回流盘	990×457×165×38	0.0458	

塔盘都设计成多种型号，以满足不同的需要。在各种型号塔盘中，多数是蒸发盘和回流盘。国内通用型塔盘共有 13 种型号，其名称及主要尺寸见表 5-5。

表 5-5　国内通用塔盘犁号规格

型号		称号	外形尺寸（长×宽×高×厚）/mm	盘气孔尺寸		单重/kg
新号	原号			L×b/mm	面积/m²	
TP-1	T101	底盘	990×457×195×38	102×153	0.0156	97
TP-2	T108	蒸发盘	990×457×168×38	305×241	0.0735	74
TP-3	T108a	蒸发盘	990×457×168×38	419×241	0.101	67
TP-4	T109	蒸发盘	990×457×168×38	533×241	0.128	68
TP-5	T110	导气盘	990×457×165×38	864×241	0.289	46
TP-6	T111	大檐盘	990×457×165×38	361×126	0.0458	97
TP-7	T103	加料盘	990×457×165×38	361×127	0.0458	93
TP-8	T102	回流盘	990×457×165×38	361×127	0.0458	77
TP-9	T112	出气盘	990×457×267×38	361×127	0.0458	103
TP-10	T104	液封盘	990×457×141×38	361×127	0.0458	70
TP-11	T105	反扣盘	990×457×140×38	361×127	0.0458	56
TP-12	T104a	液封盘	990×457×165×38	361×127	0.0458	70
TP-13	T107	液封盘	990×457×165×38	361×127	0.0458	76

a　蒸发盘

蒸发盘安装在蒸发段。盘的构造呈"W"形，一端设有长方形气孔，中间高出的部分为塔盘底，塔盘底的周围有一环形沟槽。为延长盘内气、液两相的接触时间，在塔盘一端的沟槽和气孔之间开有溢流口。蒸发盘形状如图5-9所示，这种形状可以使金属锌液大部分积存在塔盘四周的沟槽内，以增大锌液与盘壁的接触面积，有利于接受盘壁传入的热量，因而热传导快，蒸发能力大。在塔盘内平底上只积存很薄一层液体金属，约为10~20mm，可以减少盘内金属存量，并扩大金属蒸发表面积，当液体金属积存到一定高度时，则由塔盘一端的溢流口溢出，经盘上气孔流到下一块塔盘，并逐步按顺序交错下流，直至底盘，流至下延部。

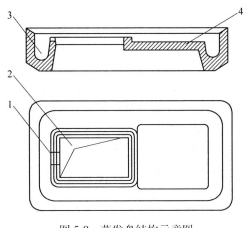

图5-9 蒸发盘结构示意图

1—溢流口；2—气孔；3—沟槽；4—盘底

在蒸发段，每块蒸发盘都蒸发一定数量的气态金属，沿上一块塔盘的气孔上升，并按顺序交错上升，气态金属总量由底部至上部不断增加，最后到达精馏塔回流段。

在大型化蒸发盘设计中，一方面简化了塔盘结构，将通用型的不同结构（主要是气孔面积不同）的三种蒸发盘（即TP-2、TP-3和TP-4型）改为单一型，减轻了大塔盘制作加工的烦琐；另一方面，尽量增大沟槽的高度和宽度，增大了锌液储存高度和储存量，增大了锌液的实际受热面积，稳定了气液两相之间的压力；同时，取消了原通用型蒸发盘的溢流口，使锌液由单点溢流变为多点溢流，甚至全溢流，形成瀑布型锌幕，增加了气液两相接触面积。

b 回流盘

回流盘呈"U"形，如图5-10所示，它是一个平底长方形碳化硅制品。盘的一端有长方形气孔，平底面设有导流格棱和溢流口，格棱高度一般为14~20mm，溢流口高10~14mm。这种形状使液体金属在盘面上呈"S"形流动，延长了盘内气液两相的接触时间，保证锌液和锌蒸气有最大的接触面积。

在大型回流盘中，新设计有不同于通用型回流盘所采用的S形导

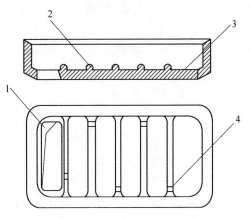

图5-10 回流盘结构示意图

1—气孔；2—导流格棱；3—盘底；4—溢流口

流格棱。

（1）1372mm×762mm 型（即 H 型）大回流盘的锌液流动线路：在最后一道格棱开有多个溢流口，锌液呈液幕往下一块盘流动。

（2）1260mm×620mm 型（即 SH 型）大回流盘的锌液流动线路也改变了通用型回流盘单纯的 S 形线路，特别是还采用梯格。在回流盘内按锌液流动方向设置几道台阶式梯形格棱，由高至低逐级降低，锌液从这种梯形格棱上漫过，显然比 S 形导流更好。

回流盘安装在精馏塔的回流段。当粗锌镉含量不高时，有的镉塔蒸发段的下部也安装有回流盘，以减少锌液受热面积，降低锌液蒸发量。回流段不外加热，靠锌蒸气的冷凝热来保持温度，为此，在回流段的外面设有保温空间。

c　异型塔盘

为了满足不同的需要，精馏塔塔盘还有以下几种异型塔盘：

（1）底盘。底盘安装在最底部，中央有一长方形排液流孔与下延部相通，将塔体内锌液导流至下延部。

（2）空心盘。空心盘又称导气盘，一般放置在最上一块蒸发盘之上，是蒸发盘与回流盘之间的过渡盘。其作用是缓冲气流，减少气体阻力；并使锌蒸气冷凝，尽量少进入回流段。

（3）大檐盘。此盘属回流盘的一种变形。其外壁中部有一圈突出的边沿，形似"屋檐"。当回流段塔盘漏锌时，可以通过大檐盘突出的边沿将锌液导流到压密砖上，利用压密砖上的沟槽将锌液引出，避免锌液沿塔盘外壁流入燃烧室。

（4）加料盘。加料盘属回流盘的一种变形。在该盘气孔的另一端盘壁上有一"U"形口，可以连接加料管。

（5）铅塔顶盘。又称出气盘，属回流盘型。盘的一端（与气孔端相对）为敞口，通过大溜槽与冷凝器相连。

（6）液封盘和反扣盘。这两种盘结合使用，其作用是为了防止镉塔大冷凝器（又称分馏室）落下的杂质金属氧化物流入塔内。

B　塔盘组合

塔盘组合是精馏塔的核心主体，即塔本体。安装、组合塔盘时，要使其紧密地一块叠着一块，形成一个密封的整体，以免塔盘内金属被塔外燃烧气体氧化。相邻两块塔盘的开口都转成 180° 安装，气孔交错布置，这样使整个塔内形成"之"字形（或称 S 形）通道。塔内的锌液和蒸馏出来的锌蒸气都沿"之"字路下流或上升，使蒸气与液体能更有效地接触。这样，一方面使锌液在下流过程中有充分的机会受热蒸发；同时上升气流中夹带的高沸点金属蒸气有充分的机会冷凝。为保证产品质量，组合时要使塔内气流速度不超过 10m/s。通用型塔盘组合实例见表 5-6。

表 5-6 铅镉塔塔盘组合实例

铅　塔			镉　塔		
塔盘型号	盘序	数量	塔盘型号	盘序	数量
TP-1	1 号	1	TP-1	1 号	1
TP-2	2 号~8 号	7	TP-8	2 号~17 号	16
TP-3	9 号~17 号	9	TP-2	18 号~19 号	2
TP-4	18 号~29 号	12	TP-3	20 号~22 号	3
TP-3	30 号	1	TP-4	23 号~27 号	5
TP-3	31 号	1	TP-3	28 号~29 号	2
TP-5	32 号	1	TP-2	30 号~31 号	2
TP-6	33 号	1	TP-5	32 号	1
TP-7	34 号	1	TP-6	33 号	1
TP-8	35 号~52 号	18	TP-7	34 号	1
TP-9	53 号	1	TP-8	35 号~48 号	14
			TP-10	49 号	1
			TP-11	50 号	1
			TP-12	51 号	1
			TP-11	52 号	1
			TP-13	53 号	1

注：1. 盘序自下而上排列。
　　2. 在 TP-9 塔盘上面，有的厂家采用顶盖板来密封铅塔塔顶。葫芦岛锌厂则直接用一块导气顶盖
　　　 盘（型号为 T113）取而代之，故其铅塔共有 54 块塔盘构成。

　　铅塔、镉塔的塔体组合有以下共同点：它们均由蒸发段和回流段两部分组成；蒸发段设在燃烧室的中心，实现加热蒸发所需金属的功能；回流段不加热，但四周均设保温套，稳定塔内气液两相温度，达到锌与不同杂质分馏的目的。

　　但镉塔塔盘组合与铅塔组合有诸多区别：

　　（1）由于锌、镉沸点相近，为脱除全部镉，必然会相应地蒸发少量锌，所以镉塔的蒸发量小于铅塔。镉塔蒸发段可不设或少设蒸发盘。但使用回流盘时，应保持与铅塔蒸发段同一高度。当粗锌含镉较高时，镉塔蒸发段与铅塔蒸发段塔盘组合相同。

　　（2）为了强化锌镉的分离，同时使分馏后的精锌回流入塔，镉塔冷凝器安放在回流段顶部。

　　（3）为防止冷凝器中生成的锌、镉氧化渣回流入塔，回流段顶端设有 3 道锌封，并外设扫除孔，以备定期清扫。

采用通用型塔盘的铅塔在进行塔体组合时，由于蒸发盘尺寸不同其形状呈枣核形，两头小，中间大。这是为了使加入塔内的液体锌充分预热，同时使上升气体中机械夹带的铅雾在离开蒸发段前，尽可能多地与液体锌接触，降低精锌含铅量。

大型塔盘组合是在通用型塔盘组合基础之上，作了以下主要改进：

（1）实施大型铅镉塔用一种蒸发盘替代原三种不同上气孔面积的蒸发盘来进行塔的组合。

（2）为增加塔盘数，或增大料流和热流的稳定性，在蒸发段的上部导气盘与加料盘之间，增设了两块回流盘，作为塔体供料与供热的缓冲区。

（3）为保证产品质量，提高了回流段与蒸发段高度的比值 E。

国内精馏塔大塔盘组合情况见表 5-7。

表 5-7　精馏塔大塔盘组合情况

项　　　目	国内通用塔 990×457	H 型大塔 1372×762	SH 型大塔 1260×620
蒸发段塔盘块数	30	34	27
回流段塔盘块数	24	26	20
合　　　计	54	60	47

注：这种大塔盘的蒸发盘和回流盘高度不一致，故块数比并不代表高度比，实际要高些。

5.3.2　燃烧室和换热室

燃烧室和换热室的结构如图 5-11 所示。围绕着塔组合的蒸发段用耐火砖砌筑成一个长方形的空间，即燃烧室。煤气由顶部进入，空气由左右边墙进入，与煤气成 90°角相交，混合燃烧，向塔体供热。其底部左右边墙有多个烟气出口，且出口面积由前至后依次减小，如此设计可避免燃烧点因抽力作用后移，因而提高了塔盘温度分布均匀程度。

换热室的作用主要是预热煤气、空气，导出废气。换热室主要由双孔空心砖构成，煤气和空气经空心砖与砖外的废气进行热交换，然后分别汇入煤气、空气总道，进入燃烧室。在换热室内设置交错排列的隔板，使废气作"S"形流动，延长了热交换时间，提高了煤气和空气的预热温度。

废气、煤气和空气在燃烧室和换热室内的走向如图 5-12、图 5-13 和图 5-14所示。换热室后侧及左右两侧设有多层扫除口，便于清扫堵塞部位。

5.3.3　冷凝器

5.3.3.1　铅塔冷凝器

铅塔冷凝器是用碳化硅质耐火材料砌筑的矩形空间，下设锌液封闭的底座储

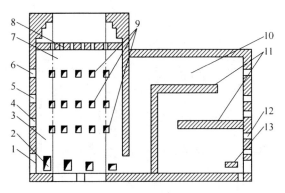

图 5-11　燃烧室和换热室结构示意图

1—废气直道扫除口；2—废气口；3—燃烧室；4—三层空气；5—二层空气；6——层空气；7—塔盘；
8—煤气进口；9—空气进口；10—换热室；11—隔板；12—换热室扫除口；13—废气拉砖

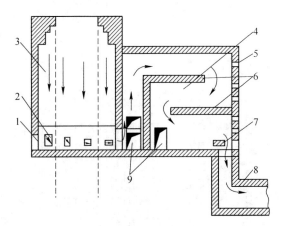

图 5-12　废气走向示意图

1—直道扫除口；2—废气出口；3—燃烧室；4—换热室；5—换热室扫除口；
6—隔板；7—废气拉砖；8—废气道；9—空气进口

槽。为便于调节温度，它的外围设有活动保温窗；后侧底部设有两个扫除口，用于升温、扫除和特殊情况处理。铅塔冷凝器通过顶端的方形空洞与溜槽相通，将铅塔的含镉锌蒸气导入冷凝室内，散热冷凝，冷凝的锌液储存于底座内，经过液封由底座外池连续排出，进入镉塔加料器。其结构见图 5-8。

5.3.3.2　镉塔冷凝器

A　镉塔大冷凝器

镉塔大冷凝器置于镉塔回流段上部，与镉塔紧密相通，其材质为碳化硅质耐火材料。尺寸基本上与回流盘内腔相同。顶部有溜槽与镉塔小冷凝器相连，外部

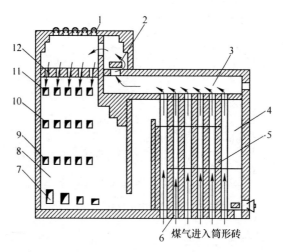

图 5-13　煤气走向示意图

1—观察孔；2—煤气挡板；3—煤气道；4—换热室；5—筒形砖；6—煤气入筒形砖进口；7—废气出口；
8—燃烧室；9—三层空气进口；10—二层空气进口；11—一层空气进口；12—煤气入燃烧室进口

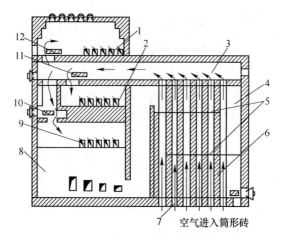

图 5-14　空气走向示意图

1——层空气进口；2—二层空气进口；3—空气道；4—换热室；5—隔板；6—筒形砖；
7—空气入筒形砖进口；8—燃烧室；9—三层空气进口；10——层空气拉砖；
11—二层空气拉砖；12—三层空气拉砖

设有活动保温窗，以适应塔内锌流较大的变化，便于温度调节。锌蒸气经过回流段的分馏后进入大冷凝器进行冷凝，进一步使镉蒸气分离，只让少量锌与镉蒸气进入小冷凝器产出高镉锌。其结构见图5-8。

　　B　镉塔小冷凝器

　　该冷凝器又称高镉锌冷凝器，其结构包括冷凝室、底座和高镉锌储槽，并设有液封、扫除口和溜槽入口，一般为长扁空间。大冷凝器未能分馏的含镉锌蒸气（含镉约为5%~20%）通过溜槽进入小冷凝器，经冷凝后大部分成为液态高镉锌，定时舀出、铸锭。极少部分变成镉灰及锌镉氧化物，需及时清扫。高镉锌冷凝器材质多为黏土砖和碳化硅砖，尺寸因粗锌含镉量而异。结构示意图如图5-15所示。

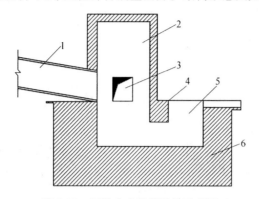

图 5-15 镉塔小冷凝器结构示意图

1—溜槽；2—冷凝室；3—扫除口；4—液封砖；5—高镉锌储槽（排出槽）；6—底座

5.3.4 熔化炉

每座铅塔都需配置一座用耐火材料砌成的熔化炉。熔化炉有反射式直接加热炉和密闭式间接加热炉两种。反射式加热炉的结构如图5-16所示。熔化炉的作用为：

（1）熔化各种粗锌，将固、液体锌加热到一定的温度，满足加料的准备。

（2）混锌作用，即将各种锌混合在一起，使成分均匀。

（3）计量作用，通过标尺掌握炉内锌液量，利用锌液流量控制装置均匀地向塔内加入锌液。

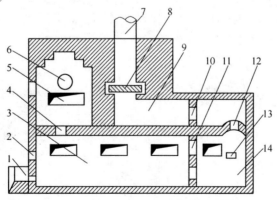

图 5-16 熔化炉结构示意图

1—加料口；2—炉门；3—大池；4—煤气进口；5—空气进口；6—煤气入口；7—烟囱；
8—废气拉砖；9—废气道；10~12—废气出口；13—出料口；14—小池

熔化炉的出料口外接自动给料器。熔化炉内锌液流进自动给料器后，利用锌液流量控制装置，经过流槽使其均匀、准确、连续地流入加料器。锌液自动给料器主要有杠杆式针阀控制器、锌液冲击计量器及液坝控制器三种。图 5-17 所示是杠杆式针阀自动给料器结构示意图。

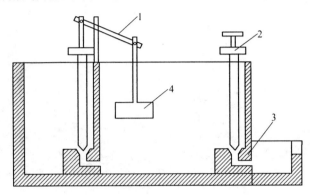

图 5-17　杠杆式针阀给料器结构示意图

1—压力杠杆；2—石墨针状阀；3—自动给料器出口；4—压力砣

5.3.5　加料器

加料器一端通过加料管与加料盘连接，另一端通过流槽接受来自熔化炉或铅塔冷凝器的锌液。其作用是：

（1）密封作用。密闭塔体，防止空气进入塔内而造成氧化锌堵塞，发生事故。

（2）连接作用。把锌液加入塔内，与塔内连接。

加料器是碳化硅材质，内有锌封，分为铅塔加料器和镉塔加料器两种。因为镉塔的压力波动较大，所以镉塔加料器比铅塔加料器大。两种加料器的结构如图5-18 和图 5-19 所示。

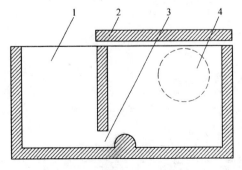

图 5-18　铅塔加料器结构示意图

1—小方井（敞开口）；2—盖板；
3—锌封口；4—流管

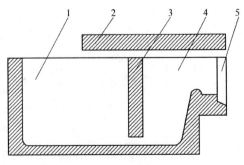

图 5-19　镉塔加料器结构示意图

1—小方井（敞开口）；2—盖板；3—锌封砖；
4—密封槽；5—流管接口

5.3.6 下延部

下延部（图 5-20）系指塔体和熔析炉或精锌储槽之间的密封连通部分，其作用是冷凝气体、密封塔体和导出馏余锌。烘炉时，它可作为热气进入塔内的通道。为防止锌液氧化，下延部设有锌封。其底部流槽为小沟槽形，以尽量减少锌液呈瀑布式流动。它的后部有升温、扫除口。

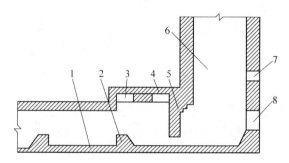

图 5-20 下延部结构示意图

1—下延部流槽；2—液封砖（"马鞍"）；3—扫除口；4—盖板；5—气封砖；
6—直井（竖井）；7—测温孔；8—升温、扫除口

5.3.7 熔析炉

熔析炉（图 5-21），又称精炼炉。铅塔馏余锌经下延部、方井进入熔析炉。它的作用是熔析分离铅、铁和锌，储存 B 号锌、硬锌和粗铅。在大池内，馏余锌经熔析后分为三层：下层是粗铅，中间层是硬锌，上层是 B 号锌。B 号锌流入小池内，保温、储存，定时排出。粗铅和硬锌视量抽出和捞取。

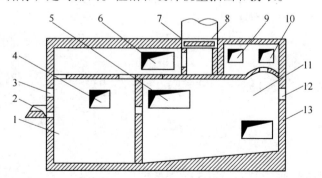

图 5-21 熔析炉结构示意图

1—B 号锌池（小池）；2—B 号锌出锌口；3，10—煤气入口；4—小池门；5—大池门（捞硬锌及出铅等）；
6—废气道扫除口；7—废气拉砖；8—烟囱；9—空气进口；11—熔析池（大池）；
12—扫除口；13—方井过道（锌液入口）

5.3.8　纯锌槽

每座镉塔需配置一座用耐火砖砌筑的纯锌槽，用以储存纯锌，并保温。有的工厂将纯锌槽与精锌自动浇铸系统合二为一，省去了一道工序，提高了劳动生产率。纯锌槽的结构见图5-8。

5.4　粗锌精炼正常操作

5.4.1　安全操作规程

5.4.1.1　锅炉岗位安全操作规程

凡从事锅炉操作人员，必须经过国家授权的专业机构的安全培训技术考核，取得司炉操作证和水质分析操作证后方可上岗，同时必须严格遵守国家有关安全操作法律法规和制度。

A　升火

（1）锅炉升火前，进行全面检查后，给水系统进水前必须关闭排污阀，开启一只安全阀让空气排除。

（2）将已处理合格的水注入锅炉内，当水位升至最低水位时，即关闭给水阀门，待锅内水位稳定后，观察水位有否降低。

（3）开启引风机3~5min后停机，方可点火。点火时，在炉膛内放置木柴等引燃物品（严禁带入铁钉），开启引风机，当煤层燃烧后关闭点火门，待煤燃烧正常，调节引送风量，燃烧逐渐正常后开动炉排。

（4）升火时温度增加不宜太快，避免各部因受热不均匀，影响锅炉寿命。

（5）升火后随时注意锅炉水位，当开启一只安全阀内冒出蒸汽时关闭安全阀，冲洗压力表；气压升到0.1~0.5MPa时，热检手孔盖及受压部件的螺栓；当气压逐渐升高，各部件无故障后，方可继续进行。

（6）压力升至额定值时，对安全阀进行调整试验。

B　供汽

（1）锅炉内气压接近工作压力准备向外供汽时，保持正常水位，供汽时炉膛内燃烧稳定。

（2）供汽时将总汽阀门微开启暖管，将管路上泄水阀开启泄冷水，暖管时间不少于10min，检查管道、支架及各部件阀门仪表无问题后即可达到额定压力。

C　正常运行

（1）锅炉运行时要做到锅内水位正常，蒸汽压力稳定，保持锅炉清洁，做好交接工作，确保安全生产，防止发生事故，注意节约用煤，不断学习和总结经验，提高运行水平。

（2）给水要求：处理水硬度不大于 0.04 毫米当量/L，pH 值应大于 7，悬浮物不大于 5mg/L，含油量≤2mg/L。锅炉内部 2 年必须检验一次，外部 1 年必须检验一次。

（3）锅内水位：经常注意锅内水位变化，保护正常水位在±50mm 范围内微微波动。

（4）水位计：每班至少冲洗一次，冲洗时禁止戴湿手套，脸部不能正对水位计，水位计垫圈须保持密闭。

（5）压力表：压力表管每班应冲洗一次，检查压力表是否正常，保证压力表正确性，半年应校正一次。

（6）锅炉停炉后，做好保养工作。

D　紧急停炉操作步骤

（1）抬起月牙门，快速转动炉排，将炉排上煤走完，不能用水浇灭。

（2）及时停止送风机，加大引风量。当炉管爆破时则应加大引风量及时将烟尘拉走。

（3）炉管爆破，可继续向锅炉供水；严重缺水时，禁止向锅炉供水。

（4）关闭主汽阀和并汽阀。

（5）停止引风机，打开烟道挡板或引风机进口调节挡板，自然通风冷却。

（6）在炉墙冷却变暗以前，炉排应继续转动，此时排速可以放慢，炉膛内应有一定的负压。

（7）4h 以后，可进行一次上水和放水工作，以后每隔 1h 上水、放水一次，直到炉水温度降到 70℃时，可将炉水放尽。

（8）停炉结束，应详细检查锅炉设备损坏位置、程度及各部分的变形情况，做好记录，并向主管部门详细汇报。

E　锅炉水质化验工安全操作规程

（1）必须持证上岗，掌握《蒸汽锅炉水质标准》的规定。

（2）熟悉水处理设备及操作系统的工作原理、性能及操作程序。

（3）根据化验项目的具体要求，备齐化学药品和试剂，并认真检查其成分、浓度、有效期等。

（4）备齐化验所需的各种仪器、量具，应标定合格，保证其准确、可靠性；器具使用前应认真洗涤，保证清洁无污染。

（5）采集水样用的容器应是玻璃或陶瓷器皿。采水样时应先用水样冲洗三次后采集。采集水样的数量应能满足化验和复核的要求。

（6）采集原水水样时，应先冲洗管道 5~10min 后再取样。每天化验一次硬度。采集锅炉给水水样时，应在水泵的出口或给水流动部位取样，每班化验一次硬度。

（7）采集炉水水样时，须佩戴劳动保护用品并站在开启阀门的侧面，使用耐热器皿，缓慢开启阀门。

（8）化验的水质应符合标准的规定，达不到要求应分析原因，采取措施，在使用具有腐蚀性药品时，严格按药品使用规定执行。

（9）离子交换器输出的软水每运行 2h 化验一次硬度、pH 值和碱度，炉水应每 2h 化验一次碱度、pH 值和氯根。

（10）根据炉水化验结果，由化验人员监督锅炉排污或向班长提出采取相应措施的建议。

（11）认真填写水质化验记录。清洗化验用具，整理并妥善保管化验药品及仪器，保持环境清洁卫生。

5.4.1.2　炉况岗位安全操作规程

（1）严禁酒后上岗操作。

（2）上岗操作前必须穿戴好个人劳动保护用品以及防护目镜。

（3）开动加煤机前要确认机旁无人；运转时不准在转动部位清扫或靠近。

（4）加煤机安全罩要牢固，销子断后要停车处理，加煤机拉杆吊链要拴好。

（5）处理卡铁时，插板要插严，煤斗要送蒸汽。

（6）集汽罐的安全附件要保证灵活可靠，严禁水干、水满。

（7）使用工具要细致检查，保证牢固安全。

（8）操作现场严禁吸烟、明火，冒煤气要堵严。

（9）防止煤气含氧升高，炉内冒火要及时处理；耙子或水套漏水要及时处理。

（10）打开探火孔时，要先通蒸汽，站在探火孔的上风向，禁止同时打开三个以上探火孔。

5.4.1.3　除灰岗位安全操作规程

（1）严禁酒后上岗操作。

（2）操作前穿戴好劳动保护用品。

（3）开动除灰机前，要检查确认附近无人再开车。

（4）检查、清扫运转设备必须停车进行。

（5）灰盘水要控制在指标范围内，严禁水干、水满。

（6）设备检修时要挂好警示牌。

（7）禁止戴湿手套操作开停车按钮。

5.4.1.4 带煤岗位安全操作规程

（1）严禁酒后上岗操作。

（2）操作前，必须正确穿戴好劳动保护用品。

（3）本岗位严禁吸烟、明火。

（4）开动皮带前，要检查确认皮带无人靠近，无障碍物，方可开车，禁止带负荷启动。

（5）开机顺序：4号皮带→3号皮带→振动筛→2号皮带→1号皮带。停机顺序：1号皮带→2号皮带→振动筛→3号皮带→4号皮带。

（6）皮带运转时，不准横跨、清扫、检修和靠近。

（7）任何情况下，不准擅自进入煤斗内。

（8）使用工具时要多加注意，不要落入煤斗内。

（9）遇煤斗检修，邻近煤斗要严密隔离。

（10）当皮带出现异常情况时（跑边、断裂、异物、电机、滚筒、托辊），拉下紧急停车开关停止皮带，并在皮带启动开关处挂警示牌和设置监护人，方可处理故障。

5.4.1.5 风机、加压机岗位安全操作规程

（1）操作前，穿戴好劳动保护用品，不准擅离工作岗位。

（2）严禁负压操作，入口压力出现负压应迅速进行调整。

（3）要确认操作方法顺序符合规定后再动作。

（4）保持设备密闭不漏煤气。

（5）必须保证压力变送器灵敏和压力管畅通，防止因压力指示失灵而误操作，造成负压或正压过大。

（6）每小时检查加压机、鼓风机运转是否正常，发现异常及时汇报。

（7）擦拭设备时，要扎好袖口、衣襟；女工要把头发盘入工作帽内，不应外露，要避开设备转动部位。

（8）设备盘车前，要求确认此车处于非运转状态再盘；在交班时，将备用车盘一次。

5.4.1.6 分析岗位安全操作规程

（1）操作前，穿戴好劳动保护用品，不准擅离岗位。

（2）对取样分析后的结果，必须及时告知班长或炉况工，并对分析结果负责。

（3）有毒、剧毒药品要和其他药品分开，由专人专柜加锁保管；药品标签

要清晰，强酸要放在安全地点妥善保管。

（4）严禁将食物带入化验分析室，以防中毒。

（5）打开试剂药品瓶口必须向外，不准用嘴鉴别药品。

5.4.1.7 行车岗位安全操作规程

（1）必须持证上岗。

（2）上岗前，穿戴好劳动保护用品。

（3）工作前必须检查钢丝绳、警铃和行车安全装置是否可靠，同时进行空载试运转检查。

（4）检查轨道周围和煤仓内是否有人和障碍物。

（5）开车时要坚持发出信号，待人员撤离后，才许抓吊；在抓运物料时，抓斗的回转和上下速度不得猛转、猛上和猛下。

（6）禁止绞绳，当抓斗降到最低位置时，卷筒上的钢丝绳至少要保留两圈以上。

（7）操作工有权拒绝违章指挥，有权制止和纠正任何人的违章作业行为。

（8）工作完毕后，应将抓斗安置稳妥，拉下电闸，锁上电闸箱。

（9）清扫设备上及周围的煤尘。

5.4.1.8 型煤岗位安全操作规程

（1）严禁酒后上岗操作。

（2）操作前穿戴好劳动保护用品，劳保服穿戴做到"三紧"，即扣子紧、袖口紧、领口紧；女工将长发挽入工作帽内，防止卷入皮带发生机械损伤事故。

（3）开动皮带前，检查皮带紧急停开关线是否松弛或断线，适当进行调节松弛度，且确认皮带旁确实无人检修或靠近，无任何障碍，检查输送机的安全装置是否齐全，检查传动部位润滑情况，机架及紧固件是否有变形、松动现象，确认无误后方可开车。开机顺序为：7号皮带→6号皮带→成型机→5号皮带→三极搅拌器→4号皮带→3号皮带→破碎机→2号皮带→振动筛→1号皮带。停机顺序：按开机的相反顺序进行。

（4）皮带运转中如发现皮带跑偏、打滑、乱跳等异常现象时，必须停机进行调整。

（5）禁止从皮带上方跨越、皮带下方穿越通过，上下楼梯巡查时，要扶好楼梯扶手，防止滑倒跌伤；工具不得落入皮带上、煤斗内，若工具已落入，必须立即停止皮带，将工具或异物取出。

（6）设备出现异常或故障时，要在设备停止运转并切断电源的状态下进行处理，严禁边运转边维修。

（7）若生产设备出现紧急情况时，可立即启用皮带应急停车拉线开关进行停车，处理完毕后应对紧急拉线开关进行复位。

5.4.1.9　水泵岗位安全操作规程

（1）操作前要穿戴好劳动保护用品，不准脱岗、串岗及酒后上岗。

（2）设备的安全罩要牢固，不准任意拆除。

（3）不准带负荷开、停水泵，禁止私自缩减供水负荷。

（4）禁止一个人到高空进行作业及检查，登高 2m 以上要系安全带，并有安全监护人。

（5）禁止非岗位人员在水泵房内逗留。

（6）遵守通用安全规程的各项条款。

5.4.1.10　运锌岗位安全操作规程

（1）严禁酒后上岗操作。

（2）上岗操作前必须穿戴好个人劳动保护用品以及防护目镜。

（3）使用行车前检查行车的安全装置、手柄及控制线是否完好，作业中严格执行起重作业"十不吊"。

（4）合闸或拉闸时，人站在侧面，防止电弧灼伤。

（5）禁止设备带病运行，检修行车时必须拉闸断电，挂警示牌，设专人监护。

（6）操作时，操作者应在重物后 2m 外行走，不准同时开两台车。

（7）放锌时锌包内液面必须低于锌包口 10~15cm。

5.4.1.11　一熔化岗位安全操作规程

（1）严禁酒后上岗操作。

（2）上岗操作前必须穿戴好个人劳动保护用品以及防护目镜。

（3）使用行车前检查行车的安全装置、手柄控制线是否完好，作业中严格执行起重作业"十不吊"。

（4）待行车停稳后，方可进行加料操作。

（5）所加固体锌应保持干燥，人站在侧面，锌垛应整齐、平稳。

（6）进行煤气操作时，先明火，后给煤气，必须两人以上操作，并站在上风向，防止中毒。

（7）使用铁制工具应先预热烘烤干后才能使用。

（8）吊运固体锌时，每次只能吊一垛，包装必须紧固。

5.4.1.12　二熔化岗位安全操作规程

（1）严禁酒后上岗操作。

（2）上岗操作前必须穿戴好个人劳动保护用品以及护目镜。

（3）处理加料器时人站在侧面，防止烧伤和烫伤。

（4）使用铁制工具应先预热烘烤干后才能使用。

（5）高镉锌应堆放整齐、平稳，防止散垛砸人。

（6）进行煤气操作时，先明火，后给煤气；必须两人以上操作，站在上风向，防止中毒。

（7）进行小冷凝器扫除操作时应站在侧面，操作完毕，须关好铁门才能离开。

5.4.1.13　调整岗位安全操作规程

（1）严禁酒后上岗操作。

（2）上岗操作前必须穿戴好个人劳动保护用品以及护目镜。

（3）煤气操作时保持煤气正压。

（4）点煤气时，先明火，后给煤气；两人以上操作，站在上风向，防止中毒。

（5）煤气掉闸时，及时与一、二熔化、纯锌、精炼岗位联系。

（6）扫除作业时，扒出的氧化锌灰不得掉到一楼，以免烫伤人。

5.4.1.14　扫除岗位安全操作规程

（1）严禁酒后上岗操作。

（2）上岗操作前必须穿戴好个人劳动保护用品以及护目镜。

（3）煤气操作时，必须两人以上操作，站在上风向，先明火，后给煤气，并携带 CO 检测仪。

（4）捞硬锌铸锭作业时，工具和锌模必须干燥，如工具和锌模潮湿，必须烘烤干燥后再使用，禁止工具和锌模潮湿和积水使用，防止放炮伤人。

（5）硬锌运输和储存过程中应注意防水防潮。

（6）清扫煤气管道时，操作前应与调整工联系好，保证明火和微正压；必须先断四楼后边的电葫芦电闸，然后扫除。

（7）砌筑塔盘时，竖井口做好安全防护措施，井内无人时才能下塔盘。

5.4.1.15　纯锌岗位安全操作规程

（1）严禁酒后上岗操作。

（2）上岗操作前必须穿戴好个人劳动保护用品以及护目镜。

（3）使用行车前检查行车的安全装置、手柄控制线是否完好，作业中严格执行起重作业"十不吊"。

（4）待行车停稳后，方可进行加料操作。

（5）堵眼时，插板应放正堵严；疏通出锌嘴时，应用木制工具，人站在侧面操作。

（6）操作时站侧面扎眼，工具必须专用并保持干燥。

5.4.1.16　精炼岗位安全操作规程

（1）严禁酒后上岗操作。

（2）上岗操作前必须穿戴好个人劳动保护用品以及护目镜。

（3）使用行车前检查行车的安全装置、手柄及控制线是否完好，作业中严格执行起重作业"十不吊"。

（4）出 B 号锌时液面距包沿口不应小于 100mm；往四楼吊 B 号锌时，先打铃，并与运锌工联系挂好钩后立即离开罐笼。

（5）操作时站侧面扎眼，铁工具必须保持干燥。

（6）捞锌包内的硬锌及渣子时，要确保地面锌模干燥无水。

5.4.1.17　熔析炉岗位安全操作规程

（1）严禁酒后上岗操作。

（2）上岗操作前必须穿戴好个人劳动保护用品以及防护目镜。

（3）使用行车前检查行车的安全装置、手柄及控制线是否完好，作业中严格执行起重作业"十不吊"。

（4）加块锌时人应站在侧面，锌垛应整齐、平稳。

（5）打锤时打锤人与扶钎人不应站同侧，分别站两侧，扶钎人应戴手套，打锤人不得戴手套，且作业前应确认工具完好。

（6）使用铁工具前应检查是否干燥，如潮湿或有水应先烘干后再用。

（7）点煤气时，先明火，后给煤气。

（8）扒渣和处理炉膛时，应减关煤气，保持微正压。

5.4.1.18　熔铸岗位安全操作规程

（1）严禁酒后上岗操作。

（2）上岗操作前必须穿戴好个人劳动保护用品以及护目镜。

（3）检查铸锭机各传动部位的防护罩是否牢固、齐全；开车时一定与接锌工联系好，正常情况下不得随意停车。

（4）锌锭未凝结前不可锟边修整。

（5）铸锭机上禁止放置一切工具，以免掉入链轮造成事故。

（6）铸锭机模内有水或潮湿不可铸锭，必须烘烤干后方可使用，防止放炮伤人。

（7）到垛上修整锌锭时，应注意周围锌垛堆放是否稳固，防止散垛砸伤。

（8）到铸锭机下清扫卫生时，必须停车，并设专人监护。

5.4.1.19　电焊工安全操作规程

（1）作业人员必须经过专业安全技术培训，考试合格，持《特种作业操作证》方准上岗独立操作，非电焊工严禁进行电焊作业。

（2）严禁酒后上岗操作。

（3）作业时应穿好电焊工工作服、绝缘鞋和电焊手套、防护面罩等安全防护用品。

（4）电焊作业现场周围 10m 内不得堆放易燃易爆物品。

（5）作业前应首先检查焊机和工具，如焊钳和焊接电缆的绝缘、焊机外壳保护接地和焊机的各接线点等，确认安全方可作业。

（6）电焊机不准放置在高温或潮湿的地方，在潮湿的地方作业时要有绝缘措施，雨天不能露天作业，以防触电。

（7）在容器内工作要有良好的绝缘用具，有良好的通风，并有人监护方可作业；焊接容器管道时，应先清理其内部杂物，确认安全后方能作业。

（8）工作中途离开工作岗位时，必须将电流开关切断，工作结束后，要做到工完场净，要检查现场的火星、火渣，妥善处理余火，并切断电源。

（9）电焊导线不得从乙炔、氧气或易燃气体管道附近通过，也不能与这些管道处在同一地沟内。

（10）清除熔渣时，应戴好防护眼镜，防止熔渣溅入眼睛。

（11）电焊机要专业维护保养，如有故障须拆装维修的，应由电工负责，焊工不得随意乱拆或改装电气设备。

5.4.1.20　气、氧焊工安全操作规程

（1）作业人员必须经专业安全技术培训，考试合格，持《特种作业操作证》方准上岗独立操作，非专业人员严禁进行气焊、氧割作业。

（2）严禁酒后上岗操作。

（3）点燃焊（割）炬时，先开启乙炔阀点火，然后开氧气阀调整火焰；关闭时应先关闭乙炔阀，再关氧气阀。

（4）点火时，焊（割）炬口不得对着人，不得将正在燃烧的焊炬放在工作或地面上，焊炬带有乙炔气和氧气时，不得放在金属容器内。

（5）作业中发现漏气时必须立即停止作业，进行处理。

（6）作业中若氧气管着火应立即关闭氧气阀门，不得折弯胶管断气；若乙炔管着火，应先关熄炬火，后关乙炔，也可用折前面一段软管的办法止火。

（7）高处作业时，氧气瓶、乙炔瓶、液化气瓶不得放在作业区域下方，应与作业点正下方保持10m以上的距离；必须清除作业区域下方的易燃物。

（8）不得将橡胶软管背在背上操作。

（9）作业后应卸下减压器，拧上气瓶安全帽，将软管盘起捆好，挂在室内干燥处，检查作业场地，确认无着火危险后方能离开。

（10）使用氧气瓶应遵守下列规定：

1）氧气瓶应与其他易燃气瓶、油脂和易燃、易爆物品分开存放。

2）气瓶存入应与高温、明火地点保持10m以上的距离，与乙炔瓶的距离不少于5米。

3）氧气瓶应设有防震圈和安全帽，搬运和使用时严禁撞击。

4）氧气瓶上不得沾有油脂、灰土，不得使用带油的工具、手套或工作服接触氧气瓶阀。

5）氧气瓶不得在烈日光下暴晒，夏季露天作业时，应搭设防晒罩棚。

6）开启氧气瓶阀时，不得面对减压器，应用专用工具，开启动作要缓慢，压力表应灵敏、正常，氧气瓶中的氧气不得全部用完，必须保持不小于0.2MPa的压力。

7）严禁使用无减压器的氧气作业。

8）检查瓶口是否漏气时，应使用肥皂水涂在瓶口上观察，不得用明火试。

（11）使用乙炔瓶应遵守下列规定：

1）存放乙炔瓶与明火的距离不得小于15m，并通风良好，避免阳光直射；乙炔瓶应直立，防止倾斜；严禁与氧气瓶、氯气瓶及其他易燃、易爆物存放于同一地点。

2）使用专用小车运送乙炔瓶，不得滑、滚、碰撞，严禁剧烈震动和撞击。

3）使用乙炔瓶时必须直立，严禁卧放使用，并与热源的距离不得小于10m，乙炔瓶表面温度不能超过40℃。

4）乙炔瓶必须使用专用减压器，并连接可靠，不得漏气。

5）乙炔瓶内气体严禁用尽，必须留有不低于0.05MPa的剩余压力。

6）严禁铜、银、汞等及其制品与乙炔接触。

（12）使用减压器应遵守下列规定：

1）不同气体的减压器严禁混用。

2）减压器出口接头与胶管应扎紧。

3）安装减压器前，应吹除污物，减压器不得沾有油脂。

4）减压器发生串流或漏气时，必须迅速关闭瓶气阀，卸下进行维修。

（13）使用焊炬和割炬应遵守下列规定：

1）使用前必须检查射吸情况；射吸不正常的，必须修理，正常后方可使用。

2）点火前，应检查连接处和气阀的严密性，不得漏气；使用时发现漏气的，应立即停止作业，修好后方可使用。

3）严禁在氧气阀门和乙炔阀门同时开启时用手或其他物体堵住焊嘴或割嘴。

4）焊嘴或割炬的气体通路上均不得沾有油脂。

5）焊嘴和割炬不得过分受热，温度过高时应停止作业，放入水中冷却。

5.4.1.21　电工安全操作规程

（1）作业人员必须经过专业安全技术培训，考试合格，持《特种作业操作证》方准上岗操作，非电工严禁进行电工作业。

（2）严禁酒后上岗操作。

（3）上班时间正确穿戴劳动防护用品，防止触电、烫伤事故的发生。

（4）线路停电检修必须严格执行工作票制度，禁止口头约时停送电。

（5）停电检修线路的电源开关手把上应挂"禁止合闸，有人工作"的标志牌，必要时加锁固定或设置监护人。

（6）停电线路经验电无误后方可挂接地线，接地线是停电检修最可靠的安全措施。

（7）工作中离带电设备较近时，按规定装设临时遮栏或护罩，临时遮栏和禁行通道上应悬挂"止步，高压危险！"标志牌。

（8）带电检修必须有专人监护，检修人员穿绝缘靴，使用有绝缘手柄的工具，严禁只穿背心或短裤带电工作。

（9）检修运转设备时，必须切断该设备电源，并挂"禁止合闸"标志牌。

（10）临时线路装设，应经环保安全部门同意并办理手续，使用时限不应超过3个月；临时用线应专人管理，用毕应断电或拆除；线路安装应按照规范执行，严禁乱拉乱接。

（11）更换和装卸熔断器，一般应切除电源进行；特殊情况不能切除电源时，应在没有负荷的情况下进行。对高压设备带电装、卸熔断器时，必须戴绝缘手套并尽量使用绝缘钳或绝缘棒，站在绝缘垫上操作；对低压设备带电装、卸熔断器时，要戴绝缘手套与防护眼镜。

（12）登高作业，必须落实安全措施，办理登高作业证。

（13）动火作业必须办理动火证，且周围易燃易爆物质要清除干净。在带电设备附近动火，火焰距带电部位10kV及以下的须大于1.5m；10kV以上的须大于3m；有条件时最好进行绝缘隔离。

（14）雨天和潮湿场地进行电焊作业，要采取防触电措施。

（15）数人作业或进入交叉作业现场必须戴安全帽，登高作业必须系安全带。

（16）检修用的临时电气设备，必须进行可靠接地。

（17）发生有人触电，立即切断电源，然后进行抢救。

（18）学会正确使用消防器材，不得错用。

5.4.1.22　精馏煤气点火作业安全操作规程

（1）精馏煤气点火前必须穿戴好个人劳动保护用品以及护目镜，携带 CO 检测仪。

（2）点燃煤气时，应先明火后给煤气。

（3）操作人应站在上风向，两人以上操作，防止中毒。

（4）扫煤气管道时应保持微正压并煤气着火。

（5）经常检查煤气管道及阀门，发现泄漏及时处理。

（6）已关煤气总闸门的升温管道，在升温使用前，应将管道内空气赶净，方可进行点火升温操作。

（7）进行煤气作业或煤气动火作业时，严格按照公司动火制度执行。

5.4.1.23　煤气发生炉开炉安全操作规程

（1）开炉前的准备与检查：

由煤气工段长组织分厂工艺技术员、设备管理员、安全员、当班班长和炉况操作工进行开炉前的安全检查，具体检查内容责任到人，并做好相关记录。

（2）炉上部检查内容：

1）加煤机各传动、固定部件是否齐全，安全装置是否可靠，润滑是否良好，并进行试车观察运转是否正常，负荷是否合适。

2）煤斗是否满煤和畅通。

3）各清理孔门是否上紧。

4）关闭炉出口阀门并确认是否关闭严密。

5）打开双联竖罐放散管并确认是否打开。

（3）炉膛检查内容：

1）三叉盘架、水套有无漏、渗水现象。

2）炉裙、风帽、加煤斜板是否完整或移位，风帽气孔是否畅通。

3）炉出口压力管及水封是否清扫。

4）炉出口管道及电偶套管是否清理干净。

（4）炉下部检查内容：

1）鼓风箱及水封是否清理干净，水封溢流是否正常。

2）除灰刀、大挡板是否完整牢固；水套排污阀及风管凝结水排出管是否良好畅通。

3）除灰机各零件是否齐全，配合是否良好；开动除灰机试车，检查运转是否正常，润滑是否良好，灰盘转动有无障碍物。

4）检查大压力珠是否有油；齿轮咬合是否良好，有无异常磨损。

5）风管道蝶形阀及逆止阀是否灵活牢固。

（5）以上条件确认无误后，由工段负责人下达点火指令，开始点火。如一次点火后熄灭，应送风排尽炉内油蒸气，待放散管不冒烟后，再进行第二次点火。

（6）集气罐压力达到 0.05MPa 时，将出口蒸汽阀门打开与总汽管道连通，同时调整水位。

（7）空层达到 2600mm 时（约在开炉后 6h）开动除灰机出灰，出灰量大小以使空层在 10h 达到 2300mm 为宜。

（8）待放散管烟气由灰黑色转为灰黄色时，取样分析煤气成分，达到含 O_2<0.8％，CO >18％时，可开始将煤气送入总道。操作时，一边解除竖罐水封，一边关闭最大阀。要注意观察和保持此炉出口压力与其他各炉平衡，送风压力必须大于出口压力。严禁在竖罐水封未解除前放下最大阀；同时通知精馏工段负责人和调整工，开始送煤气。

5.4.1.24　煤气发生炉停炉安全操作规程

接到停炉指令后，组织人员进行以下作业：

（1）停止加煤。

（2）将此发生炉与煤气总道切断。操作时，一边封竖罐水封，一边把竖罐最大阀打开，一边减小送风压力。根据压力情况打开双竖罐放散管进行调节压力。注意出口压力不得小于 200Pa，不大于炉底送风压力。待煤气完全切断（竖罐高水位溢流）后，关闭鼓风阀门。

（3）停止送风后，即开大炉底饱和汽，保持压力高于 300Pa。

（4）开出灰机连续出灰；待大挡板不排灰后，停除灰机，放尽灰盘水。

（5）待炉火熄灭（放散管口冒蒸汽）后，先打开第一联竖罐上部人孔，再打开炉门人孔。

（6）分析炉内煤气含 CO< 1％时开始清炉、检查。

（7）关闭集气罐与总汽管道联通阀门。

（8）停炉期间将各运转设备电源开关切断，并挂上警示牌。

（9）停炉后，竖罐高水位溢流管决不可停水。如进入炉膛或管道检修作业，必须携带便携式 CO 检测仪，并有专人监护。

5.4.1.25 煤气取样安全操作规程

（1）取样前劳动保护用品必须穿戴齐全，并携带 CO 检测仪。

（2）取样前必须检查球囊是否严密。

（3）煤气取样时，要站在上风向操作，使用便携式 CO 检测仪对取样口环境进行检测，确认含量不高，方可取样。

（4）取样完毕后取样管阀门要关严，使用便携式 CO 检测仪对取样口进行检测，确认煤气不外泄时，方可离开。

5.4.1.26 打钎作业安全操作规程

（1）打钎前劳动保护用品必须穿戴齐全，防护面罩必须放下。

（2）使用便携式 CO 检测仪对探火孔进行检测，确认煤气含量不高时，方可打开。

（3）打开探火孔时，要先通蒸汽，后打开探火孔，再插钎；人站在探火孔的上风向，禁止同时打开三个以上探火孔。

（4）处理炉内结块时，打钎钎子红了不准再打，防止钎子变形拔不出来。

（5）严禁打锤者戴手套；打锤者与扶钎者错开站立位置。

（6）拔出来的钎子必须放在专用的钎子槽，以免高温烫伤人。

（7）打钎结束时，使用便携式 CO 检测仪对探火孔进行检测，确认煤气不外泄时，方可离开。

5.4.1.27 装载机安全操作规程

（1）起步前，应先鸣笛示意，将铲斗提升离地 500mm，并测试制动器的可靠性。行驶过程中应避开路障或高压线等，除规定的操作人员外，不得搭乘其他人员，严禁铲斗载人。

（2）高速行驶时应采用前两轮驱动，低速铲装时应采用四轮驱动；行驶中应避免突然转向铲斗，装载后升起行驶时，不得急转弯或紧急制动。

（3）装料时，应根据物料的密度确定装载量。铲斗应从正面铲料，不得铲斗单边受力；卸料时，举臂翻转铲斗，应低速缓慢动作。

（4）在松散不平的场地作业时，应把铲臂放在浮动位置，使铲斗平稳地推进，当推进时阻力过大时，可稍稍提升铲臂；铲臂向上或向下动作到最大限度时，应速将操纵杆回到空挡位置。

（5）操纵手柄换向时，不应过急过猛；满载操作时，铲臂不得快速下降。

（6）不得将铲斗提升到最高位置运输物料，运载物料时宜保持铲臂下铰点离地面 500mm，并保持平稳行驶。

（7）铲装或挖掘时应避免铲斗偏载，不得在收斗或半收斗而未举臂时前进；铲斗装满后应举臂到距地面约 500mm 时再后退转向卸料。

（8）当铲装阻力较大出现轮胎打滑时，应立即停止铲装，排除过载后再铲装。

（9）在向自卸汽车装料时，宜降低铲斗及减小卸落高度，不得偏载超载和砸坏车箱。

（10）机械运行中，严禁接触转动部位和进行检修。在修理工作装置时，应使其降到最低位置，并应在悬空部分垫上方木；装载机转向架未锁闭时，严禁站在前后车架之间进行检修保养。

（11）在边坡壕沟凹坑卸料时，轮胎离边缘距离应大于 1.5m，铲斗不宜过于伸出；在大于 30°的坡面上不得前倾卸料。

（12）作业时内燃机水温不得超过 90℃，变矩器油温不得超过 110℃，当超过上述规定时，应停机降温。

（13）作业中遇到下列情况，应立即停止操作：

1）填挖区土体不稳定，有坍塌可能时。

2）气候突变，发生暴雨、雷电、水位暴涨及山洪暴发时。

（14）操作人员离开驾驶室时，必须将铲斗落地并关闭发动机。

（15）停车时，应使内燃机转速逐步降低，不得突然熄火，以防止液压油因惯性冲击而溢出油箱。

5.4.1.28 叉车安全操作规程

A 检查车辆

（1）日常监测即三检制，利用出车前、收车后和行驶中间的停歇时间检视车辆。

（2）叉车作业前后应检查外观，加注燃料、润滑油和冷却水。

（3）检查启动运转制动安全性能。

（4）检查灯光、喇叭信号是否齐全有效。

（5）叉车运转过程中应检查压力、温度是否正常。

B 起步

（1）起步前观察四周，确认无妨碍行车安全的障碍后，先鸣笛后起步。

（2）制动液压表必须达到安全指定数并系紧安全带后再行驶再起步。

（3）叉车在载物起步时，驾驶员应先确认所载货物是否平稳、可靠。

（4）起步必须缓步平稳。

C 行驶

（1）厂内驾驶叉车速度不得超过 5km/h，货叉底端距地高度应保持 300～

400mm，门架须后倾。

（2）进出作业现场或行驶途中，要注意上空有无障碍物；载物行驶时，货叉不准开得太高，以免影响叉车的稳定性；卸货后应先降落货叉至正常的行驶位置后再行驶。

（3）转弯或倒车时，必须先鸣笛。

（4）行驶叉车在下坡时严禁熄火滑行，严禁在斜坡上转向行驶。

（5）叉车在行驶时要遵守厂内交通规则，必须与其他车辆、物体保持安全距离。

（6）通过厂区内道路口时，应做到"一慢，二看，三通过"。

（7）载物高度不得遮挡驾驶员视线，特殊情况物品影响前行视线时，叉车必须倒行。

（8）倒车时，驾驶员必须先查明周围情况，确认安全后方准倒车；仓库、窄路等处倒车时，应有人站在车后驾驶员一侧指挥。

D 装卸作业

（1）叉车载物时，应调整两货叉间距，使两叉负荷均衡，不得偏斜，装物品的一面应贴靠挡物架。

（2）禁止单叉作业或用叉顶、拉物品或设备，严禁叉车超负荷作业。

（3）在进行物品的装卸过程中，必须用制动器制动叉车。

（4）叉车装卸作业时，禁止人员停留在货叉周围，必须在作业区域设置禁戒线。

（5）禁止用货车或托盘举升人员从事高处作业，以免发生高空坠落事故。

（6）叉车装卸物品时，必须将物品平稳放到地面或其他合适位置，严禁长时间用货叉叉物品停留在高处。

（7）严禁在货叉下面进行检修或长时间停留作业。

E 停车及注意事项

（1）离开叉车前必须卸下货物或降下货叉架，禁止货叉架上货物悬空时离开叉车。

（2）停车时必须拉紧制动手柄。

（3）观察发动机是否熄火、断电，并及时拔除叉车钥匙。

（4）低温季节（在0℃下）应放尽冷却水；当气温低于-15℃，应拆下蓄电池并搬入室内，以免冻裂。

（5）将叉车冲洗擦拭干净，进行日常例行保养后，停放仓库或指定地点。

5.4.1.29 液压升降机安全操作规程

（1）升降机必须专人使用、维护，持证上岗。

（2）升降机机房内不得潮湿，禁止烟火和堆放杂物。

（3）升降机禁止超载。所运货物应安放均衡，不能过于偏心和靠近笼门，且要采取相应的防动措施，防止货物在运动中滑动。

（4）升降机严禁吊运超长物件和易燃、易爆等危险物品。

（5）进入升降机吊笼，严禁在内跳跃。

（6）禁止非法维护（禁止短接各线路、开关，手动掀按接触器和开启层门）。

（7）层门与笼门开关都要到位（不要用力过猛）；否则，门锁和平层安全装置将不起作用。

（8）在使用过程中，如发现异常声音或不良现象时，应立即停止使用，查明原因并排除故障，严禁带故障运行。

（9）在维修过程中，如需手动开启层门时，应注意确定吊笼位置，以防坠入井道。

（10）升降机在适用过程中不得任意改变运行方向，不得忽开忽停。

（11）升降机停用后，必须将吊笼降落到最底层基地，拉断电源。

5.4.1.30　空压机安全操作规程

（1）开机前检查机器各部分是否处于正常状态，紧固件有无松动等。

（2）检查皮带（正常状态必须为两根皮带工作）的松紧是否适当，曲轴箱内润滑油的油位是否在油窗红圈范围内。

（3）用手转动空压机风扇2~3转，检查有无障碍感或异常响声。

（4）打开储气罐上的输气阀门，使其处于全开状态，按下启动按钮，机器在无负荷状态下启动，启动后约3min，若无异常现象，将输气阀门慢慢关闭，使气罐内压力逐渐升高。

（5）机器运行过程中，应经常查看机器的运行情况（如震动、声响、温度等）是否正常，有无漏油、漏气、螺栓松动等现象，发现问题及时处理。注意：一定要先卸去压力，停机后再修理，严禁带压操作。

5.4.1.31　铸锭机安全操作规程

（1）铸锭前准备。

1）每班工作前应对各润滑部位的润滑情况及减速箱润滑油进行检查。如润滑情况不好，应及时加注润滑油（脂）。

2）每班铸锭前应检查各联接部位紧固情况。如有松动，及时加以紧固。

3）铸锭模和铸铁板的摆放要整齐，且链条传动部分上方要用铸铁板遮挡好，防止异物落下卡死链条。

4）检查地面轨道是否有障碍物，若有应及时清理。

5）铸锭前仔细检查电源线、插座、开关和锌模是否干燥无水，如锌模潮湿必须用煤气火烘干后才能开机。

（2）铸锭过程中如遇轴承损坏，减速箱有异声等故障隐患时，立即停止铸锭进行处理。

（3）铸锭结束后。

1）铸锭结束后，必须拉下空气开关切断电源。

2）清除轨道、转动链条上的卡滞物。

3）减速箱润滑油每年更换一次，小车轮轴承每季度保养一次并更新润滑脂。

5.4.2 技术操作规程

5.4.2.1 煤气发生炉工序技术操作规程

A 主要技术条件及指标

（1）煤单耗（标态）：417kg/1000m^3。

（2）电耗：30kW·h/kg煤。

（3）空气单耗（标态）：2.25m^3/kg煤。

（4）蒸汽单耗：0.6kg/kg煤。

（5）竖罐出口温度：80~90℃。

（6）电捕绝缘箱温度：≥100℃（根据煤气入口温度来定）。

（7）站出煤气温度：≤45℃。

（8）加压机入口总道煤气压力：0~100Pa。

（9）站出煤气压力（根据用户需要恒定再给定指标）。

（10）集气罐蒸汽压力：≤0.07MPa。

B 气化用煤及煤气质量标准

（1）气化用煤标准：

1）煤种：长焰煤、弱黏煤或不黏煤（无烟煤或烟煤）。

2）粒度：25~75mm中块。

3）水分：<5%。

4）灰分：<12%。

5）固定碳：≥55%。

6）挥发分：30%~40%。

7）灰熔点：（T_2）≥1250℃。

8）焦渣特征：≤2。

9）热稳定性：>60%。

10）机械强度>60%。

11）含硫≤1%。

12）含矸率≤2%。

13）低位发热量≥6000大卡/kg煤。

（2）煤气质量标准。

煤气成分（炉前分析）：

1）CO 26%~28%。

2）CO_2≤5%。

3）O_2≤0.8%。

4）灰渣含碳量 $C_渣$≤20%。

煤气发生站工艺流程见图5-22。

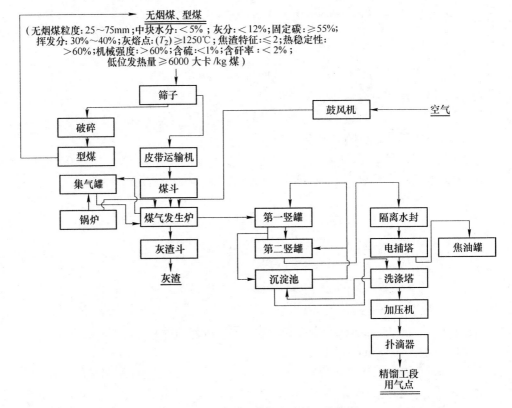

图5-22　精炼分厂煤气发生站工艺流程

C　基本操作

（1）按开停炉操作规程进行开停炉。

（2）根据生产需要，征求操作者意见，及时制备合格的生产工具。

（3）加强劳保用品的管理，制订好计划，达到合理使用。

（4）加强润滑油的管理，保证油质，做到不浪费。

（5）保管好所使用的工具，用完入库，防止丢失。

（6）配合检修人员做好现场检修工作，分工协作，完成检修任务。

D　开炉操作规程

（1）开炉前的准备与检查。

1）工具和材料的准备：

①炉前操作用的工具。

②封人孔、手孔用的各种螺丝杆、帽、垫、石棉绳等。

③小于 100mm×2000mm 的干木柴 1200kg 左右，引柴 20kg 左右，洗油 30kg，破布 5kg。

④36V 低压灯、线两组。

2）通知仪表工配齐并校正温度、压力、计量、自控等仪表，通知电工检查动力，照明设备。

（2）炉上部检查内容。

1）加煤机各传动、固定部件是否齐全，安全装置是否可靠，润滑是否良好，并进行试车观察运转是否正常，负荷是否合适。

2）煤斗是否满煤和畅通。

3）各清理孔门是否上紧。

（3）炉膛检查内容。

1）搅拌耙、三叉盘架、水套有无漏、渗水现象。

2）炉裙、风帽、加煤斜板是否完整或移位，风帽气孔是否畅通。

3）炉出口压力管及水封是否清扫。

4）炉出口管道及电偶套管是否清理干净。

（4）炉下部检查内容。

1）鼓风箱及水封是否清理干净，水封溢流是否正常。

2）除灰刀、大挡板是否完整牢固；水套排污阀及风管凝结水排出管是否良好畅通。

3）除灰机各零件是否齐全，配合是否良好；开动除灰机试车，检查运转是否正常，润滑是否良好；灰盘转动有无障碍物；电机电流、温度是否正常。

4）检查大压力珠是否有油；齿轮咬合是否良好，有无异常磨损。

5）风管道蝶形阀及逆止阀是否灵活牢固。

6）烧钎子测火层厚度，当火层厚度大于 100mm 时，开始校对饱和汽。

7）集气罐压力达到 0.05MPa 时，将出口蒸汽阀门打开与总汽管道连通，同时调整水位。

8）空层达到 2600mm 时（约在开炉后 6h）开动除灰机出灰，出灰量大小以使空层在 10h 达到 2300mm 为宜。

9）待放散管烟气由灰黑色转为灰黄色（开炉后约 4h），取样分析煤气成分，达到含 O_2<0.8%，CO>18% 时，可开始将煤气送入总道。操作时，一边解除竖罐水封，一边关最大阀。要注意观察和保持此炉出口压力与其他各炉平衡，送风压力必须大于出口压力。严禁在竖罐水封未解除前放下最大阀。

10）根据炉内层次情况调节各项操作指标达到正常，但应注意饱和汽温度应保持比正常指标稍高，以免产生结块现象。

11）如一次点火后熄灭，应送风排尽炉内油蒸汽，待放散管不冒烟后，再进行第二次点火。

E　正常操作

（1）每小时至少检测一次空层。如空层浅，适当增加出灰量；如空层深，适当减少出灰量，增加燃料层高度。

（2）每小时相对交叉测一次层次（即 1、3、5、7 号眼一次，2、4、6、8 号眼一次），每孔插钎子两根。一根直插，一根插到二层风帽。斜插钎子的红色以下为二内灰层，红色以上减掉空层和斜度 200mm 为煤层，红色部分为火层。直插钎子的长度为 4200mm，其红色以下为边眼灰层。

（3）对集气罐水位、气压每小时至少检测两次，保证水位和汽压在规定的指标内。防止出现水干、水满及超压现象，并做好记录。

（4）煤气质量下降时要及时查明原因，调整饱和汽。如炉内冒火、结块，要及时扎钎打块，火层不均，向火层高的部位插钎；灰层不均，向灰层厚处插钎。

（5）每小时检查一次风管道凝结水排除情况、炉底水封及最大阀水封的反水情况，如有堵塞，及时扎通。

（6）每班要对炉出口管道进行扫除两次以上，以保证出口压力在正常指标内。

（7）经常检查耙子返水量，如耙子返水量过小，要检查耙子是否漏水，分析含氧量是否大于 0.8%，如含氧大于 0.8% 时，电扑停止送电，待含氧量小于 0.8% 再恢复电扑送电。

（8）调节双竖罐喷水量，以保证竖罐温度达到指标。

（9）控制炉出口温度（500±60）℃。如温度过高，应对炉内冒火处及时扎紧打块；如不是冒火，则检查下煤口是否堵塞，煤斗是否无煤。

（10）接班后，及时对设备进行检查加油，保证设备润滑运行正常。发现问题及时通知班长，并做好记录。

（11）调整饱和汽时，要小调整，勤观察效果，调整波动范围不超过 ±2℃。

（12）常见故障和异常情况的原因及处理见表5-8。

表5-8　煤气常见故障和异常情况的原因及处理

序　号	现　象	原　因	处理方法
1	炉内汽化过冷现象： ①煤层表面呈黑色 ②插钎子轻松易入无火层。钎子上有水滴、焦油 ③炉出口温度低	①加煤偏多，总层偏高，火层下移 ②饱和温度过高 ③鼓风量小 ④炉内漏水	①酌情少加煤，少出灰 ②缓慢减少饱和汽，提高炉温，但应注意处理结块 ③处理漏水
2	汽化过程过热： ①炉出口温度偏高 ②烧钎见火层部分为黄色，火层上移，灰层厚 ③煤气中CO_2增高	①调整加煤量或饱和温度不及时 ②饱和温度过低 ③炉内有结块，冒火	①加强操作，稳定层次 ②提高饱和温度增加出灰量 ③全面扎钎，打块
3	炉内层次偏斜： ①灰层和火层由一边倾斜到另一边 ②炉内一边冒火一边发暗	①下煤，出灰不均匀 ②总层阻力不同，空气分布不匀	①用钎子清扫斜板 ②冒火处用钎子扎紧 ③空层深多加煤，少转灰 ④对灰层高处打钎通炉
4	炉内冒火与结块煤层表面呈红亮，煤气燃烧，CO_2增高	①燃料层不均匀 ②煤的灰熔点低、灰分多 ③煤粒度不匀	①用长钎在冒火处穿插 ②调整饱和温度，灰层高时打块转灰 ③调整下煤量
5	中间灰层过高，边眼过冷	操作不当，设备有缺陷	①将中间灰层扎紧，适当增加灰盘转数 ②将边眼过多的煤拨至中间，使煤层增厚 ③适当撤汽和增风
6	边眼灰层过高，中间过冷	操作不当，设备有缺陷	①将边眼灰层扎紧 ②中间过多的煤拨至边眼，使煤层增厚 ③控制出灰量，适当减风增汽

序 号	现　　象	原　　因	处 理 方 法
7	煤气含氧超过规定	①有风洞 ②空层过深 ③炉内漏水	①将风洞堵死 ②增加煤量、风量、调整饱和汽 ③处理漏水
8	风压增大而出口压力不增	①炉内有结块, 灰层过紧 ②风帽堵塞或烧坏, 使灰渣落进风筒	①打块转灰, 调整饱和汽 ②停炉处理, 也可以扒出风筒内灰渣维持生产
10	加煤机负荷过重, 销子常断	①下煤口堵, 有障碍物 ②空层浅, 耙子负荷重 ③电减螺丝松动	①扫除下煤口, 取出障碍物 ②少加煤、多转灰, 扎钎子 ③拧紧螺丝
11	炉底和炉内压力同时增高, 加压机呈负压	①炉出口堵塞或竖罐进口堵死 ②洗涤塔内堵塞	①清扫炉出口和双竖罐进口 ②封闭隔离水封和关洗涤塔闸门清理洗涤塔, 降低炉处理量
12	炉出口压力突然升高, 最大阀水封被突破	双竖罐水封及排水管堵塞煤气被水封切断	清除水封内煤泥, 疏通排水管调最大阀
13	卡辊: 加煤拉杆销子总断, 正反转都断	加煤辊内有铁器木头等杂物	插耗煤斗插板, 放出辊内存煤, 取出杂物
14	风帽炸坏或脱落, 炉底压大, 压力小, 加煤量减小	火层下降, 灰盘水满	①打块转灰, 调整饱和汽 ②停炉处理, 也可以扒出风筒内灰渣维持生产
15	三角支架漏水: 烧钎温度低; 灰盘水增多; 煤气含 O_2 增高	检修质量差	将耙子水接到外边维持生产后检修
16	搅拌耙漏水: 耙子反水量小; 烧钎子温度低; 灰盘水增多; 煤气含 O_2 增高	检修质量差	少给水、多送汽; 耙子水封另接水管加水, 易于检修
17	炉底风箱水封鼓开, 风压突然减少; 水封跑热风; 炉出口温度下降	①水封未给水溢流 ②操作不当突然大增风	①将风压减到 800Pa, 给水灌水封 ②调风时不要突然增大

序 号	现 象	原 因	处理方法
18	水套漏水；集气罐水位下降快；灰盘水增多；烧钎边眼温度低	检修质量差	集气罐勤上水维持生产，易于后期停炉检修
19	竖罐停水；炉出口压力和竖罐温度突然升高	循环水断水	开工业水阀门给水检修循环水设备
20	集气罐水干、水满、气压升高	见集气罐规程	见集气罐规程

F 停炉

（1）停止加煤机加煤。

（2）将此发生炉与煤气总道切断。操作时，一边封竖罐水封，一边把竖罐最大阀打开，一边减小送风压力。注意出口压力不得小于 200Pa，不大于炉底送风压力。待煤气完全切断（竖罐高水位溢流）后，关闭鼓风阀门。

（3）竖罐高水位溢流水必须小于管径的 1/3，并保证溢流水始终不断，以免水或煤气逸入炉内，可用竖罐喷水嘴或排水阀门调节水量大小。

（4）停止送风后，即开大炉底饱和汽，保持压力大于 300Pa。

（5）开出灰机连续出灰。待大挡板不排灰后，停除灰机，放尽灰盘水。

（6）待炉火熄灭（放散管口冒蒸汽）后，先打开第一联竖罐上部人孔，再打开炉门人孔。

（7）分析炉内煤气含 CO< 1%时开始清炉、检查。

（8）关闭集气罐与总汽管道联通阀门。

（9）停炉期间将各运转设备电源开关切断，并挂上警示牌。

（10）停炉后，竖罐高水位溢流管决不可停水。如进入炉膛或管道检修作业，除有专人监护看管溢流水外，还应采取措施可靠地切断煤气来源，以免窜进煤气引起爆炸或中毒。

5.4.2.2 煤气工段炉况出灰工序技术操作规程

（1）按时出灰。根据下灰快慢和拉灰情况，及时与炉况工取得联系。

（2）严格控制灰盘水位，做到勤检查、勤调整，使水位保持在炉裙法兰下 100~150mm。

（3）在正常生产时，清理门可见水位应保持在门下 30~60mm，如水位过高，说明排渣不畅通，应打开管上部的高压水阀门进行清扫，如仍不见效，应检查室外排渣管水封是否堵塞，应及时另接高压水管进行扫除，如水位过低，应调整上部喷水阀门或排水阀门。

（4）在封闭双竖罐水封时，高水位溢流管管口的水量要保持管径的 1/3。过大则水位上升，容易造成水倒流入炉内引起爆炸事故；过小或断水，又容易使水封失效。因此，必须经常进行检查调整。

（5）及时与炉况工和检修人员取得联系，做到既不影响正常出灰，又不影响检修进度。

5.4.2.3　煤气工段鼓风机、加压机工序技术操作规程

A　鼓风机及加压机倒换车操作程序

（1）鼓风机换车：

1）检查备用鼓风机入口蝶阀是否关闭。

2）将备用鼓风机入口蝶阀关闭后，打开鼓风机出口阀门。

3）打开风机油箱冷却水阀门供水。

4）盘车两周后扣好对轮罩。

5）找电工送电（并测电机电阻）。

6）按起车电钮启车。

7）待鼓风机启稳后，开始进行换车操作，渐开新启动鼓风机入口蝶阀，同时渐关预停鼓风机入口蝶阀；以加压机入口压力不出现波动为原则，保证原有供气状态，直至预停鼓风机入口蝶阀完全关闭。

8）按停车电钮将预停鼓风机停止运行，关闭鼓风机出口阀门，拉下电源开关。

9）关闭鼓风机油箱冷却水。

（2）加压机换车：

1）检查备用加压机油标观察其油量是否充足；检查对轮罩是否齐全牢固。

2）打开加压机墙外入口阀门放出积水。

3）关闭入口蝶阀，打开冷却水阀门。

4）将机壳蒸汽吹扫阀门关闭，同时打开加压机出口阀门，用煤气置换放散 3min 将机壳放散管关闭。

5）盘车两周，找电工测电阻送电。

6）按起车电钮启车。

7）待加压机启稳后，开始进行换车操作；渐开新启动加压机入口蝶阀，同时渐关预停加压机入口蝶阀；以加压机入口压力不出现波动为原则，保证原有供气状态，直至预停加压机入口蝶阀完全关闭。

8）按停车电钮将预停鼓风机停止运行，关闭鼓风机出口阀门，拉下电源开关。

9）关闭鼓风机油箱冷却水。

B　鼓风机、加压机岗位停电操作规程

（1）当所有电器设备突然停止运转，照明灯熄灭，压力显示下降回落时，立即按下述程序操作：

1）立即通知用户及炉况岗位。

2）关闭加压机入口阀门（手动阀门也要关闭）。

3）做好原始记录。

4）待命。

（2）来电时操作：

1）来电时立即关闭鼓风机入口蝶阀，确认风机内没有残留煤气存在后，根据班长指令立即不带负荷启动鼓风机（原来开哪台还开哪台）。

2）风机启稳后保持送风总道压力1200Pa，由班长指令炉况工立即同时打开各送风阀门往炉内送风。

3）调整总道送风压力，使加压机入口压力恢复到200Pa时，班长组织不带负荷启动加压机（原来开哪台还开哪台）。

4）与用户联系端点放散外送煤气，调整外送煤气压力稳定在800~900Pa。

5）用户端点放散煤气含氧合格（小于0.8%）开始点火全部使用后，调整外供煤气压力到正常指标，通知炉况工逐渐关放散管，阀门根据加压机入口压力直至全部关闭。

注：若30min仍不来电，班长指挥发生炉与管网隔离。来电风机启动往炉内送风，发生炉炉况恢复正常煤气分析合格才能并网。

5.4.2.4　煤气工段水泵工序技术操作规程

循环水泵开、停、换车（倒泵）程序如下：

（1）水泵开车。

1）盘车两周扣好对轮罩，找电工测电机电阻并送电。

2）关闭水泵出口阀门，打开水泵入口阀门。

3）打开泵壳排气阀门排出空气，见水后关闭。

4）按电钮启动水泵，启稳后调整水泵出口阀门供水。

（2）水泵停车。

1）关闭水泵出口阀门。

2）按电钮停车，然后关闭水泵入口阀门。

3）按下电源开关。

（3）水泵换车（倒泵）。

1）按开泵程序启动备用泵。

2）开新启动泵的出口阀门，同时关闭预停泵的出口阀门。

3）当预停泵出口阀门关闭后，按其停车按钮将泵停止运行，关闭泵入口阀门。

4）拉下此泵电源开关。

5.4.2.5　煤气工段锅炉工序技术操作规程

A　原则流程

煤气工段锅炉是以煤作为燃料的层燃炉。人工把原煤放入煤斗中，煤斗中的煤可以直接落在缓缓向前移动的链条炉排上，经煤闸门入燃烧室，一次风由炉排下的风室供给，煤燃烧后的烟气经后烟管→前烟管→省煤器→旋风除尘器→引风机抽入烟囱排入大气。经过水处理过软水→软水箱→软水泵省煤器入口→省煤器出口→锅筒。在下降管及水冷壁等受热面内形成回路，吸收煤燃烧放出的热量后，变成蒸汽，由锅筒引入分汽缸，供给用户。

B　锅炉点火操作步骤

（1）向锅炉进水到汽包低水位线，炉排、风机试转正常，检查工作完毕后，方可进行点火操作。

（2）放下向月牙门，开动炉排铺煤，当煤运到煤闸门1~1.5m左右时，可停止炉排转动。

（3）在煤层上方铺木柴及引燃物（棉纱、废油），应尽量少用爆燃引火物点火。

（4）用长杆火把从炉门两侧前看火孔处点火，点火后适当增加煤层厚度，将火床移至炉膛中部（后拱前端）燃烧。

（5）根据煤层引燃情况，炉膛温度应缓慢升温，当煤层燃烧旺盛后可关闭点火门。启动引风机，再启动送风机，向煤斗内加煤，间断开动炉排，并在右侧拨火孔处观察着火情况，适当进行拨火，待前拱燃热，煤能连续着火后调节鼓风机、引风机风量，炉膛负压维持在2~3mm水柱使燃烧逐渐正常。

（6）当燃烧正常后，要随时注意水位，因为加热后水位线会上升，当超过最高水位线时，可以进行排污。

（7）当开启的一只安全阀冒出蒸汽时，即应关闭安全阀，并冲洗压力表存水弯管和水位表。

C　供气

当锅内气压接近压力表时，进行暖管操作，同时将管道上的疏水阀打开，疏出冷凝水，暖管时间根据管道长度、直径、蒸汽温度等情况决定，一般不少于10min，暖管要缓慢，不能全开蒸汽母管，避免蒸汽产生水击，待暖管成功后向用户供气，锅炉供气后应检查附属设备、阀门、仪表有无泄漏情况。

D 正常运行

（1）锅炉内水位正常，蒸汽压力稳定，保持锅炉房的整齐，做好交接班工作。

（2）加强对各机械设备仪表的监视，确保安全可靠，防止事故发生，监视各转动设备的电流、轴承温度，及时调整风煤配比，使锅炉保持良好的运行状态。

（3）加强水质监督检查，保证安全经济运行。

（4）锅炉给水硬度不大于 0.04mm 当量/L。

（5）锅炉水位应保持在 ±30mm 的范围内，不得高于最高或低于最低水位。

（6）每班必须做一次定期工作。

E 正常操作

（1）炉膛内正常的燃烧工况应是火床平整，火焰密而均匀，呈亮黄色，没有穿冷风的火口，燃尽段整齐一致，从烟囱冒出的烟呈浅灰色，炉膛负压保持在 2~3mm 水柱。

（2）必须不间断地根据用汽情况调整锅炉负荷和调整燃烧室的运行，保证锅炉气压的稳定，用汽部门应与锅炉房加强联系，用汽量有变化时，最好能提前半小时通知锅炉房。当锅炉负荷增加时，先增加引风再增加送风，然后加快炉排速度，必要时可增加煤层厚度。当锅炉负荷减少时，先减慢炉排速度，然后减少送风，再减少引风，必要时可以减薄煤层厚度。

增减鼓引风量主要是通过开大或关小鼓引风调节门来达到，调节完毕应保持炉膛负 2~3mm 水柱。

（3）DZL 型锅炉宜烧中质烟煤，低位发热量为 4500 大卡/kg，挥发分大于 20%。煤粒度要求如下：0~3mm ＜ 30%，0~6mm ＜ 60%，最大粒小于 30mm。切忌铁器入锅，卡住炉排。

（4）燃料层厚度及炉排速度与燃料性质及炉膛热负荷有关。大部分燃料在正常运行下，其燃料层厚度不应超过 160mm，一般对烟煤采用薄煤层快速燃烧，煤层厚度建议为 80~120mm。雨天煤湿时宜采用厚度煤层慢速度燃烧。炉排调速是通过变速电机变速来实现的，可根据锅炉的燃烧情况来调节速度。

（5）煤层厚度一般调整后不宜多动，只有当煤种更换或锅炉负荷剧烈变动时才改变煤层厚度。

（6）煤斗内部不能缺煤，随时消除煤斗内架空（煤挤住在煤斗内，不往下落到炉排上）的现象。

（7）燃料的水分越高，着火准备时间就长，对于高挥发分的燃料（烟煤）为了防止在煤闸门下面燃烧，煤在吊入煤斗前应打堆浇水，浇水要均匀，浇水多少应保证着火理想和煤不会在煤斗内架空，一般以手捏能结成松团最适宜，含水量在 10% ~ 12% 之间。

（8）燃层应在炉排尾部老鹰铁前 0.5m 左右处燃烧完毕，灰渣呈暗色，在尾部应保持一定厚度的渣层，防止炉排直接暴露在火光之下，应经常注意，如发现红火（包括暗红未烧完的炭）堆积到老鹰铁上时，应即发火（把红火向前推），让其充分燃烧尽。

（9）发现结焦时要打焦，发现大块结焦应及时打碎并应调换煤种，若前拱下两侧墙结焦，应开启点火门，进行打焦。

（10）当火床上呈现火口或燃层高低不平时，应耙平，消除火口，保证火床平整。

（11）应该避免长时间的压火，因为长时间的压火炉排和炉排两侧板不能得到足够的冷却，可能会带来下列弊病：

1）炉排容易过热而可能损坏。

2）炉排两侧板过热而发生弯曲，炉排长销与其卡住。

3）炉排长销发生弯曲。短时间压火应使煤层离开煤闸门 100mm，防止烧坏煤闸门（短时间指 1 ~ 2h）。

（12）运行时，应注意锅炉各部分有无特殊的响声，如有应立即检查，必要时停炉检查。炉排如有卡住会发生转动装置负荷超载，解除故障后方可继续运行。

（13）炉排卡住可能由下列原因引起：

1）炉排左右两边调节螺母松紧相差很多，致使炉排严重跑偏。

2）炉排在链轮处拱起与侧密封角钢卡住。

3）由于铁的物件、炉排片的碎块、沉头螺钉松脱把炉排片卡住。

4）大块结焦而增加的阻力。

（14）炉排片之间的松紧度：

1）一般串好后左右两方各有间隙总和约 10mm，过紧会造成炉排拱起，容易卡住；过松漏煤屑多亦不好。对于已装好的炉排可在冷态下收紧调节螺母，使炉排不会在链轮处拱起。如仍有拱起现象，可沿纵向抽调一列炉排或将两侧边链轮适当向外移，然后再收紧调节螺母，其收紧程度以不起拱为止，不易过紧，在热态运行时如有拱起现象，仍可收紧调节螺母，张紧链条炉排，以消除拱起为止。收紧和放松时左右侧距离必须相等，使松紧一致，消除跑偏。

2）炉排调风门一般情况下首尾风门全关。只有在升火和燃料着火困难的情况下，才可适当打开首风门；当发生满膛火，焦炭在老鹰铁处还未燃尽时，才打开尾风门。

3）炉排前后轴的润滑油杯应每周检查一次，并加满牛润滑油，每班需转动一圈时，轴承注入润滑油。

4）落灰斗里的碎屑可收回，和煤搅拌后继续燃烧。

5）燃烧多灰分的燃料时，出渣器应连续开动出渣，并保持出渣器的水位，防止高温煤渣影响出渣器变形，同时起水封作用，防止冷风漏入炉膛。

6）如遇铁器、煤渣等把出渣器卡住，（此时安全离合器发生跳动）应立即关掉电动机，并手动使出渣器倒顺反转，机动后再开电动机。如此法无效应临时停炉排，立即打开落渣斗上的检查孔，检查处理故障。

F　停炉

锅炉停炉一般分为四种情况：

（1）遇到炉排卡住或炉排片断裂时，为了迅速解除故障，应进行临时故障停炉（亦称短时间压火）。

（2）遇到休假或其他情况短期内不用蒸汽时，应暂时停炉。

（3）为了清洁、检查或修理；须将锅水放出时，应完全停炉。

（4）遇到特殊情况，为了安全可靠起见，必须紧急停炉。

上述四种停炉由于情况不同，要求亦不同，具体步骤分别说明如下：

（1）临时故障停炉，先关鼓风机，微开引风机，清除煤闸门下面的煤，防止烧坏煤闸门，迅速处理有关故障，如在1~2h内还无法解除故障时，应根据暂时停炉情况，继续解除故障。

（2）暂时停炉：

暂时停炉是有计划进行的。停炉时除应注意安全和妥善维护设备外，还需要做到节煤节水，具体步骤如下：

1）停炉前根据用汽情况，可提前20~30min停止供煤，炉排速度改为最慢，打开点火门，等炉排的煤离开煤闸门200~300mm时，停止炉排转动，将煤闸门放下，防止大量冷风进入；适当关小鼓引风机，让煤烧尽，最后停止鼓风机。

2）锅炉冷却后水位要降低，因此停炉时水位宜高于烟气调节门。

（3）正常停炉：

正常停炉应该是有计划的，一般运行1~3个月应停炉一次，停炉时注意安全和维护设备。按照暂时停炉步骤停炉后，待锅炉内水慢慢冷却到70℃以下，才可以把锅炉内水放出。这时先将安全阀抬起，让锅筒内部与大气相通，如需缩短冷却时间，亦可通过给水管进入冷水，同时通过排污管道放出热水，但水位不得低于正常水位。水放出后开启人孔手孔，用清水冲洗水污。

（4）紧急停炉：

锅炉运行中遇到下列情况之一时，应采取紧急停炉，并通知有关部门。

1）如果在水位表玻璃板里看不到水位，应紧急停炉，禁止采用"叫水"。

2）不断加大向锅炉给水及采取其他措施，但水位继续下降。

3）给水设备全部失效：所有水位表、压力表、安全阀，其中有一种全部失效。

4）锅炉的主要零件上（汽包、集箱）发现裂纹或者主汽管、水冷壁管发生爆炸。

5）炉墙严重损坏，严重威胁锅炉运行；紧急停炉应着重防止事故扩大，具体步骤如下：

①先停止鼓风，后停止引风。

②将煤闸门放到最低点，迅速铲出煤斗内的存煤，并打开点火门，清除炉排上部堆积的煤。

③以最快速度使炉排转动，把炉膛内的炉渣及煤通过出灰门全部清除掉，（未烧尽的煤可以回用）最后停止炉排转动。

G　烘炉和煮炉前的准备

在烘炉和煮炉前，必须详细检查锅炉的各零部件，检查项目如下：

（1）链条炉排冷态试车 48h 以上，冷态试车应达到下列要求：

1）炉排片在链条轴处应平稳转弯，如发现拱起，可拧紧两只拉紧螺栓。

2）两侧主动炉排片，与侧密封块和侧密封角钢的最小间隙不小于 4mm。

3）主动炉排片与链轮的啮合良好。

4）炉排长销两端与炉排两侧板的距离在链轮轴处应保持相等，若发现一端与侧板发生摩擦，可在长腰孔处用锤头击之，使两端距离保持相等，炉排片无严重的单边倾斜。

5）炉排片转动无卡住现象。

（2）炉排检查是否断裂，炉排长销有否严重弯曲，如有，可在穿炉排长腰孔处随时进行抽出校直、重装。

（3）不允许不相干的机件（螺栓、螺帽、铁钉等铁器）失落在链条炉排的任何地方。

（4）点火门开启灵活，煤闸门升降方便，煤闸门左右侧与炉排距离要相同，以保证炉膛两侧煤层厚度相等。如距离不等可用减小链节的方法使之相等，煤闸门上的盖板应严密覆盖好，以防煤块漏入卡住煤闸门上下活动。

（5）炉排各风室的调风门和烟道调节门开关灵活。

（6）老鹰铁活动容易，老鹰铁与炉排接触处无卡住等弊病。

（7）鼓风机、引风机、给水设备试运转要正常。

（8）检查人孔、手孔是否严密，附属零件装置是否齐全。

（9）检查炉墙是否正常，前后烟筒是否严密。

（10）检查蒸汽管路、给水管路、排污管路是否齐全完整。

（11）检查烟气通道是否畅通。

（12）检查所有轴承箱及油杯内是否充满润滑油。

H 烘炉和煮炉

锅炉各零部件安装完毕经检查试运转后，确认各部件有安全启动的条件，即可烘烤和煮炉。

（1）新锅炉在使用前应进行烘炉，其目的在于使锅炉砖墙能很好地缓慢地干燥起来，在使用时不致损裂。煮炉主要目的为清除锅炉内部的杂质和油污，煮炉时锅内需加入适当的药品，使炉水成为碱性炉水，去掉油垢等物。

（2）煮炉可采用纯碱（Na_2CO_3）或磷酸三钠（$Na_3PO_4 \cdot 12H_2O$）等药品，其用量以锅炉容积每立方米记，前者为5kg，后者为3kg。DZL4-1.25型锅炉用纯碱46kg或磷酸三钠（纯度100%）28kg。煮炉所用上述药物应配制成浓度为20%的均匀溶液，不得将固体药品直接加入锅炉。

（3）关闭全部人孔、手孔、煮蒸汽阀以及水位表泄水考克，打开上部人孔，把配好的药物溶液一次倒入锅筒内，然后关闭人孔，开启一只安全阀，让锅筒内空气和蒸汽有由内向外排出的通道。

（4）将已处理的水注入锅炉内，进水温度一般不高于40℃，让锅内水位升至水位表2/3处，关闭给水阀门，待锅内水位稳定后，观察水位有否降低，并检查锅炉的人孔盖、手孔盖、法兰结合面及排污阀等是否有漏水现象，如有漏水应拧紧螺栓。

（5）开启点火门，在炉排前段1~1.5m长的范围内铺一层20~30mm厚的煤渣，在煤渣上用木柴（严禁用带铁钉的木板）油棉纱头或其他引燃物引火燃烧。

（6）柴火要逐渐增强，避免骤然加热。先用木柴烘炉12h，在此时间内打开烟气调节门采用自然通风，锅内应经常保持不起压力，如压力升高到1atm以上，应即将安全阀开大放汽；水位下降应立即进水。

（7）在用木柴烘炉12h之后，可接着加煤燃烧，此时应关小烟气调节门和鼓风调节门，间断地开动引风机和鼓风机进行机械通风。

（8）锅炉压力逐渐升高4atm维持约12h，然后停止燃烧让压力逐渐降低至一个表大气压以下。水温低于70℃后，开启排污阀，将炉水全部放出。

（9）待锅炉冷却后，开启人孔、手孔，用清水冲洗锅筒内部，并进行检查，如发现仍有油垢，应按上述办法（用木柴点火，升火时间不少于3h）再行煮锅，直至锅筒内部没有油垢为止。

I 排污

一般给水内或多或少含有矿物质，给水进入锅炉汽化后，矿物质留在锅内，浓缩到一定程度后，就在锅炉内沉淀下来。蒸发量越大，沉淀物就越多。为了防止由于水垢、水渣引起锅炉损坏，必须保证炉水质量，炉水总碱度应不超过12.5mm当量/L，pH值10~12，溶解固形物小于3500mm/L，超过上述范围时，应对炉水进行排污。一般用户在化验条件尚未完备时，可根据具体情况定期进行排污，例如每天一次或每班一次等。

排污时应注意下列事项：

（1）如两台或两台以上锅炉使用同一排污总管，而排污管上又无逆止闸门，排污时应注意：

1）禁止两台锅炉同时排污。

2）如另一台锅炉正在检修，则排污前必须将检修中的锅炉与排污管路间断分开。

（2）排污应在低负荷、高水位时进行，在排污时应密切注意锅内水位，每次排污以降低锅炉水位 25~50mm 范围为适宜。

（3）假如排污管端不是通到排污箱内或排污井内，并且没有保护设备，则必须在确实知道靠近排污管端没有人时才可进行排污，以免在排污时发生事故。

（4）排污时具体操作如下：

每路排污管串装有两只排污阀，排污时首先将第二只（离锅炉远的一只）全开，然后微开第一只排污阀（离下集管最近的一只），以便预热排污管道，待管道预热后再缓缓打开第一只排污阀，关闭后再关第二只排污阀。如此操作的目的，是用第一只控制排污，以保持第二只的严密性。即应将第一排污阀关小直至冲击声消失为止，然后再缓缓开大，排污不宜连续长时间进行，以免影响水循环。

（5）排污完毕关闭排污阀后，应检查排污阀是否严密。检查方法是，关闭排污阀过一些时间后，在离开第二只排污阀的管道上用手试其是否冷却，如果不冷却，则排污阀必有渗漏。

J　维护保养

（1）锅炉运行期间，应注意下列各点：

1）不允许炉膛喷火正压燃烧，因容易烧坏煤闸门、看火门以及弧形护管砖托板等。

2）如发现前拱吊砖断裂脱落，应在 24h 内停炉进行更换，否则生铁吊架会被烧坏。

3）炉排前部链轮轴和后滚筒的四只油杯中，每班应旋紧一次，对轴承加润滑油。

4）每班应检查转动装置、引风机轴承箱内以及上煤，出渣装置传动部分润滑油应保持在变动范围内，浅则应及时加油，渗油要及时消除。

5）若引风机发生激烈振动，应停车检查，一般系因内部叶轮磨损而致，应予调换。

6）锅炉底部地面上不可积水，以防止腐蚀底座。

（2）螺旋出渣器下部垫料压盖（轧来）处，如发现渗漏灰浆，应及时压紧垫料，或临时停车压紧垫料制止渗漏，并检查是否有灰浆漏入轴承内。如有，应拆开清洗。锅炉运行 2~3 星期应进行一次检查。

1）从锅炉后面上部两个看火孔清除后拱上部积灰。

2）检查前拱吊砖是否断裂脱落。

3）打开烟箱及后部检查孔，烟管内如有积灰应予清除，如无积灰，以后可延长到一个月检查一次，若仍无积灰，可延长到 2 个月至 3 个月开启一次。与此同时检查烟箱是否关闭严密，胀管端有无渗漏，特别应检查后管板上胀管端是否渗漏，如有渗漏可用胀管器进行胀密，胀到无漏为止，注意胀管质量，切不可过胀。

4）使链条炉排空载转动，在炉前链轮处逐排检查是否有炉排片断裂，如有应进行更换。

5）适当锁紧引风机三角皮带，预防运转时打滑，减低风量、风压而加速皮带的磨损。

6）水位表、阀门、管道法兰等处如有渗漏应予以修复。

（3）锅炉运行每隔 3~6 个月应停炉进行全面的检查维修，除做上述各项工作外，尚须进行下列工作：

1）打开后烟箱，检查胀口是否有损漏现象，并清除管内烟灰污垢。

2）清除锅筒内部、集箱内的水垢和泥渣，并用清水清洗。

3）清除水墙壁管及锅筒着火面上的烟垢、煤灰。

4）对锅炉内外进行检查，如受压部分的焊缝、钢板内外有无腐蚀现象，若发现有严重缺陷应及早修理；若缺陷并不严重，亦可留待下次停炉修理；如发现有可疑之处，但并不影响安全生产时，应做好记录，以便日后参考。

5）检查完毕后可在着水面涂锅炉漆，以防腐蚀。

6）检查引风机的滚动轴承是否正常、叶轮和外壳的磨损程度，使用单位应准备叶轮的备件。

7）必要时将炉墙及外面罩壳、保温层等卸下，以便彻底检查。如发现有严重损坏部分，必须修妥方可继续使用，同时将检查结果及修理情况填入锅炉安全登记簿。

（4）锅炉保温层罩壳（外不包皮）及锅炉底座（包括炉排底板下平面和鼓风机），每年至少要加漆一次。

（5）锅炉运行一年以上，应进行下列检查维修工作：

1）炉排转动装置、引风机轴承箱及上煤出渣装置的传动装置等均应拆开清洗，并调换润滑油，油封若损坏则应更换，安全离合齿合面如有磨损应进行修正。

2）检查出渣器刮板磨损情况，若刮板磨损严重应予更换。

3）拆开链条炉排，检查链轮、炉排片、炉排销轴、后滚筒法兰轴、支架上和底板上的摩擦板等处的磨损情况，严重者应加以更换，首尾隔风室的橡皮隔风板应更换。

拉炉排时，必须按运行转动方向由上面从头部向后拉，不宜倒拉，钢丝绳扣头的地方不可用卸夹，以免在下部卡住；后滚筒装配时应严格注意轴线平行度，避免炉排跑偏。

（6）锅炉长期不用的保养方法有干法和湿法两种，停炉一个月以上，应采用干保养法；停炉一个月以下，应采用湿保养法。

1）干保养法。锅炉停炉后放弃炉水，将内部污垢彻底清除，冲洗干净，在炉膛内用微火烘干（注意不要大火），然后将 10~30mm 块状的生石灰分盆装好，放置在锅筒内，不使生石灰与金属接触，生石灰的重量，以锅筒容积每立方米8kg 计算。DZL4-1.25 型锅炉共用 74kg。然后将所有的人孔、手孔、管道阀门关闭，每 3 个月检查一次，如生石灰碎成粉状，须立即更换，锅炉重新运行时应将生石灰盘取出。

2）湿保养法。锅炉停炉后放出炉水，将内部污垢彻底清除，冲洗干净，重新注入已处理的水至全满。将炉水加热至 100℃，让水中的气体排出炉外，然后关闭所有阀门。

气候寒冷的地方不可采用湿保养法，以免炉水结冻损坏锅炉。

K 受压元件的检查和水压试验

（1）根据"蒸汽锅炉安全监察规程"，锅炉如有下列情况之一时，就应对各受压元件进行内外检查和超压试验：

1）新装、改装和移装后。

2）停止运行 1 年以上，需要恢复运行时。

3）受压元件经重大修理后。

4）根据锅炉运行情况，对设备状态有怀疑必须进行检查时。

（2）检验前应使锅炉完全停炉，彻底清除内部水垢、外部烟灰、烟垢，必要时尚须拆炉墙外面罩壳和保温材料，检查重点如下：

1）锅筒的焊缝管孔等是否正常，有无渗漏情况。

2）锅炉钢板内外有无腐蚀、起槽、变形等现象。

5.4.2.6 精馏工段运锌工序技术操作规程

（1）在岗位上进行交接班。做到交班清、接班严、不弄虚作假，向接班者详细交代本班粗锌、B 号锌加入和产出情况及其他特殊操作对供料的影响。

（2）接班后，根据当班生产安排及上班预备锌情况，计算本班各炉需要供应的粗锌和 B 号锌加入量，并联系粗炼分厂和精炼工组织供锌。

（3）运锌过程中，及时计算和检查各塔所需锌量和品种，满足生产工艺要求，确保各塔不断料。

（4）到粗炼分厂接运粗锌时要监督磅秤检斤并记录到原始记录中。

（5）正常情况下，运锌结束后，各塔熔化炉不可以欠料。

（6）粗锌和 B 号锌必须检斤计量，记录数字准确清楚、不得涂改。B 号锌要按炉分别记录加入和产出情况，并及时与精炼工联系，使楼上与楼下的 B 号锌包数一致。

（7）监督检查实际加料情况和加料数字是否准确，数字以运锌工运锌原始记录上的数字为准。

（8）两个以上熔化炉共用同一包锌时，应分别检斤计量，严禁按估计数字计量。

（9）认真检斤计量。锌量、包数与实际加入的炉号不得有误（由于计量差错造成的加料责任事故由运锌工负责）。

（10）B 号锌应首先满足供应 B 号塔，余量按规定供应到其他铅塔。

（11）妥善保管原始记录，当班值班长负责检查。

（12）特殊操作。

1）开停炉时的操作：开停炉时，总加料量有所增减，运锌工应根据开停炉加料量及加料时间，计算增加或减少锌量的供应。

2）在停电掉闸时，煤气供应中断、燃烧室温度下降、B 号锌产量增加，运锌工应根据停电时间长短及燃烧室温度恢复至正常所需时间情况，减少粗锌（或固体锌）供应量，增加 B 号锌的供应量。

3）特殊情况下，应及时请示班长和值班工段长，按班长及值班工段长的指示采取措施。

5.4.2.7 精馏工段一熔化工序技术操作规程

A 正常操作

（1）加料。

1）勤检查、校对加料量与加料时间，要求半小时至少一次。

2）勤检查铅塔加料器内锌液面的变化情况。正常情况下，锌液面应距加料器上沿 30~50mm。如果发生"涨潮""抽风"等异常现象，应及时报告班长并进行处理。

3）对自动给料器过道、出口及铅塔加料器锌封，要求每班至少疏通一次，避免长期不处理造成凝结或者堵塞现象。

4）勤捞加料器方井液面浮渣及自动给料器内浮渣，每班至少捞 2 次，班中至少1次，交班前1次。

5）加入固体锌时，操作者应站在熔化炉门侧面，要求固体锌不能潮湿，而且要均匀加入。大量加固体锌时，熔化炉温度可控制在600~700℃。

6）实行补料制度：熔化炉加料快1格以上料量时不允许勒料，而应按正常加料量加料。快1格以上时的补充料量应计入本班加料量，经报值班长核查后执行。

（2）扒渣操作。

1）扒渣前应全面检查所准备的工具是否干燥无水分和完好无缺，确认后方可使用。

2）扒渣前应减关煤气，并先铲掉炉内壁上的锌灰。

3）如炉内锌液温度过低，锌与渣分离不好，可加入适量 NH_4Cl，并充分搅拌，待锌液不粘时再扒渣。

4）正确进行扒渣操作，扒渣时动作要快，不带或少带明锌。

5）操作完毕，关好炉门，将煤气开至正常。

（3）装锌灰操作。

1）不热装锌灰，确认锌灰中无液体锌后方可装车，不同类别锌灰必须分盘分类堆放。

2）锌灰装车前，要将锌灰中明锌拣净，在熔化炉中化掉，并将大块锌灰打碎。

3）锌灰装车后要检斤计量，交班前将锌灰数量记在熔化炉加锌量原始记录纸上，将锌灰运到指定地点。

（4）熔化炉调温操作。

1）合理使用煤气，严禁大煤气操作，温度合格率达到95%以上。

2）熔化炉温度调整方法：当炉内锌液温度过低时，可适当增大煤气量；当炉内锌液温度过高时，可适当减少煤气量。

（5）异常情况判断处理方法见表5-9。

表5-9　精馏工段—熔化工序异常情况判断处理

情况	原　因	措　施
熔化炉烟卤冒白烟	炉膛内锌液温度过高	减关煤气，降低锌液温度
炉膛温度指示超高	①煤气开得大	①关小煤气
	②电偶套管未插入锌液	②重新安装套管，插入锌液
	①煤气量过大，不完全燃烧	①适当调整煤气使用量，使之完全燃烧
	②煤气量过小	②增大煤气使用量
	③炉膛内锌灰多	③扒净锌灰

续表 5-9

情况	原 因	措 施
炉膛温度指示超高	①熔化炉废气道堵塞	①打开废气道扫除口，扒出氧化锌
	②熔化炉烟囱堵塞	②扫除烟囱、废气道，扒出氧化锌
	熔化出口堵塞	扫除熔化炉出口并扒出锌灰
炉内加锌后，自动给料器前槽内锌液缓慢上升	熔化炉出口堵塞	扫除熔化炉出口并扒出锌灰
自动给料器流量开不大	自动给料器过道或出口堵塞或变小	处理自动给料器过道及出口，使其畅通

B　开停炉操作

（1）开炉操作。

1）熔化炉升温。

①烘炉：对于新砌筑的熔化炉，先用少量木柴在熔化炉内燃烧进行烘炉，然后点燃煤气进行烘烤、升温。

②煤气操作时，人站在上风方向，先明火，后送煤气。

③合理控制废气挡板、煤气阀门，按计划升温。

④升温要求：炉膛温度低于650℃时，保持无烟煤升温，防止煤气爆炸。升温速度：新砌筑的熔化炉、升温速度为5℃/h，旧熔化炉升温速度为5℃/h，温度达120℃以上时可按10℃/h升温。开塔加料前一个班锌液温度保持550~650℃。

2）升降温的原则规定。

①杜绝煤气爆炸。

②在升温过程中，如果温度超指标，可恒温。严禁采用降温方法达指标。在降温过程中，如果温度低于指标可以恒温，严禁采用升温办法达指标。

③记录严禁弄虚作假。

3）加料前的准备工作：安装标尺，制作浮标，确定"零"位。

①在熔化炉温度达到规定指标后，方可进行加锌操作。

②熔化炉加锌前，首先检查熔化炉出口流槽是否密封完好。

③对新砌筑的熔化炉，要求第一次加锌3t以上，使锌液封住加料口锌封。

④熔化炉锌液面填至自动给料器上沿以下30mm时，停止加锌。

⑤在整个加锌过程中，要注意观察熔化炉出口，确保其不漏锌，不渗锌，以免造成提前开塔加料事故。

4）开塔加料。当铅塔及各附属设备均按升温要求达到指标，接到指令后，方可进行开塔加料操作。

①加料前，协助检修人员安装石墨塞子；加料后，核算每格料量和加料时间。用煤气继续加热铅塔加料器及加料管，以防锌液凝结。

②开塔加料的首班加料量：14t/班。

（2）停炉操作。

1）彻底处理熔化炉大、小池及出口。

2）接到停塔指令后，开始撤熔化炉锌液面，当锌液面降至熔化炉出口流槽平面以下时则停止加料。

3）熔化炉降温速度 5~10℃/h，降到 400℃ 以下时，关死煤气闸门及抽力挡板，使其缓慢冷却降温。

4）熔化炉大修时，须将熔化炉内存锌全部放出，然后关死煤气，待冷却后进行拆炉作业。

5）铅塔停塔时，燃烧室降温 2h 后，方可掏冷凝器底座，并将锌液面降至锌封下 40mm。

（3）铅塔特殊操作。

1）停电掉闸后应迅速关死煤气阀门、抽力挡板，闷炉维持温度，并加强各部位的保温。必要时用不带铁质的木柴燃烧进行保温，防止锌液凝结。煤气恢复供应后，先明火，后送煤气，并逐渐升温至正常。在此期间铅塔加料应按班长、工段长的要求操作。

2）更换加料管、加料器操作时，断料时间不得超过 10min。

3）扫除燃烧室、换热室、总废气道、补塔等特殊操作时间过长时，应加强各部位保温，防止锌液凝结。

4）扫除回流塔、流槽、冷凝器、更换加料管等特殊操作时，必须保持塔内微正压，严禁负压操作。

5.4.2.8 精馏工段二熔化工序技术操作规程

A 正常操作

（1）用保温窗调整、控制冷凝器温度，如果无效，应及时向班长、调整工报告，以便采取措施。

（2）经常检查含镉锌流量，勤疏通流槽和锌封，保证按要求向镉塔供料，使用专用工具每班捞一次加料器内锌灰。

（3）及时扫除；合理使用工具，镉塔工具专用；加强保温，防止因含镉锌温度低造成加料器"抽风"。

（4）及时检查压密砖和燃烧室上盖完好程度，如有损坏及时修补，防止锌液漏入燃烧室；压密砖锌及时钩出，并在本塔组熔化炉化掉。

（5）经常检查塔顶、流槽、冷凝器、回流塔等部位，发现漏锌及时处理。

（6）及时出高镉锌。出高镉锌时，不得露出锌封，储槽内锌液高度保持100mm 以上，交班前捞净浮渣。

（7）正常情况下，每班扫除镉塔小冷凝器次数不得少于 1 次。

（8）当原料含镉过高，超出镉塔脱镉能力时，需经工段长同意后方可对镉塔冷凝器实行放汽操作，杜绝用水放汽。

（9）如出现铅塔冷凝器超高等一些危及设备人身安全情况时，应立即采取放汽措施，并通知班长和当班工段长；放汽时人应站在侧面，待气压较小时立即密封。

（10）经常检查铅、镉塔回流塔保温套。如发现堵塞，应及时疏通。

B 开停炉操作

（1）开炉操作。

1）熔化炉升温。

①烘炉：对于新砌筑的熔化炉，先用少量木柴在熔化炉底燃烧进行烘炉。然后点燃煤气进行烘烤升温。

②煤气操作时人站在上风方向，先明火、后送煤气。

③合理控制废气挡板、煤气阀门，严格按计划升温。

④升温要求：低于 650℃时，保持无烟煤升温，防止煤气爆炸。升温速度：新砌筑熔化炉升温速度为 5℃/h，旧熔化炉升温速度为 5℃/h，在 120℃以上时可 10℃/h 升温。开塔加料前一个班锌温度保持 550~650℃。

2）镉塔升温操作。

①严格执行升温计划，按指标升温。

②记录及时、准确、真实，并完整地保存好原始记录。

3）冷凝器升温。

①严格执行升温计划，按指标升温。

②镉塔大冷凝器在 2 号眼处用煤气升温。

③加料前，将冷凝器底座、含镉锌流槽等部位用煤气火或不带铁质的木柴加热至暗红色。

4）镉塔小冷凝器和高镉锌储槽升温：用煤气火将镉塔小冷凝器烘干并逐渐烘烤至暗红色；低温区要保持无烟煤升温。

5）用煤气火将镉塔加料器烘烤至暗红色。

（2）升降温的原则规定。

1）杜绝煤气爆炸。

2）在升温过程中，如果温度超高，可恒温，严禁采用降温的方法达指标；在降温过程中，如果温度低于指标可以恒温，严禁采用升温的办法达到指标。

3) 记录严禁弄虚作假。

（3）加料前的准备工作。

准备好浮标（检修好自动加料装置），在熔化炉各部温度达到规定指标后，可进行加锌操作。

1) 熔化炉加锌前，首先检查熔化炉出口流槽是否密封完好。

2) 对新砌筑熔化炉要求第一次加锌 3t 以上，使锌液封住加料口锌封。

3) 熔化炉锌液面填至自动给料器上沿以下 30mm 时，停止添锌液面。

4) 在整个加锌过程中，要注意观察熔化炉出口流槽，确保其不漏锌，以免造成开塔前塔内误加料事故。

（4）开塔加料。当铅塔及各附属设备均按升温要求达到指标，接到指令后，方可开塔加料操作。开塔加料的首班加料量：14t/班。

（5）停炉操作。

1) 彻底处理清扫熔化炉大小池及出口流槽。

2) 接到停塔指令后，开始撤熔化炉锌液面。当锌液面降至熔化炉出口流槽平面以下时停止加料。

3) 封闭熔化炉各扫除口及扫除门。

4) 熔化炉降温速度 5~10℃/h，降到 400℃ 以下时，关死煤气阀门及抽力挡板，使其缓慢冷却降温。

5) 熔化炉大修时，须将熔化炉内存锌全部放出，然后关死煤气，待冷却后进行拆炉作业。

6) 铅塔计划停塔时，停止向塔内进料 3h 后，燃烧室降温 2h 后，方可掏冷凝器底座，并将锌液面降至锌封下 40mm。

7) 镉塔停塔时，停止向镉塔供料，并掏净加料器中的含镉锌。

C　特殊操作

（1）停电掉闸后应迅速关死煤气阀门及抽力挡板，闷炉维持温度，并加强各部位的保温，必要时用不带铁质的木柴燃烧保温，防止锌液凝结。煤气恢复供应后，先明火、后送煤气，并逐渐升温至正常。在此期间铅塔加料应按班长、工段长的要求操作。

（2）更换加料管、加料器操作时，断料时间不得超过 20min。

（3）扫除燃烧室、换热室、总废气道、补塔等特殊操作时间过长时，应加强保温，防止锌液凝结。

（4）扫除回流塔、流槽、冷凝器、更换加料管等特殊操作时，必须保持塔内微正压，严禁负压操作。

（5）铅塔单出时，应强化冷凝器底座的保温，并按规定出锌和不定期扒灰。

5.4.2.9 精馏工段调整工序技术操作规程

A 技术操作指标

（1）铅塔燃烧室温度：1000~1250℃（在20℃波差指标范围内）。

（2）镉塔燃烧室温度：1050~1250℃（在20℃波差指标范围内）。

（3）铅塔直升墙温度：低于燃烧室温度0~50℃。

（4）镉塔直升墙温度：低于燃烧室温度20~80℃。

（5）铅、镉塔直升墙左右温差：<30℃。

（6）铅塔二阶废气温度：500~800℃。

（7）镉塔二阶废气温度：500~800℃。

（8）铅塔冷凝器温度：700~850℃。

（9）镉塔冷凝器温度：850~900℃。

（10）熔化炉温度：500~550℃，专加B号锌的熔化炉温度：530~580℃。

（11）精炼炉温度：大池温度460~480℃，小池温度600~650℃，精炼炉温度合格率≥85%。

（12）燃烧室温度合格率>90%，废气温度合格率>75%。

（13）煤气总压力：2000~3000Pa；特殊情况下应大于200Pa。

B 生产操作方法

a 正常操作

（1）正常操作的基本原则是"三勤一稳"，即勤联系、勤观察、勤调整和稳定煤气压力。勤联系：联系一、二熔化工，了解加料情况和铅镉塔冷凝器保温窗开关情况；联系精炼工，了解下延部流量情况。

勤观察：观察仪表指示温度变化情况和炉内燃烧情况等。

勤调整：温度如有变化，应小动勤动为宜。

稳定煤气压力：与煤气系统联系，严格控制煤气总道压力。

（2）调整原则。

1）当各塔燃烧室温度都有同样的变化时，应变动总条件（即煤气和抽力）。

2）调整燃烧室温度时，如变动其中一个条件，而在温度尚未准确反映以前，不应同时变动第二个条件。

3）对炉内燃烧情况未能确定掌握以前，不应盲目地进行调整，必须了解和掌握炉内燃烧的基本情况，才能采取相应的措施。

（3）正常情况下几个基本条件的原则规定：

1）铅塔空气挡板：一层开10~180mm；二层正常不用；三层开1/4~2/3。

2）镉塔空气挡板：一层开5~150mm；二层正常不用；三层打1/4~2/3。

（4）精馏塔燃烧室正常热工调整方法见表5-10。

表 5-10　精馏塔燃烧室正常热工调整方法

上　部	下　部	直升墙	废　支	调整方法
高	正常	正常	正常	关一层
低	正常	正常	正常	开一层
正常	低	高	高	开三层

b　开、停炉操作（见表 5-11）

表 5-11　开、停炉操作

正　常	高	低	低	关三层
高	高	高	高	关抽力减煤气
低	低	低	低	开抽力给煤气

调整工必须严格执行升、降温计划。

（1）开炉升温操作。

1）小煤气升温：燃烧室小煤气升温是用煤气和木柴混合燃烧的废气升温。燃烧室在换大煤气以前，用小煤气在换热室顶煤气总道燃烧，燃烧后的废气进入燃烧室、换热室，然后从废气道排出。

2）各部位温度低于 650℃时，应加木柴与煤气混合燃烧升温，木柴始终有明火，防止煤气爆炸。

3）各部位升温过程中，如果超过指标，可恒温，严禁用降温的方法来达到指标；在降温的过程中，如果温度低于指标，可恒温，严禁用提温的方法来达到指标。

（2）开炉升温注意事项。

1）当燃烧室温度在 300℃以下时，升温速度为+5℃/h；在 300℃以上时，升温速度为+10℃/h。

2）当燃烧室温度高于 800℃，换热室进口温度（直升墙温度）高于 500℃，废气出口温度高于 350℃时方可换送大煤气。

3）当燃烧室温度上下部都达到 1000℃，换大煤气恒温 8h 后，方可降温；降至 880~900℃恒温，早班加料。

（3）停塔降温操作。

1）停塔降温采用逐步减少燃烧室内的煤气量来降低炉内温度。降温时，先减空气，后减煤气。

2）燃烧室降温速度为 10℃/h。

3）当燃烧室上部温度达到 800℃时，可将进口煤气阀门关死。

4）在停止对燃烧室的煤气供应后，把炉体各部位密闭（包括煤气进口、空气进口、燃烧室上盖和各处扫除口、补炉门）。

5）当燃烧室上部温度高于 700℃，不能按计划指标降温时，可打开燃烧室上盖观察孔。

6）当燃烧室上部温度高于 400℃，不能按计划指标降温时，可打开燃烧室下部入孔和补炉门。

7）当燃烧室上部温度高于 200℃，可打开换热室、废气支道扫除门。

异常情况处理见表 5-12。

表 5-12　精馏塔燃烧室异常情况处理

情　况	原　因	措　施
熔化炉烟囱冒白烟	炉膛内锌液温度过高	减关煤气，降低锌液温度
炉膛温度指示超高	①煤气开得大 ②电偶套管未插入锌液	①关小煤气 ②重新安装套管，插入锌液
炉膛温度低	①煤气量过大，不完全燃烧 ②煤气量过小 ③炉膛内锌灰多	①适当调整煤气使用量，使之完全燃烧 ②增大煤气使用量 ③扒净锌灰
炉膛内正压，煤气送不进去	①熔化炉废气道堵塞 ②熔化炉烟囱堵塞	①打开废气道扫除口，扒出氧化锌 ②扫除烟囱、废气道，扒出氧化锌
加料正常，但自动给料器前槽锌液面下降很快	熔化炉出口堵塞	扫除熔化炉出口并扒出锌灰
炉内加锌后，自动给料器前槽内锌液缓慢上升	熔化炉出口堵塞	扫除熔化炉出口并扒出锌灰
自动给料器流量开不大	自动给料器过道或出口堵塞或变小	处理自动给料器过道及出口，使其畅通
自动给料器出口关不严	①石墨塞子损坏 ②石墨塞子的圆锥面上有锌灰 ③流斗的圆锥面上有锌灰	①更换石墨塞子 ②取下石墨塞子清除锌灰 ③取下石墨塞子，掏净锌液，清除流斗圆锥面上的锌灰，重新装上石墨塞子

情　况	原　因	措　施
铅塔加料器"涨潮"	①加料器锌封堵塞 ②加料器内锌灰多造成堵塞 ③加料管堵塞 ④铅塔冷凝器底座内锌灰多 ⑤铅塔冷凝器温度过高 ⑥铅塔燃烧室温度过高 ⑦燃烧室提温过快	①扫除加料器锌封 ②揭开盖板扫除加料器 ③扫除加料管，严重时更换加料管 ④扫除冷凝器底座 ⑤打开保温窗，联系调整工采取措施 ⑥联系调整工处理 ⑦联系调整工，防止提温过快
铅塔加料器"抽风"	①加料量突然增大 ②特殊操作时燃烧室温度下降过多	①调整加料量至正常 ②加强铅塔加料器的保温，适当提高锌液的温度，并报告班长处理

c　特殊操作

（1）停电掉闸操作。

1）停电掉闸时，煤气总道压力最低不能小于 50Pa（5mmH$_2$O 柱），接近或低于 50Pa 时，应立即关死煤气阀门，防止回火爆炸。

2）掉闸以后，立即关总抽力。

3）若停电掉闸 1h 以上，应通知一、二熔化工和精炼、纯锌等岗位，进行闷炉操作；同时加料器、加料管、冷凝器底座、熔化炉、精炼炉、纯锌槽等部位用木柴燃烧加热，以免出现其他故障。

4）如果煤气压力大于 200Pa（20mmH$_2$O 柱），可适当开大煤气，适当关抽力。

5）煤气恢复供应后，先开抽力，后送煤气。当煤气压力达到 400Pa（约 40mmH$_2$O柱）时，将各塔废气挡板恢复到原来位置。

6）煤气恢复供应后，立即通知有关岗位先明火，后送煤气，逐步恢复到正常指标。

（2）特殊情况下燃烧室提温速度规定：在特殊情况下，如停电掉闸、换加料管等会使燃烧室温度下降过多，需逐步提温，恢复指标。具体规定如下：

1）降 100℃时，应匀速提温 2h 后，恢复到正常温度指标。

2）降 150℃时，应匀速提温 2.5h 后，恢复到正常温度指标。

3）降 200℃时，应匀速提温 3h 后，恢复到正常温度指标。提温过程中，要注意观察冷凝器温度上升情况以及加料情况，防止因温度上升过快，导致加料器

"涨潮"或造成塔顶和冷凝器崩开等事故。

4）换大煤气操作：燃烧室温度波动应小于30℃。

5.4.2.10 精馏工段扫除工序技术操作规程

A 技术操作指标

（1）铅塔燃烧室的温度：1000~1250℃。

（2）镉塔燃烧室的温度：1050~1250℃。

（3）铅塔冷凝器温度：500~750℃。

（4）镉塔冷凝器温度：850~900℃。

（5）镉塔小冷凝器温度：350~500℃。

（6）开炉换大煤气温度波动：<30℃。

B 生产操作方法

a 开停炉作业

（1）清扫和密闭部位：换热室废气支道，燃烧室废气出口，燃烧室废气直道、直升墙、废气拉砖、废气烟柜，一、二、三层空气道及拉板，换热室煤气支道，煤气拉砖，回流塔保温套、冷凝器底座、熔化炉等部位。

（2）按计划进行各部位点火：送小煤气，回流塔、熔化炉、冷凝器底座、高镉锌槽、自动给料器、铅塔加料器、含镉锌流槽等部位。点火升温时间、操作人皆由班长做好记录。

（3）送小煤气操作：与调整工联系，调整好空气、废气、煤气挡板，并准备好木柴；在预热煤气管道上安装好煤气压力计，并进行排空作业5min以上；在煤气道外预热炉处先将木柴点燃，后送煤气，待稳定燃烧后，移交调整岗位。

（4）换大煤气操作。

1）换大煤气操作前准备好各种工具、用品。

2）操作时应在煤气方箱扫除口插入燃烧的油布，然后调整抽力，使扫除口呈微负压。

3）油布燃烧5~10min驱赶空气，然后送煤气；待煤气稳定燃烧后取出火把，将扫除口密闭。

4）同时通知三阶操作人员，迅速封闭煤气道升温孔。

换送大煤气操作完成后，移交给调整岗位。

（5）加料操作。

1）加料前检查：各部温度，熔化炉锌液面是否具备加料条件，加料管两端衔接处是否密封，铅塔加料器和自动给料器烘烤等情况。

2）准备加料所需用品。

3）见塔顶冒黑烟5min以上，快速封闭下延部。

4）安装好自动给料器，扎通熔化炉出锌口，密封加料器盖板，并用煤气加热加料器盖板与加料管。

5）回流塔温度保持 850~900℃（密封冷凝器后视温度变化减关煤气直至关死）。

6）将加料量及时间通知调整岗位，清理现场。

（6）封塔顶操作。

1）当下延部见锌后，燃烧室开始提温，时间 2h 左右。

2）当塔顶出现絮状氧化锌时，用预热好的盖板打黄泥灰密封塔顶。

（7）封冷凝器操作。

塔顶密封后，方可封冷凝器。顺序：a：顶部　　b：底部。

b　正常操作

（1）镉塔冷凝器扫除。

1）扫除顺序：1 号眼→2 号眼→冷凝器→1 号眼→2 号眼→3 号眼。

2）工具要求：工具完好，见红就换，工具上应刷 SiC 灰浆。

（2）换热室扫除。

1）与调整工联系，判断堵塞位置。

2）扫除半面换热室应 40min 内完成，扫除整个换热室应 90min 内完成。

3）为减少温度波动，应打一个眼扫一个眼，并及时堵眼密封。

4）扫除完毕，通知调整工进行调温。

（3）煤气道扫除。

1）作业前与调整工联系，共同判断堵塞部位。

2）扫除煤气道：单面应 30min、双面 50min 内完成。

3）动作迅速，为减少温度波动应逐个孔扫除、密封。

4）扫除时要保持煤气微正压并燃烧。

（4）刷压密砖操作。

1）准备好各种工具，将配好的 SiC 灰调成稀糊状。

2）先将压密砖上的氧化渣清理干净，确认裂漏位置，然后用刷子蘸 SiC 灰浆进行修补。刷好为止。

3）整补压密砖上保温墙，清理现场。

c　特殊操作

（1）热补塔。

1）取 80 网目黏土和 80 网目 SiC 灰以 1∶9 比例调匀，用 1∶9 的磷酸或偏磷酸水溶液调和。

2）准备好各种工具。

3）将塔体裂漏部位氧化物清理干净。

4）用大铲将调好的 SiC 灰往塔体裂漏的部位贴压。

5）补塔操作应准、快、牢，防止温度下降过多。

（2）更换加料管，加料器。

1）做好准备工作，并预热加料管、加料器。

2）燃烧室降温最低到 1050℃，在微正压下进行操作。

3）动作迅速，20min 内完成。

4）作业完毕，应缓慢匀速提温。

5）清理现场，整理工具到指定地点。

（3）若停电掉闸时间过长，协助生产岗位：

1）将熔化炉、自动给料器、铅塔给料器、加料管、冷凝器底座、含镉锌流槽、镉塔加料器及铅塔流槽等部位用不带铁质的木柴加热保温。

2）煤气恢复供应后，先明火，后送煤气，逐步将各部温度恢复正常。

（4）扫除铅、镉塔下延部操作。

1）准备好工具、用品。

2）确认工具完好、无潮湿后，由外向里逐块掀起盖板，逐段扫除。

3）疏通锌封。

4）彻底扫除后盖上盖板，严格密封、保温。

5）工具归位，清理现场。

6）扫除工具应专用，使用前应确认工具完好，扫除动作要迅速，工具见红就换，扫除结束后再次检查工具是否完好齐全。

（5）扒锌灰与装锌灰操作。

1）扒锌灰前准备好工具并确认工具完好干燥。

2）减关煤气。

3）加氯化铵充分搅拌。

4）扒渣时由远而近，将渣扒净。

5）将锌灰晾凉后，挑净明锌。

（6）捞硬锌操作。

1）捞硬锌前一天挂牌，由生产班严格控制温度。

2）捞硬锌前将各种工具烤干，地面无水。

3）将大池门和后门打开降温。

4）捞硬锌时由门边依次往内捞，不乱搅拌。

5）捞硬锌时不带或少带 B 号锌。硬锌规格 350mm×180mm×80mm 见方。

6）硬锌晾凉装盘后销售至综合回收分厂做下一步处理。

7）操作完毕，密封炉门；先明火，后送煤气，将大池煤气点燃；清理现场，移交生产岗位。

d　异常情况处理操作

（1）停电掉闸：如遇停电时间较长，应协助生产岗位处理：

1）立即把精炼炉及纯锌槽等部位的煤气阀门关死，抽力挡板关一半。

2）将精炼炉大、小池，方井及纯锌槽等部位用木柴加热保温。

3）煤气恢复供应后，先明火，后送煤气。在短时间内恢复原来抽力和煤气量。

（2）异常情况判断及处理见表5-13。

表 5-13　精馏工段扫除工序异常情况判断及处理

部位名称	造成原因	处理方法
精炼炉大池硬锌"抓底"	温度过低	①提温 ②用钎子挑
精炼炉方井"涨潮"	①方井硬锌多，过道堵	①捞出方井硬锌，扎通方井过道
	②大池温度低，硬锌过多	②提温，捞出硬锌
	③铅液面高	③定期出铅
	④大小池液面高	④及时出 B 号锌

5.4.2.11　精馏工段精炼工序技术操作规程

A　技术操作指标

（1）精炼炉温度：大池温度 480~540℃（捞硬锌前由夜班调整工将大池温度降至 460~480℃，恒温 1 个班）；小池温度 600~650℃，精炼炉温度合格率 ≥85%。

（2）B 号锌含铁：≤0.40%。

（3）捞硬锌时不带或少带 B 号锌。硬锌规格 350mm×180mm×80mm 见方。

（4）硬锌晾凉装盘后销售至综合回收分厂做下一步处理。

（5）疏通铅塔下延部时间间隔：30min。

B　生产操作方法

a　正常操作

（1）经常检查精炼炉，保证大小池过道畅通。

（2）严格控制精炼炉温度，保证熔析过程的正常进行。出铅前大池温度控制在 460~500℃，捞硬锌时，大池温度提至 700~750℃，并恒温 1~2 班。

（3）每天白班于各炉出 B 号锌处取样 1 个，确保样品质量，放于指定的存放格内，及时出 B 号锌。B 号锌包数准确无误并及时与运锌工核对 B 号锌包数。

（4）大小池间过道每周由包干炉组的精炼工彻底处理一次，精炼工每班观察一次，确保畅通。

（5）方井与大池间的过道严禁铁质工具长期浸放。

（6）经常疏通下延部，使其不堵、不漏；疏通下延部时，钎子一定要通过锌封，下延部出口堵砖要保持完好。

（7）化锌灰时，合理使用氯化铵，要进行充分搅拌，减少锌灰带明锌，严禁锌灰结块和热装渣。

（8）大池每半月处理一次，将四壁挂渣彻底清理，浮渣扒净。

（9）小池每月处理一次，将四壁挂渣彻底清理，浮渣扒净。

（10）观察口用砖堵严。

（11）维护热电偶，发现异常及时找有关人员处理。

（12）使用的铁质工具应定期更换。

（13）合理使用煤气，减少和杜绝泄漏点。

b 开停炉操作

（1）开炉操作。

1）严格执行各部位（烘塔盘、下延部）升温计划，认真记录，减少温度波动，妥善保管记录并签字，认真交接班。

2）下延部升温：650℃以下时要保持无烟煤升温，杜绝煤气爆炸。

3）升温过程中如有异常现象，应及时报告班长、工段长。

4）加料前各部温度确保达到指标，确保方井与大池过道通畅。

（2）停炉操作。

1）按计划降温。

2）按计划及时掏净下延部内存锌。

3）方井四周要进行彻底处理，捞净硬锌。

4）彻底处理大、小池四壁。

5）大、小池煤气关死后，将抽力挡板关严。

（3）特殊操作。

1）停电掉闸后，立即关死煤气与抽力，防止回火爆炸。如掉闸时间较长，用木柴燃烧维持温度，密切注视下延部回流量，确保畅通，防止锌液凝结。煤气恢复供应后要先开抽力挡板，然后再先明火、后送煤气。

2）下延部回流量小或无回流量5min，应马上向班长汇报。先检查下延部是否堵塞，然后调整料量和动用其他条件。超过1h无回流量应报告工段，采取措施解决处理。

3）出现下延部出口喷出锌蒸汽现象，应立即报告班长和工段长，以便采取措施，及时解决处理。

4）发现下延部溢锌时，应立即准备扫除工具，采取由外向里逐段扫除的方法处理，以防锌液喷出伤人。

5）发现下延部竖井周围冒锌时，应立即清扫下延部，并用扁钢疏通锌封，同时报告班长、工段长进行观察和处理。

6）发现底盘以上往外挤锌时，应立即通知班长、工段长以便及时采取措施，确保正常生产。

7）发现大、小池锌液凝结，应采取提温措施及时处理（大、小池凝死，按生产事故论）。发现方井"涨潮"，应首先查找原因并采取相应措施，直到退潮为止。

5.4.2.12　精馏工段纯锌工序技术操作规程

A　技术操作指标

（1）纯锌槽（炉）锌液温度指标：580～650℃。

（2）精锌锌渣每班至少化两次。化锌渣时，每次加入适量氯化铵，充分搅拌 5min。

B　生产操作方法

a　正常操作

（1）出锌时液面距包沿的高度大于 50mm。

（2）纯锌槽（炉）、精锌包子内严禁混入杂锌，落地锌严禁加入纯锌槽（炉）、精锌包子内。

（3）工具专用，严禁其他岗位使用，或动用其他岗位工具。

（4）堵眼泥应单独存放，不应混入其他杂物。

（5）疏通出锌口及过道时严禁使用铁质工具。在扫除作业非用不可时，动作应快、准，并应事先确认工具完好，涂好 SiC 灰浆，工具见红就换，尽量减少工具与锌液接触时间。

（6）当班返锌当班化掉，如最后一包有返锌，可在第二天化掉。

（7）纯锌槽（炉）每月处理一次，作业前确认工具干燥完好，处理下的锌灰用氯化铵充分搅拌后方可扒出。

b　开炉

（1）严格执行开炉升温计划。

（2）保存好记录并签字，认真交接班。

（3）下延部升温：650℃以下时一定保持无烟煤升温，杜绝煤气爆炸。

（4）升温过程中不允许使用带有铁质的木柴。

（5）升温过程中如果发现异常应及时报告班长并处理。

（6）纯锌炉升温：

1）烘炉：对于新砌筑的纯锌炉，先用少量木柴在炉底燃烧进行烘炉，然后用煤气烘炉。

2）煤气操作：人站在上风方向，先明火、后送煤气。

3）合理控制废气、煤气挡板，做到匀速升温。升温要求：炉膛温度低于650℃时，保持无烟煤升温，防止煤气爆炸。升温速度：新修纯锌炉升温速度为5℃/h，旧纯锌炉升温速度为5℃/h，在120℃以上时可按10℃/h升温。

c　停炉

（1）按停塔降温计划，按时掏净下延部内锌液，使用铁勺应勤换，以防腐蚀。

（2）将纯锌槽内四壁挂渣处理干净，液面浮渣扒净。

（3）关死纯锌槽煤气。

（4）纯锌炉停炉操作：

1）彻底处理、清扫纯锌炉炉膛。

2）降温速度5～10℃/h，降到400℃以下时，关死煤气闸门及抽力挡板，使其缓慢冷却降温。

3）大修时，须将纯锌炉内存锌全部放出，然后关死煤气，待冷却后进行拆炉作业。

d　特殊操作

（1）发现回流量突然减少，而燃烧室温度及加料正常时，应及时检查下延部，查找原因，进行处理，使回流量正常。

（2）发现下延部往外溢锌时，应由前至后逐块打开溜槽盖板进行逐段处理，直至锌封；作业完毕，盖好盖板、密封。

（3）铸锭过程中，设备出现故障，应立即报告班长采取措施。

5.4.2.13　精馏工段熔铸工序技术操作规程

A　技术操作指标

（1）物表合格率≥95%。

（2）一次成型率≥80%。

（3）精锌入库一次合格率100%。

B　生产操作方法

（1）调节石墨针阀开关大小，使液锌流速适量，确保锌锭单重为22～25kg/块。锌模内有水分或潮湿严禁铸锭，必须烘干，以免放炮烫人。

（2）当锌液浇满铸模时，应立即用木耙迅速扒去表面的氧化层（俗称"扒皮"）。扒皮时，走板、起板稳，起板距末端距离小于30mm。

（3）可根据锌液温度的高低，采用不同的手法铸锭。温度高时，可浅插板，慢起板；温度低适当深插板，快走板。还可采用二段铸锭，情况不同手法亦不同。

（4）板、耙配合得当，尽量不在中间起板。

（5）要保持锌锭的完整，力争四角呈圆形。

（6）及时修整锌锭表面，认真加工处理，确保合格入库。

（7）做到模上修、垛上修两结合，修前必须进行安全确认。

（8）入库锌达到"六无"（无飞边、无挂耳、无浮渣、无表面污染、无冷隔层、无夹杂物）。

（9）落地碎锌必须在指定地点化掉。

（10）依据液流大小控制过板的角度，减少冲力，以防溅锌伤人。

5.4.3　设备操作规程

5.4.3.1　单梁桥式起重机操作规程

A　开机前的主要检查内容和准备工作

（1）检查吊钩、钢丝绳、控制按键是否有损伤、裂纹、灵活好用；各部位螺丝是否有松动；发现异常及时找相关人员修理。

（2）查看电源，当电源断路器上加锁或有告示牌时，应查清楚挂牌原因和故障是否消除，由原有关闭人除掉后方可闭合主电源。

B　正常开机操作

（1）操作工必须在确认走台或轨道上无人时，才可以闭合主电源。

（2）在开车前，必须先打铃，确定起重机吊物下无人，在保证安全的情况下可以开车。

（3）进行试车操作，确认起重机升、降、前、后走车是否正常，电机应无异常。

C　设备运行中操作

（1）每班第一次起吊重物时（或负荷达到最大重量时），应在吊离地面高度0.5m后，重新将重物放下，检查制动器性能，确认可靠后再进行正常作业。

（2）操作者在作业中，应按规定对下列各项作业鸣铃报警：

1）起升、降落重物，开动大、小车行驶时。

2）视线不清楚时，起重机行驶、通过要连续鸣铃报警。

3）起重机行驶接近跨内另一起重机时。

4）吊运重物接近人员时。

（3）工作中突然断电时，应将所有的控制器手柄置于"零"位，在重新工作前应检查起重机动作是否正常。

（4）起重机龙门架、起重小车在正常起吊过程中，严禁开反车制动停车；变换大、小车运动方向时，必须将手柄置于"零"位，使机构完全停止运转后，方能反向开车。

（5）不准利用极限位置限制器停车，禁止起重机吊着重物在空中长时间停留，严禁在有负载的情况下调整起升机构制动器。

（6）严格执行"十不吊"的规定：

1）超载或被吊物重量不清不吊；

2）指挥信号不明不吊；

3）捆绑、吊挂不牢或不平衡，可能引起滑动时不吊；

4）被吊物上有人或浮置物时不吊；

5）结构或零部件有影响安全工作的缺陷或损伤不吊；

6）遇有拉力不清的埋置物件时不吊；

7）工作场所光线昏暗，无法看清场内被吊物和指挥信号时不吊；

8）被吊物棱角处与捆绑钢绳间未加衬垫时不吊；

9）歪拉斜吊重物时不吊；

10）容器内装的物品过满时不吊。

D 正常停机操作

（1）将吊钩升高至一定高度，小车靠近轨道的一边停好，大车停靠在指定位置，控制器手柄置于"零"位；拉下刀闸，切断电源。

（2）做好交接班工作。

E 紧急开、停机操作

在正常作业中发现异常，立即按下急停开关，切断电源，检查原因并及时排除，确认安全后才能启动操作。

F 操作注意事项

（1）起吊重物时，速度要均匀，转动及下落要低挡慢速轻放，严禁忽快忽慢和自由落钩。

（2）起吊重大及易滑物体时，在物体吊离地面 10~50cm 时，要仔细检查索具、绑扎是否安全牢固，制动器是否灵活可靠，机身是否稳定，确认情况良好后方可起吊。

（3）满负荷工作时钢丝绳斜度不允许超过 75°。

5.4.3.2 电动葫芦操作规程

A 开机前的主要检查内容和准备工作

检查吊钩、钢丝绳、控制按钮是否有损伤裂纹，是否灵活好用；各部位螺丝是否有松动；发现异常及时找有关人员检修。

B 正常开机操作

确认起重机升、降、前、后走车是否正常，听电机及减速箱有无异常声音，检查控制按钮、限位器等安全装置，应灵敏、可靠，操纵应正确，方可使用。

C　设备运行中操作

（1）起升重物时，必须进行试吊，起重机严禁超载。

（2）起重机不准斜吊、不准前后撞车，运行要平稳。

（3）操作者应在重物后2m外行走，不准同时开两台车。

（4）操作者在起吊前应进行试吊，检查刹车是否有效。

（5）电动葫芦运行时，重物下方严禁行人。

（6）工作中突然断电时，应将所有控制器置"零"位，关闭总开关；重新工作前，应先检查吊车工作是否正常，确认安全后方可操作。

（7）开车时确认前方无障碍物后方可前行。

（8）将重物落地（或磅秤）、运行接近极限位置时应点动操作。

（9）操作完毕，电动葫芦应在指定地点停放，吊钩升到2m以上高度，吊钩上严禁长时间悬挂重物。

D　紧急开、停机操作

在正常作业中发现异常，立即按下急停开关，切断电源，检查原因并及时排除，确认安全后才能启动操作。

E　操作注意事项

（1）起吊重物时，速度要均匀，转动及下落要低挡慢速轻放，严禁忽快忽慢和自由落钩。

（2）起吊重大及易滑物体时，在物体吊离地面10~50cm时，要仔细检查索具、绑扎是否安全牢固，制动器是否灵活可靠，机身是否稳定，确认情况良好后方可起吊。

（3）严格执行公司"十不吊"的规定，做到超负荷不吊，斜挂不吊，绳子打结不吊，埋入地下物体不吊，吊物上站人不吊，吊物绑捆不牢不吊，六级以上强风不吊，大雾等视线不清不吊。

（4）满负荷工作时钢丝绳斜度不允许超过75°。

5.4.3.3　双梁桥式起重机操作规程

A　开机前的主要检查内容和准备工作

每班使用前必须进行以下各项检查：

（1）检查减速器、推动器油位、车轮、齿轮联轴器润滑情况，按规定加足油料。

（2）检查钢丝绳是否完好，末端在卷筒上固定是否牢固，有无脱槽现象。

（3）大车、小车及起升机构的制动器是否安全可靠。

（4）各安全开关是否灵敏可靠，起升限位及大小车限位是否正常。

（5）起重机上下不得遗留工具或其他物品，以免在跌落时发生人身事故。

（6）将操纵室通向走台的门关闭，并将所有控制手柄扳至零位，接通主开关。

B　正常开机操作

每班第一次起吊重物时，应在吊离地面高度 0.5m 后，将重物放下，以检查制动器的可靠性，确认可靠后再进行正常作业。

C　设备运行中操作

（1）吊起重物时，必须在垂直的位置，不允许利用大车及小车来斜向拖动重物。

（2）起重机带重物运行时，重物必须升起，至少要高于运行线路上的最高阻碍物 0.5m；禁止重物在人头上越过。

（3）起重机的控制器应逐步开动，在机械完全运转前，禁止将控制器从顺转位置反接到逆转位置来进行制动，但用作防止事故发生的情况下可以例外。

（4）在同一轨道上有两台起重机时，要防止两台起重机互相碰撞，在一台起重机发生故障情况下才允许用另一台起重机来移动故障起重机，在这种情况下两台起重机须无负荷，必须用最低的速度缓慢地移动。

（5）起重机大车、小车不得靠碰撞车挡来停车，必须以最缓慢的行速，逐步靠近边缘位置。

（6）抓斗起重机不准抓取整块物件，避免在调运中滑落。

（7）禁止起重机吊着重物在空中长时间停留。

D　正常停机操作

（1）工作中，制动器、轴承和电器等有过热、异常现象时，应将控制器手柄扳到"零"位，立即切断电源，由专职人员进行检修。

（2）当起重机工作完毕以后，将起重机开到指定地点，小车开到驾驶室一端，吊钩升起（如系抓斗放在地上），控制器扳回"零"位，断开主开关，并清扫擦拭，包括电气设备外部的灰尘、油类等附着物，保持整洁。

E　紧急开、停机操作

在正常作业中发现异常，立即按下急停开关，切断电源，检查原因并及时排除，确认安全后才能启动操作。

F　操作注意事项

（1）起吊重物时，速度要均匀，转动及下落要低挡慢速轻放，严禁忽快忽慢和自由落钩。

（2）起吊重大及易滑物体时，在物体吊离地面 10~50cm 时，要仔细检查索具、绑扎是否安全牢固，制动器是否灵活可靠，机身是否稳定，确认情况良好后方可起吊。

5.4.3.4　锅炉操作规程

A　开机前的主要检查内容和准备工作

（1）锅炉应有《锅炉使用登记证》和《锅炉定期检查合格证》，对新安装、移装、停用1年以上的锅炉或锅炉受压元件经重大修理改造后的锅炉在投入运行之前，均应该请检验单位的检验员进行检验，使用时间较短（小于1年）的锅炉若对其安全状况有怀疑也应请检验单位的检验人员进行一次内外检查：

1）锅炉受压元件的检查：结构变化、裂纹、渗漏、腐蚀、磨损过热、胀粗等缺陷，拉撑件是否牢固、胀口，是否严密。

2）受热面管子及锅炉范围内的管道是否畅通，如对管子的对接头或质量有所怀疑，可进行通知检查。

3）定期排污管、连续排污管是否齐全牢固，确认锅筒集箱和管道内无遗留的工具、螺栓、焊条等杂物后，关闭全部入孔门和手孔。

（2）炉墙及烟道的检查。

1）锅炉炉墙及烟道无破损、裂缝。

2）炉门、着火门、清灰门等是否牢固、严密，开关是否灵活。

3）炉膛内有无积灰，检修遗物等已经清除，炉拱的隔火墙是否完整严密。

4）烟道风道及风室是否严密，有无积灰，其调节挡板是否完整，开关是否灵活，开启度指示是否准确，是否有可靠的固定装置。

（3）安全附件及仪表的检查：安全压力表，水位表，高、低水位报警器及低水位联锁保护装置、蒸汽超压表，煤量表等计划仪表，以及锅炉的点火程序控制和熄火保护装置等齐全，操作灵敏可靠，照明良好。

（4）燃烧设备、辅助设备的检查：

1）链条炉排应平齐完整，无杂物，煤闸门平齐完整，操作灵活，其标尺正确牢固，翻灰板完整，动作灵活。

2）链条炉排的减速机及传动装置完整，变速装置操作灵活，离合器保险、弹簧的松紧程度合适。

3）水泵、风机等传动设备的防护罩完整、牢固，地脚螺栓、紧固联轴器连接完好，转动皮带安全、紧度适当，润滑油清洁，油位正常、不漏，冷却水充足通畅。

4）转动设备的转动正常，应无摩擦、撞击或咬死等现象，经过检修的转动设备需试运行合格。

B　正常开机操作

锅炉经检查符合升火条件后，方能进行锅炉升火前准备工作。

（1）调整阀门到启动前的状态。

1）蒸汽系统：主汽阀关闭、副汽阀关闭。

2）给水系统：给水阀、放水阀、省煤器弯路阀关闭，给水中间阀、省煤器进口和出口阀开启。

3）放水系统：锅筒和各联箱的定期排污阀、连续排污二次阀、事故放水阀关闭，定期排污总阀、连续排污一次阀开启。

4）疏水系统：所有疏水阀开启。

5）水位表：水位表的汽旋塞开启，放水旋塞关闭。

6）压力表的三通旋塞应处于一次门开启。

7）所有流量表的一次阀开启。

8）低位水位计及自动调整器一次门开启。

9）排空阀开启（无排空阀的可抬起一只安全阀阀芯）。

（2）非沸腾式省煤器的旁路、烟道挡板开启，省煤器前的烟道挡板关闭，对无弯路烟道的锅炉应在锅炉进水后再开启省煤器出口至软水水箱的阀门。

（3）引风机的入口调整门关小，烟道内其他挡板开启。

（4）开启风机、除渣机等的冷却水管阀。

（5）向锅炉进水：开启给水阀，经省煤器向锅炉进合格软水到锅炉中下水位线之间处。

1）进水温度不宜高于锅筒臂温 $40\sim50℃$ 以上，一般夏季不超过 $90℃$，冬季不超过 $50℃$。

2）进水期间应检查人孔、手孔阀门及法兰等是否泄漏，若发现漏水，应立即停止并及时处理。

3）上水应缓慢进行，锅炉从无水到水位达到最低安全水位所需时间见表5-14。

表 5-14 锅炉上水时间

额定蒸发量/t·h⁻¹	夏季上水时间/min	冬季上水时间/min
2	30	60
4	40	80
6.5	50	100
10~20	60	120

4）当升到规定水位时，停止进水，此后，水位保持不变，若水位有明显变化，应及时查明原因以待消除。

5）锅炉进水时，不得影响运行中的锅炉给水。

6）若锅炉原已有水，经分析化验水质合格时，可将水位调至规定水位处，水位不需调整时，应校验水位的真实性，如水质化验不合格时，则应根据水质化验人员的意见进行处理，必要时可放掉锅炉水，重新进水。

7）对炉膛烟道进行通风，进行自然通风 10min 或机械通风 5min，维持炉膛负压 5~100mm 水柱。

8）新装、移装长期停用的炉墙或锅炉、炉拱经修理改造的锅炉，根据炉墙的情况进行烘炉。

9）新安装、移装长期停用的锅炉，或受压元件经重大修理、改造的锅炉，需根据受压元件内表面的油污、铁锈的多少进行煮炉。

C　设备运行中操作

（1）锅炉点火应经单位负责人（如主管领导或锅炉工段长）批准。

（2）在点火过程中，应维持适当的炉膛负压，炉膛不得向外冒烟。

（3）锅炉点火方法因燃烧设备而异，应根据使用的燃烧设备将点火的方法、程序和注意事项等列入运行操作规定过程中，链条炉排的点火方法如下：

1）链条炉点火前，先将煤铺放在炉排上（盖住第一、二风室）并铺好木柴、引燃物，为减少炉排漏风，可在其余的炉排上铺上炉渣，严禁用汽油等易燃液体引火。

2）启动引风机，维持炉膛负压 0~4mm 水柱。

3）点燃物及木柴，待燃烧正常后，启动炉排将燃煤送到煤闸门后 0~1m 处，再减低炉排速度，停止炉排转动。

4）待煤燃烧旺盛并能使加入炉内的煤正常着火后，逐渐加快炉排速度，增加给煤量，启动鼓风机并保持炉膛负压，应调整各风室风门的开度，直到火床长度达到炉排的 3/4 以上。

5）当灰渣落入灰斗时，将除渣装置投入运行。

（4）锅炉升火速度不能太急促，以免造成锅炉热膨胀不匀，使锅炉部件或炉墙损坏，锅炉自点火到送气的时间应根据具体炉型而定，一般为 2~3h，对于参数较高的锅炉（如 2t/h 以内的快装锅炉）升火时间不得小于 1.5h。

（5）点火后注意：调整燃烧，保持炉内温度上升，使受热部件受热均衡、膨胀正常，可以根据锅炉有关资料及实际运行检验，制定锅炉升压程序表，将曲线图载入运行操作规程内。

（6）点火后，必须严密监视锅炉水位，并维持水位正常，锅炉进水时应经过省煤器。

（7）锅炉气压升到 0.05MPa 时，关闭排空阀（或放下安全阀阀芯）。

（8）气压升到 0.05~0.1MPa 时，应冲洗水位表。

冲洗水位表的程序如下：

1）开启放水旋塞［下：冲洗水连管、汽连管和玻璃管（板）］。

2）开启放水旋塞［下：单独冲洗连管和玻璃（板）］。

3）开水旋塞［中：再关闭汽旋塞（上）单独冲洗水连管］。

4）开启气旋塞［（上）再关闭放水旋塞（下）使水位恢复运行］。

综上所述：冲洗水位表是"上中中来上上下"。

冲洗水位表时应注意：湿手套不能接触玻璃管（板），不同时关闭汽旋塞和水旋塞，不要同时冲洗两支水位表；冲洗完后，关下旋塞时，水位表中的水位应能迅速上升，应将两只水位计进行比较。

（9）气压升到 0.1~0.15MPa 时，冲洗压力表存水弯管。

冲洗压力表的存水弯管程序：

1）将压力表的三通旋塞逆时针旋转 90° 使压力管与导汽管隔断并与大气相通，此时压力表的指针应回"零"位。

2）将压力表的三通旋塞顺时针旋转 180°，即到冲洗水位置，使存水弯管与大气相通，利用锅炉蒸汽排出弯水管中的存水，待蒸汽冒出后立即停止。

3）将三通旋塞逆时针旋转 45°，即到存水位置，停 3~5min 使存水弯管积聚冷凝水。

4）再将三通旋塞逆时针旋转 45°，即回到工作位置，使压力表恢复运行。锅筒上装有两块压力表时，在压力表存水弯管冲洗完毕后，其指示值的差不大于0.065~0.075MPa。

（10）气压升到 0.2MPa 时，对各种排污阀依次放水。放水前，应先将锅炉进水到最高水位；放水时，应注意水位变化，水位不得低于锅炉的最低水位线；排污时，应检查排污阀是否正常；排污完毕，应检查排污阀是否关严。

（11）气压升到 0.2~0.3MPa 时，紧固法兰人孔及手孔等泄漏处的螺栓，热紧螺栓时，应注意宜侧身操作，扳手长度不准超过螺栓直径的 20 倍，严禁使用套筒。

（12）锅筒气压升到工作压力的 50% 时，应进行全面检查，如发现异常情况应停止升压，待故障消除后，再继续升压。

（13）气压升到工作压力的 2/3 左右时，应对蒸汽管道进行暖管。

1）暖管所需时间应根据蒸汽管道长度、直径、蒸汽温度和环境、温度等确定。暖管时间一般为 2h，温升速度宜控制 2~5℃/min，工作压力小于或等于0.69MPa 时，锅炉暖管时间约为 20~30min。

2）暖管的操作程序应根据锅炉房芯汽管的布置情况在现场规程中作出具体规定，一般共用蒸汽母管的锅炉先开启主汽阀与隔绝阀间的主汽管上的疏水阀，再缓慢开启主汽阀半圈。

3）暖管时蒸汽管应膨胀良好，支吊架正常，若蒸汽管道发生振动和水冲洗时，应立即关闭汽阀，停止暖管，加强疏水，待振动消除后再缓慢开启主汽阀，继续暖管。

（14）对新安装或长期停用的锅炉的安全阀，以及更新检修后的安全阀，在锅炉供汽前都应调整与检验安全阀的起始压力、起座压力和回座压力，以保证安全阀动作准确可靠。

（15）锅炉供汽前，应再次全面检查冲洗锅炉水位表，核对各压力表和低地位水位计的指示，并对水位报警器进行试叫，验证其可靠性，试用各给水设备。

（16）两台以上锅炉用同一用汽系统供汽且用汽不能中断时，应进行并炉。

（17）供汽后应对锅炉及辅机进行一次全面检查，并将点火到并炉供汽过程中的主要操作情况和所发现的问题记入有关记录簿中。

（18）锅炉运行调节的任务。

1）保持锅炉的蒸发量在额定蒸发量内，满足用汽的需要。

2）保持正常的气压和汽温。

3）均衡进水，并保持正常水位。

4）保证蒸汽品质合格。

5）保持燃烧良好，提高锅炉热效率，减少环境污染。

6）保证锅炉安全运行。

（19）锅炉水位的调节。

1）在正常运行中，锅炉应均衡进水，维持锅炉水位在正常水位±50mm 以内，并有轻微波动；一般在负荷情况下锅炉水位都不允许接近最低安全水位或最高安全水位。

2）锅炉给水应根据锅筒水位表的指示进行调节；只有在自动给水调节器、两只低位水计和高低水位报警器完全灵敏可靠时，方可依低位水计的指示调节锅炉水位。

D　锅炉的正常停炉操作

锅炉停炉分两种：暂时停炉、正常停炉。

（1）暂时停炉（压火）。

1）暂时停炉前，应适当降低锅炉负荷。链条锅炉压火时间不超过 24h，可相应降低炉排速度，减小鼓、引风，当火床长度短于炉排长度的一半时，停止炉排和鼓引风机；若压火时间在 24h 以上时，可适当加厚煤层，并相应加快炉排速度；当加厚的煤层达到炉排长度的 3/4 左右时，停止炉排和鼓引风机。

2）负荷降低后，应进行排污并向锅炉进水，使水位稍高于正常水位。

3）关闭主汽阀，开启过热器疏水阀和省煤器的旁路烟道门，关闭主烟道门，紧闭各孔门及烟道挡板，尽量减少热损失，但链条的烟道挡板和分段风门应适当开启，以冷却炉排。

4）暂时停炉期间，锅炉气压不得回升，一般应留人监视锅炉。

（2）正常停炉。

1）接正常停炉通知后，对锅炉设备进行全面检查，对缺陷予以记录，以便检修时处理，并进行一次彻底的吹灰。

2）减少给煤和鼓、引风量，逐渐降低锅炉负荷，锅炉停止供汽后（蒸汽流量指到零）停止给煤和鼓风，减弱引风，使炉火熄灭。当煤斗内的存煤用完，距煤闸门 0.5m 处无燃煤时应暂停炉排，并根据燃烧情况停止鼓引风机，当煤燃尽后重新启动炉排，将灰渣送入出渣坑，继续转动炉排 1h，以冷却炉排。

3）锅炉停止供汽后，关闭主汽阀，并开启过热器集箱疏水阀和对空排汽阀30~50min，以冷却过热器。

4）关闭主汽阀后，应继续经省煤器向炉内供水，保持锅炉水位稍高于正常水位。对于非沸腾式省煤器，停炉时间应使用旁路烟道，关闭主烟道；无旁路烟道的，应开启省煤器回水箱管路阀门，使水回到水箱。

5）停炉后 4~6h 内，应紧闭所有的门孔和烟道挡板，防止锅炉急骤冷却，停炉 4~6h 后，可逐渐开启烟道挡板自然通风，如有必要可进行一次放水、止水。停炉 8~10h 后，可再放水，上一次水；如有加速冷却的必要时，可开启引风机适当增加放水、上水次数，但不得同时连续放水或上水。

6）停炉 18~24h 后，锅水温度不超过 70℃时方可将锅水放尽；如放水顺利，应开启锅筒的排空阀。

7）停炉前，应将停炉过程中的主要操作及所发现的问题给予记录。

E 紧急停炉操作

紧急停炉也称事故（故障）停炉。紧急停炉的适用范围：锅炉运行中，下列情况之一时，应立即停炉：

（1）锅炉水位低于水位表的下部可见边缘。

（2）不断加大给水及采取其他措施，但水位仍然继续下降。

（3）锅炉水位超过最高允许水位（满水，经放水仍不能见到水位）。

（4）给水泵全部失灵或给水系统故障，不能向锅炉进水。

F 操作注意事项

（1）锅炉在停止使用期间，应认真做好防腐保养工作。

（2）停炉时间不超过一周的锅炉可采用"压力保养"防腐，其方法是：

1）锅炉停止供汽后，紧闭各孔门及有关的风门、烟道挡板，减少热损失，减缓气压下降。

2）维持锅筒汽压在 0.05~0.1MPa，保持锅水在 100℃以上，含氧量合格。

3）气压降低于 0.05MPa 时，可起火适当升压。

（3）停炉不超过 1 个月的锅炉，可采用"湿法保养防腐"，其方法如下：

1）停炉后消除水垢。

2）将配好的碱性保护液注入锅炉，碱性保护液应用专用泵注入锅炉，碱性保护液的成分和剂量按表 5-15 配制。

表 5-15　碱性保护液剂量

药剂名称	药剂用量/kg · t⁻¹锅水
氢氧化钠（NaOH）	8~10
（Na₂CO₃）	20
磷酸三钠（Na₃PO₄）	20

3）继续向锅炉进软水到灌满锅炉，直到水从空气阀冒出。

4）保养期间维持炉火（碱度在 5~12mg/L，每 5 天测定一次炉水碱度，如碱度下降，应及时补加）。

5）保养期间应保持受热面外部干燥，必要时可定期微火烘炉。

6）室温低于 0℃时，不宜采用"湿法保养"。

（4）停炉时间超过 1 个月的锅炉可采用"干燥保养"防腐，其方法如下：

1）停炉清扫锅炉外部灰尘，清除炉排、炉体各受热面上的烟灰和灰渣。

2）清除锅炉的水垢、泥渣。

3）在炉膛、烟道内放干燥剂，有条件的可用红或其他色防腐漆涂刷在表面。

4）将盛有干燥剂的敞口、托盘（干燥剂应平放不堆积）放入锅筒内，并关闭人孔、手孔、检查孔。

5）干燥剂用量：用生石灰时每立方米 3kg，用无水氯化钙时每立方米容积 2kg。

6）每隔 1~2 个月应打开炉门或人孔检查一次，看锅炉内有无腐蚀，并及时更换失效的干燥剂。

（5）停炉时间超过 3 个月的锅炉采用"充气保养"防腐，方法如下：

1）停炉后清除水垢。

2）"充气保养"前，应将同质阀门、管件用盲板与锅炉隔离。

3）将氮气或氨气于锅炉最高处充入，使空气与排污阀完全排出，并维持 0.2~0.3MPa 的压力。

4）对于炉膛和烟道内的受热面，可采用"干法保养法进行"防腐。

5.4.3.5 皮带输送机操作规程

A 开机前的主要检查内容和准备工作

（1）上班前穿戴好一切劳保用品，袖口应扎紧，女工头发压进工作帽里。

（2）减速机应保持正常油位。

（3）机头制动器应完好，皮带拉紧装置，机架、对轮、连接紧固件均应完好。

（4）清除皮带运输机上和周围杂物及障碍物。

（5）卸煤装置、皮带清扫器均应完好。

（6）磁铁上杂物应清扫干净。

（7）事故停车按钮和联锁装置应完好。

（8）上下照明应齐全完好。

（9）输送机上应没有损害输送带的障碍物；如果有，应将障碍物清除。

（10）检查电源是否正常，必要时要进行测量调配，以保证设备所需的正常电压。

B 正常开机操作

开车顺序：合上控制箱中的电源总开关（电源指示灯发亮）→按启动按钮，启动前应先空载运转，待运转正常后，方可均匀装料。不得先装料后启动。数台输送机串联送料时，应从卸料一端开始按顺序启动，待全部运转正常后，方可装料。即按4号、3号、2号、1号皮带启动顺序开车。

C 设备运行中操作

（1）设备运行中操作者注意观察好自己负责的皮带，及皮带上的情况。

（2）不得跨越皮带和在皮带上操作，从安全通道通过和输送机停机后才能作业。

D 正常停机操作

（1）停车顺序：停车时应先停止装料，待输送带上物料卸尽后方可停机。

（2）数台输送机串联作业停机时，应从上料端开始按顺序停机。即按1号、2号、3号、4号皮带停车顺序停车，停止后拉下电源总开关。

E 紧急开、停机操作

在运行中如果发现异常声音、设备部件损坏、轴承卡死、皮带上有异物及其他异常情况，要紧急停机，查明原因，待处理完确认安全后才能启动。

F 操作注意事项

（1）加料时，应对准输送带中心并宜降低高度，减少落料对输送带、托辊的冲击；加料应保持均匀。

（2）作业中，应随时观察机械运转情况，当发现输送带有松弛或走偏现象时，应停机进行调整。

（3）作业时，严禁任何人从输送带下面穿过，或从上面跨越；输送带打滑时，严禁用手拉动；严禁运转时进行清理或检修作业。

（4）输送大块物料时，输送带两侧应加装料板或栅栏等防护装置。

（5）调节输送机的卸料高度应在停车时进行；调节后，应将连接螺母拧紧，并应插上保险销。

（6）作业完毕后，应将电源断开，锁好电源开关箱，清除输送机上砂土，用防雨护罩将电动机盖好。

（7）严禁皮带机带负荷启动，如在运行中因停电或其他原因设备突然发生故障被迫停车，须将皮带机上的负荷清除后再行启动。

（8）皮带运转时，严禁伸入胳膊调整托辊，必须调整时要停车并有专人监护电源开关，严禁送电。

G　维护与保养

（1）每天检查传动马达及减速机是否异常；

（2）每天检查皮带是否松动，并及时调整；

（3）每月检查输送皮带是否拉长，并及时调整；

（4）每月检查滚筒转动是否灵活，并及时修理；

（5）每月检查传动链轮与链条的吻合度，及时调整，并给链条添加润滑油；

（6）每月用气枪吹去控制箱内灰尘，防止故障；

（7）减速器第一次使用100h后要更换、清洁内部齿轮油，换上新油后，每2500h再更换一次；

（8）每年做一次大保养，检查配件损坏程度。

5.4.3.6　水泵操作规程

A　开机前的主要检查内容和准备工作

（1）水泵启动前，应检查各紧固处螺栓有无松动，有无异常响声，润滑部位油量是否充足等，尽早排除可能发生的问题，以免造成损失。

（2）向运转方向盘车2周。

（3）扣好防护罩。

（4）水泵启动前，应先灌引水。灌水前拧开放气螺塞，然后加水，直到从放气孔向外冒水，再转动几下泵轴，如继续冒水，表明水已充满，然后关闭放气螺塞，准备启动。

B 正常开机操作

（1）按启动电钮开车。

（2）观察水压表压力是否正常，是否上水，调整进出口闸门供水。

C 设备运行中操作

（1）水泵在运行中每个班必须做好电机温度、电流表读数、上水情况、漏水情况及泵的腐蚀情况的相关记录。

（2）注意观察水泵的声音及振动情况。

（3）做好水泵的保养及防腐工作。

D 正常停机操作

（1）水泵停车时，应慢慢关闭进水阀，逐渐降低动力负荷，使其处于轻载状态，最后停止动力机。

（2）按停车电钮停车。

（3）停车后，关闭进出口闸门。

E 紧急开、停机操作

若水泵在运行中发现有异常情况，必须停机检修，同时进行倒车工作，倒车工作步骤如下：

（1）先打开备用车输出管道闸门，按开车顺序开车。

（2）观察电流，一边开备用车进口，一边关预停车进出口闸门。

（3）待备用车水压正常后，按停车顺序给予停车，并关闭进出口闸门和输出管道闸门，打开放水口，放出管道存水。

F 注意事项

（1）根据用水量的要求稳定水压。

（2）保持电机电流不超过指标。

（3）双竖罐沉淀池水位保持在溢流槽上 20~100mm。

（4）洗涤塔沉淀池水位保持在水池走台下 20~50mm。

（5）各轴承温度保持在 ≤85℃。

G 维护与保养

（1）经常清洁水泵表面。

（2）用机油润滑的，每使用 1 个月更换 1 次机油；用黄油润滑的，每半年更换 1 次黄油。

（3）避免抽排含泥沙过多的浑水，否则叶轮、口环、填料等处易磨损。

（4）水泵在冬季保存前应进行全面检修，其范围包括动力机、传动设备及电气设备等。

（5）检查泵体应无破损、铭牌完好、水流方向指示明确清晰、外观整洁、油漆完好。

　　（6）补充润滑油，若油质变色、有杂质，应予更换。

　　（7）检查盘根密封情况，若有漏水，应增加或更换石棉绳填料。

　　（8）联轴器的联接螺栓和橡胶垫若有损坏，应予更换。

　　（9）紧固机座螺丝并做防锈处理。

　　（10）水泵运转频繁，每年应拆开联轴器两端轴承进行清理或更换。

5.4.3.7　风机操作规程

A　启动前准备工作

　　（1）将风机进风门关闭，出风门微开。

　　（2）检查各部位的运转间隙是否在规定范围内，转动部位与固定部位有无碰撞及摩擦现象，紧固件连接是否完好，设备管道有无密封。

　　（3）检查润滑部位润滑油、脂是否合适。

　　（4）必须向运转方向盘车两周。

B　正常开车操作

　　（1）合上电源开关。

　　（2）按"启动"按钮，接通电源启动风机。

　　（3）开启出风口。

　　（4）徐徐开启进风口到所需大小，严密监视风机震动及声响，发现异常立即停车处理。

C　风机运行中操作

　　（1）运行中应经常检查各轴承温度，一般轴承温升≤85℃，温升或表温急剧升高时应立即停车处理。

　　（2）运行中严密监视风机运转电流，电流过大必须调整负荷来减少电流数，如果通过调整负载不能解决电流过大现象，必须停车对风机传动系统进行彻底检查。

D　正常停机操作

　　按"停止"按钮，关闭电源开关，直接停止风机工作，停车后应将风机进出口风门关闭。

E　紧急开、停机操作

　　风机在运行中如有声音异常、振动过大、仪表波动过大、电机温度过高及仪表损坏，必须停机排除异常后才能继续工作。

F　操作注意事项

　　（1）风机的表面是否卫生，有无灰尘，油漆是否完整。

（2）润滑系统（油泵、轴承箱、油杯）与冷却系统是否畅通好用，滚动轴承温度不超过70℃，滑动轴承温度不超过65℃。

（3）压力表、真空表、温度计是否灵敏准确，是否超标，安全护罩是否完整好用。

（4）润滑、冷却的管线是否有堵、漏现象。

（5）基础与机座是否完好、坚固，地脚螺丝及各部分连接螺丝是否松动。

（6）运转是否平稳，是否有杂音；检查电流是否在额定范围。

（7）操作工结合操作规程和检查要点每小时巡回检查一次，做好原始记录和交接班记录。

（8）工段长、检修班长及时处理当班提出的问题，对本班不能处理的问题及时向分厂报告。

（9）根据使用的具体情况定期清理风机内部，特别是叶片的积灰和污垢，并防止锈蚀。

（10）在风机的开车、停车或运转时如发现有不正常情况，应立即进行停车检查。

（11）为确保人身安全，风机的维护必须在停车时进行。

5.4.3.8　振动筛操作规程

A　开机前的主要检查内容和准备工作

（1）启动前，应检查各紧固件螺栓有无松动，如有松动应重新紧固一次。

（2）检查电机线路有无裸露现象，防护罩是否安装。

B　正常开机操作

（1）筛机空载运行4~6min，要求筛体平稳，无横摆及异常声音，激振器轴承温度≤85℃。

（2）空转运行后，应将各部位螺栓重新紧固一次。

C　设备运行中操作

（1）正常运转后，定期检查各紧固件螺栓紧固情况。

（2）经常检查易损件。

（3）使用和维护：振动电机使用3个月后加油一次，激振器每月加油一次。

D　正常停机操作

（1）停车前应先停止给料，待筛面物料走完后再停车。

（2）筛格应该经常取出，定期检查筛面是否破损或凹凸不平，筛孔是否堵塞等。

（3）经常检查密封条，发现磨损或有缺陷应该及时更换。

（4）每班检查筛格压紧装置，如有松动则应压紧。

（5）每班检查进料箱的连接是否松动，如果间隙变大，引起碰撞，会使设备破裂。

（6）每班检查筛体支撑装置，观察中空橡胶垫有无明显变形或者脱胶现象，当橡胶垫破损或者过度压扁时，应更换两块中空橡胶垫。

E 紧急开、停机操作

操作中发现设备有异常情况，必须按急停开关使设备停止工作，确认排除异常故障后才能继续工作。

F 操作注意事项

（1）振动电机不装防护罩不允许运行。

（2）振动电机电控系统应有可靠的接地装置和保护装置，如缺相保护、过电流保护、过热保护等。

（3）振动电机在初次使用或放置较长时间后，开始使用前应先用 500V 兆欧表测量定子线圈绝缘，绝缘电阻不应低于 0.5MΩ，如达不到此数值，则电机必须作烘干处理。

（4）振动电机在运行前，必须检查以下项目：振动电机的安装及紧固件是否牢固可靠，振动电机电源电缆的连接是否正确牢固，振动电机的接地及保护装置是否到位。

（5）工作中要经常注意产品运行情况，如有过热、异音、严重漏油等不正常情况，应及时停机检查处理。

（6）使用前必须仔细阅读振动电机使用说明书。

5.4.3.9 铸锭机操作规程

A 操作前检查确认事项

（1）检查传动部位、头部、尾部各紧固件，如有松动应及时紧固处理。

（2）检查液压管路及浇铸系统是否正常，液压油应在视镜的中心线上。

（3）启动主传动电机，待正常后启动油泵电机。

B 正常开机操作

（1）在确认铸锭机上无异物、周围无障碍物后方可开车。

（2）铸锭机下落锌达 3 块时即应及时勾出，防止卡坏铸锭机；发现卡锌应立即停车处理。

（3）发现铸锭机电机及车体有异常声音或现象，应立即停车，联系有关人员检修。

C 设备运行中操作

（1）铸锭过程中如滚轮不滚动，减速箱有异声等故障隐患时，待铸锭结束后处理。

（2）运行过程中，必须做到拖动电源线远离铸锭小车，避免高温融化电源线绝缘层，导致漏电、短路等。

D 正常停机操作

（1）待锌锭全部卸完时停主电机。

（2）停车浇铸，停油泵电机。

E 紧急开、停机操作

运行中经常检查设备紧固件有无松动，如有异常响动、振动应立即停车处理；检查液压站工作是否正常，有异常应及时处理。

F 操作中注意事项

（1）铸锭机卫生每周由包干班组清理一次，各部位润滑参照厂家提供使用保养说明进行。

（2）液压站每6个月清洗换油一次，换油前必须经过过滤，一般采用N68液压油。

（3）头部和尾部的主轴承每6个月清洗换油一次，采用3号钙基润滑油，轴承盒内的润滑油脂一般为油腔的2/3~3/4为宜。

（4）保持环境的设备卫生良好。

（5）减速机的操作参见《减速器的操作规程》。

5.4.3.10 减速器操作规程

A 开机前的检查及准备工作

（1）每天必须检查减速机和连接主体电机之间的紧固件的松紧程度，如有松动应及时紧固拧紧。

（2）检查减速机的润滑情况：

1）带有油窗的减速机油位应在油窗的1/2~2/3处。

2）带有油尺的减速机油位不应低于油尺的刻度线以下。

3）立式摆线减速机除油位应在油窗的1/2~2/3处，还应保证润滑油泵供油畅通，管路不漏油。

（3）运行时应检查减速机油温是否有突变情况，是否在运转时有不正常的响声，如发生上述问题应立即停车处理。

B 正常开机操作

（1）启动前检查各部螺丝是否松动。

（2）减速机内油位是否在1/2~2/3处，各部润滑处注油。

C 设备运行中操作

（1）正常启动后，加料由少至多，逐渐加到所需运送量，均匀适量加料，防止一次大量物料倒入机器内，造成机械停转。

（2）经常巡视，发现异常声音须及时停车处理。

D　正常停机操作

停车时，要运行一段时间，把机器中的物料输送干净。

E　紧急开、停机操作

注意观察运行中的减速机，如有异常情况必须停机检修，确认排除异常故障后才能继续工作。

F　操作注意事项

（1）齿轮减速机、摆线针轮减速机润滑油采用 N68 机械油，蜗轮蜗杆减速机采用 22 号齿轮油或采用 N68 机械油。

（2）减速机每 4~6 个月清洗换油一次。

（3）保持设备卫生良好。

（4）本规程适用于齿轮减速器、摆线针轮减速机减速器、蜗轮蜗杆减速器。

5.4.3.11　成型机操作规程

A　开机前的主要检查内容和准备工作

检查地脚螺栓是否松动，及时紧固；轴承部分及时加油保证润滑良好，减速箱油位不低于 1/3，三角胶带磨损拉长应通知更换。

B　正常开机操作

（1）成型机启动前要手动盘车；工作中机头堵塞严重要停车卸掉机头，清理内筒后再开车，不得强行载荷启动，防止损坏设备。

（2）检查工作筒体易损部位（即活动筒芯、螺旋叶片、机头等处）的磨损情况，如影响生产要及时更换。

C　设备运行中操作

（1）运行后每小时检查一次电动机、轴承温度，如果明显发热要停机查明原因，电动机不许超负荷运行。

（2）加料口发生物料堵塞时，可用竹条疏通，切忌使用金属条块。

（3）应经常检查挤压机轴承情况，必须注意润滑脂泄漏情况并及时补充。

D　正常停机操作

（1）停机时待皮带上的料走完后才能停机。

（2）停车后及时清理机腔内及周边粉煤，打扫好设备卫生。

E　紧急开、停机操作

操作中发现设备有异常情况，必须按急停开关使设备停止工作，确认排除异常故障后才能继续工作。

F 操作中注意事项

（1）在操作机组前必须熟悉机组的操作说明书，熟悉机组的操作方法，并由专人统一指挥。

（2）主机操作人员必须熟练掌握主机操作顺序，及时调整误差的补修值。

（3）设备在调整时，各机台的中心平面要求统一，各机台的工作面要求等高，各机台的纵向偏差小于0.15mm。

（4）在操作时必须随时注意板料的成形情况及表面的光洁。

（5）当主机在调整时应将电机停止，调整上下辊间隙应使用标准的厚度尺，严禁使用其他刀、钢板等仪器进行调整。

（6）在送料时不准戴手套操作。

（7）在操作时，碰到异常情况必须及时停车处理。

（8）放料机必须有专人看守。

5.4.3.12 码垛机操作规程

A 开机前的主要检查内容和准备工作

检查机械螺栓是否松动，及时紧固；轴承及滚轮部分及时加油保证润滑良好，液压箱油表油位不低于1/3；检查液压系统冷却水供水是否正常。

B 正常开机操作

（1）将控制面板的转换开关置于点动上，启动油泵，打开加载开关，检查各油路的供油压力是否正常（1号油泵总压力5.5MPa，夹紧、翻板为2.5MPa；2号油泵总压力6.0MPa，前进为3.0MPa）。

（2）点动各推杆，检查各油缸动作是否灵活，油管是否有漏油现象，如有异常及时处理。

（3）将转换开关置于自动上，检查控制柜上当前码垛层数、块数是否与码垛机上相符。若相符，可按解除键解出、按复位键后启动自动码垛机；若不一致，清出码垛机上的锌块，并在控制面板上将系统清零后启动码垛机。

C 设备运行中操作

（1）运行中常注意观察油温、码垛机运行情况，若出现卡锌时将转换开关置于点动上，按解除键后返回推杆，将锌块取出，按解除、复位键后开始启动码垛机。

（2）垛运机上码垛好的锌应及时吊运走。

（3）在作业中非紧急情况不得随意停车。

D 正常停机操作

停车时，待锌锭走完，码垛线后应先停油泵，再关断电源。

E　紧急开、停机操作

操作中发现设备有异常情况，必须按急停开关使设备停止工作，确认排除异常故障后才能继续工作。

F　操作中注意事项

在操作中注意观察每一根推杆的动向，如有卡死或其他异常现象，必须停机处理，确认排除故障后才能继续工作。

5.4.3.13　叉车操作规程

A　开车前的主要检查内容和准备工作

（1）日常检验，即三检制，在出车前、收车后和行驶中间的停歇时间检视车辆。

（2）叉车作业前后，应检查外观，加注燃料、润滑油和冷却水。

（3）检查启动、运转及制动安全性能；检查灯光、喇叭信号是否齐全有效。

（4）叉车运转过程中应检查压力、温度是否正常。

（5）叉车运行后还应检查外泄漏情况并及时更换密封件。

B　正常起步操作

（1）起步前，观察四周，确认无妨碍行车安全的障碍后，先鸣笛，后起步。

（2）制动液压表必须达到安全指数并系紧安全带后再行驶，再起步。

（3）叉车在载物起步时，驾驶员应先确认所载货物是否平稳可靠。

C　行驶中操作

（1）厂内驾驶叉车速度不得超过 5km/h；货叉底端距地高度应保持 30～40cm，门架须后倾。

（2）进出作业现场或行驶途中，要注意上空有无障碍物；载物行驶时，货叉不准升得太高，以免影响叉车的稳定性；卸货后应先降落货叉至正常的行驶位置后再行驶。

（3）转弯或倒车时，必须先鸣笛。

（4）行驶叉车在下坡时严禁熄火滑行，严禁在斜坡上转向行驶。

（5）叉车在行驶时要遵守厂内交通规则，必须与其他车辆、物体保持安全距离。

（6）通过厂区内道路口时，应做到"一慢、二看、三通过"。

（7）载物高度不得遮挡驾驶员视线；特殊情况物品影响前行视线时，叉车必须倒行。

（8）倒车时，驾驶员须先查明周围情况，确认安全后方准倒车；在货场、厂房、仓库、窄路等处倒车时，应有人站在车后的驾驶员一侧指挥。

D 装卸作业

（1）叉载物品时，应调整两货叉间距，使两叉负荷均衡，不得偏斜，物品的一面应贴挡物架。

（2）禁止单叉作业或用叉顶物、拉物品或设备，严禁超叉车负荷作业。

（3）在进行物品的装卸过程中，必须用制动器制动叉车。

（4）叉车装卸作业时，禁止人员停留在货叉周围，必要时应在作业区域设置警戒线。

（5）禁止用货叉或托盘举升人员从事高处作业，以免发生高空坠落事故。

（6）叉车装卸物品时，必须将物品平稳、缓慢放到地面或其他合适位置，严禁长时间用货叉使物品停留在高处。

（7）严禁在货叉下面进行检修或其他长时间停留作业。

E 停车及注意事项

（1）离开叉车前必须卸下货物或降下货叉架，禁止货叉上物品悬空时离开叉车。

（2）停车时必须拉紧制动手柄。

（3）观察是否发动机熄火、断电，并及时拔下叉车钥匙。

（4）将叉车冲洗擦拭干净，进行日常例行保养后，停放车库或指定地点。

5.4.3.14 装载机操作规程

A 开车前的主要检查内容和准备工作

作业前，检查液压系统应无渗漏，液压油箱油量应充足，轮胎气压应符合规定，制动器灵敏可靠。

B 起步操作

起步前，应先鸣声示意，将铲头提升离地 0.5m 左右。作业时，应使用低速挡；用高速挡走行时，不得进行升降和翻转铲头动作。严禁铲斗载人。

C 行驶中操作

（1）装堆积的砂土时，铲斗宜用低速插入，逐渐提高内燃机转速向前推进。

（2）在松散不平的场地作业，可把铲臂放在浮动位置，使铲斗平稳地推进，如推进阻力过大，可稍稍提升铲臂。

（3）装料时，铲斗应从正面插入，防止单边受力。

（4）往运输车上卸料时应缓慢，铲斗前翻和回位时不得碰撞车厢。

（5）铲臂向上或向下动作到最大限度时，应速将操纵杆回到空挡位置，防止在安全阀作用下发出噪声和引起故障。

D 停车操作

作业后，应将铲斗平放在地面上，将操纵杆放在空挡位置，拉紧手制动器。

E　紧急开、停车操作

（1）经常注意各仪表和批示信号的工作情况，查听内燃机及其他各部位的动转声音，发现异常应立即停车检查，解决问题后方可继续作业。

（2）在工作中发现爆胎及传动部件有异常时应停车检查，排除异常故障后才能继续工作。

F　操作注意事项

（1）装载机不得在倾斜度超过规定的场地上工作，作业区内不得有障碍物及无关人员。

（2）装载机运送距离不宜过大，行驶道路应平坦；在石方施工场地作业，轮式装载机应在轮胎上加装保护链条或用钢质链板直边轮胎。

（3）作业前，检查液压系统应无渗漏，液压油箱油量应充足，轮胎气压应符合规定，制动器应灵敏可靠。

（4）起步前，应先鸣声示意，将铲斗提升离地面 0.5m 左右。作业时，应使用低速挡；用高速挡行驶时，不得进行升降和翻转铲斗动作。严禁铲斗载人。

（5）装堆积的砂土时，铲斗宜用低速插入，逐渐提高内燃机转速向前推进。

（6）在松散不平的场地作业，可把铲臂放在浮动位置，使铲斗平稳地推进；如推进时阻力过大，可稍稍提升铲臂。

（7）装料时，铲斗应从正面插入，防止铲斗单边受力。

（8）往运输车辆上卸料时应缓慢，铲斗前翻和回位时不得碰撞车厢。

（9）铲臂向上或向下动作到最大限度时，应速将操纵杆回到空挡位置，防止在安全阀作用下发出噪声和引起故障。

（10）经常注意各仪表和指示信号的工作情况，察听内燃机及其他各部位的动转声音，发现异常，应立即停车检查；待故障排除后，方可继续作业。

（11）作业后，应将铲斗平放在地面上，将操纵杆放在空挡位置，拉紧手制动器。

5.4.3.15　加压机操作规程

A　开机前的主要检查内容和准备工作

（1）检查润滑油的油质、油量是否符合要求，并转动油杯注油。

（2）检查各部位连接螺栓是否松动。

（3）检查轮轴转动是否灵活，有无卡阻现象；若旋转不动用蒸汽吹扫至转动灵活。

B　正常启动操作

（1）接到开机通知后按下启动按钮，待转速达到额定转速后逐渐打开进出口阀门，同时注意保持系统正压，严禁负压运行。

（2）放掉机内存水。

（3）转动几分钟后，检查加压机和电机情况是否稳定，检查轴承温度和电机温度是否正常。

C 运行中操作

（1）观察电压、电流不得超过额定值。

（2）观察压力表指示是否正常。

（3）规定电机温度不得超过 65℃。

D 正常停机操作

（1）逐渐关闭机前调节蝶阀，打开回流蝶阀。

（2）在本机旁的控制柜上按下停止按钮，停转加压机。

（3）切断该加压机的电源。

（4）关闭机前、机后密封蝶阀。

（5）关闭加压机前后冷却水阀。

E 紧急停机操作

发生下列情况，应立即停机：

（1）机组任何部位出现冒烟。

（2）机组轴承轴瓦温度出现急剧上升，温度超过 65℃。

（3）机组突然出现剧烈振动或金属撞击声。

（4）电气部分失灵。

（5）轴承室油位降到油位计以下，经补充无效。

（6）加压机控制阀失灵。

（7）连接部位或其他部位破裂造成漏气着火。

（8）煤气循环水因故障停送造成煤气温度超过 65℃。

F 操作中注意事项

（1）检查煤气加压风机轴承的油位是否在最高与最低油位之间。

（2）关闭调节门，如运转情况良好，再转入满载荷（规定全压和流量）运转。

（3）检查煤气加压风机各部的间隙尺寸，转动部分与固定部分有无刮蹭现象。

（4）煤气加压风机启动后，逐渐开大调节门，直达正常工况。运转过程中，轴承温升不得超过周围环境 40℃。轴承部位的均方根振动速度值不得大于 6.3mm/s。

（5）点车检查叶轮旋向与标牌是否一致，各部接线、仪表是否正常，有无漏水、漏电、漏油现象和异味、异响、异震、松动等异常现象，如有应排除。

（6）满载荷运转，对新安装风机不少于 2h，对修理后的风机不少于 0.5h。

（7）发现下列情况，必须紧急停车：发觉煤气加压风机有剧烈的噪声、轴承的温度剧烈上升、煤气加压风机发生剧烈震动和撞击。

5.4.3.16　双轴搅拌机操作规程

A　开机前的主要检查内容和准备工作

（1）检查各连接部件是否完好，螺栓是否松动，如有松动必须加固。

（2）检查各安全防护罩是否安装、是否完好。

（3）检查搅拌池内是否有硬质物体卡死和其他杂物。

（4）检查电机线路有无裸露现象，减速机压箱内的油质及油位是否达标。

B　正常开机操作

接到开机指令后按下启动按钮，顺序启动开机。

C　运行中操作

（1）随时注意观察电机、减速机螺旋轴的运行情况及声响情况。

（2）随时注意观察搅拌池内的物料有无卡死现象。

D　正常停机操作

接到停机指令后按停机操作步骤按下停止按钮顺序停机。

E　紧急停机操作

在正常作业中发现异常，立即按下急停开关，切断电源，检查原因并及时排除，确认安全后才能启动操作。

F　操作注意事项

（1）设备运行中不得在搅拌池内作业，如有异常必须停后才能处理。

（2）设备运行中不得对减速机压箱加注润滑油。

（3）操作完毕后保持设备卫生清洁。

5.4.3.17　破碎机操作规程

A　开机前的主要检查内容和准备工作

（1）检查破碎机进出料口是否通畅，齿辊间隙是否符合规定要求。

（2）检查安全防护设施是否齐全稳固。

（3）检查机体内有无煤块杂物卡塞现象，破碎机必须保证空载启动。

（4）检查紧固件是否松动，如有松动严禁开机。

（5）检查减速器内的齿轮油是否在油标线中心位置，同时检查各润滑部位的润滑情况是否良好。

（6）检查电机系统是否正常，有无失爆现象。

B 正常开机操作

接到开机指令后按型煤开机程序顺序开机。

C 运行中操作

破碎机正常运转时,破碎机司机必须在主驱上部平台观察孔处时刻观察齿辊间隙是否相撞(观察前要做好安全防护措施),有无异常噪声及冲击现象,电动机温度情况,减速器各密封面是否漏油,润滑泵工作是否正常,严禁在作业期间睡觉,与他人嬉笑打闹。

D 正常停机操作

停止工作时必须先停止给料皮带,待破碎机内物料全部破碎后方可停机,停止后将就地控制按钮打到停车位置。

E 紧急停机操作

电动机、减速器温升不得超过85℃,运转声音不正常、电动机运转中抖动异常、危及人身安全、漏煤斗卡堵时,必须停机处理,排除故障后才能启动运行。

F 操作注意事项

(1)集控开车时司机应离开设备的运转部位,在就地开关附近监视设备启动情况,观察齿辊间隙是否相撞,有无异常噪声及冲击现象,电动机温度情况,减速器各密封面是否漏油,润滑泵部位是否正常。

(2)处理故障和检修维护保养时,必须先停机,并严格执行停电挂牌制度,并且有专人监护,严禁单人作业。破碎机正常运转后方可开动给料设备。给料时应根据给料的大小和破碎机的工作情况,及时调整给料量,保证均匀给料,避免过载。要严防铲牙、铁板、钻头、钢球等金属块进入破碎机,这些非破碎物将使破碎机损坏。

5.4.3.18 反应釜操作规程

A 开机前的主要检查内容和准备工作

(1)检查釜内、搅拌器、转动部分、附属料泵、指示仪表、安全阀、管路及阀门是否符合安全要求。

(2)检查水、电、气是否符合安全要求。

B 正常开机操作

接到开机指令后按开机程序按下启动按钮,顺序启动开机。

C 运行中操作

(1)加料前应先开反应釜的搅拌器,无杂音且正常时,将料加到反应釜内,加料数量不得超过工艺要求。

（2）打开蒸气阀前，先开回气阀，后开进气阀；打开蒸气阀应缓慢，使之对夹套预热，逐步升压，夹套内压力不准超过 0.4MPa；蒸气管路过气时不准锤击和碰撞。

（3）蒸气阀门和冷却阀门不能同时启动。

（4）随时检查反应釜运转情况，发现异常应停车检修。

D　正常停机操作

（1）停止搅拌，切断电源，关闭各种阀门。

（2）清洗钛环氧（搪瓷）反应釜时，不准用碱水刷反应釜，注意不要损坏搪瓷。

（3）进釜内操作时，必须切断搅拌机电源，悬挂警示牌，并设专人监护。

E　紧急停机操作

运行中若发现设备有异常情况及容器有滴漏现象必须停机处理。

F　操作中注意事项

所有反应釜每 3 个月保养一次，保养时检查阀门和管道有无泄漏（是否堵塞）、搅拌轴转动是否平稳、轴承有无异常响声、减速机机油有没有变黑或低于水平线，釜体上和管道上压力表每半年检定一次，安全阀及釜体一年一次。

5.4.3.19　柴油发电机操作规程

A　开机前的主要检查内容和准备工作

（1）检查水箱是否满水。

（2）检查机油是否在规定的油面位置。

（3）检查柴油箱是否有充足柴油，供油阀门是否已打开，并确认管道内无空气。

（4）检查柴油机各部分是否正常，机械上有无妨碍运转杂物。

（5）检查电启动系统电路接线是否正常、牢固，蓄电池液面高度是否正常，是否已充足电。

（6）检查高压电房高压开关是否在分闸位置，低压电房市电进线开关是否在分闸位置。

（7）检查低压电房发电机进线开关以及由发电机供电的所有分路负荷是否都在分闸位置。

（8）检查柴油发电机各仪表初始值是否正常，锁匙开关转回至"运行"位置。

B　正常开机操作步骤

顺时针旋动锁匙开关至"启动"位置，同时按绿色"启动"按钮，柴油机立即启动，3s后停止按绿色"启动"按钮，将钥匙开关转回至"运行"位置，机组即启动完成，进入运行状态。

C 运行中操作

（1）机组启动后应立即检查柴油机各仪表指示是否正常，机组运转声音、振动等情况是否正常。

（2）机组运转一切正常后即可合上发电机开关并进行带负荷操作，首先合上发电机进线开关，然后再合上各分路负荷开关。

（3）发电机带负荷后应立即检查机给运行情况，检查各配电屏开关、仪表、信号灯、电缆、接头等是否正常，并在运行中不断进行监视。

（4）为了柴油发电机安全运行，柴油机机油压力应保持在 $2.5kg/cm^2$，冷却水出水温度不得高于95℃，发电机负荷电流应控制在1000A范围内运行。

（5）每隔0.5h记录一次电机的电流、电压、频率以及柴油机的机油压力和冷却水出水温度值。

D 正常停机操作

（1）当市电来电，柴油发电机停车前，应首先通知各大型用电设备暂时停止工作，然后才可进行机组的卸载拉闸操作。首先应逐个切开发电机供电的各路负荷开关，然后再切开低压房发电机进线开关和发电机开关，不允许切开发电机开关或发电机进线开关后切开各分路开关，防止柴油发电机突然甩负荷可能造成的超速和飞车事故。

（2）进行恢复市电供电的操作。

（3）将柴油机的钥匙开关逆时针旋向"停车"位置，柴油机即停车。

（4）检查和清洁柴油发电机组，补油、补水，检查机油情况。

E 紧急停机操作

如发电机出现紧急情况，而发电机的自身保护系统拒动时，应紧急停机，将柴油发电机组锁匙开关逆时针转到"关断"位置。

F 操作注意事项

柴油发电机组空载运行不能超过15min；市网停电，发电机投入使用停机后，要对发电机的水位、机油位、柴油位、蓄电池电压、蓄电池液位等进行一次检查，保证正常状态。如运行在半小时内不需要检查，运行在半小时以上必须进行全面检查。每次投入运行均要做好运行记录。

6　火法炼锌清洁生产与物料综合利用

　　清洁生产的目的就是通过采用先进的生产技术、工艺设备以及清洁原料，在生产过程中实现节省能源，降低原材料消耗，从源头控制污染物产生并降低末端污染控制投资和运行费用，实现污染物排放全过程控制，有效地减少污染物排放量。在生产中实现"减污、增效、节能、降耗、综合利用"，是确保锌冶金清洁生产的重要措施。

6.1　火法炼锌清洁生产技术标准体系

　　清洁生产的含义是指不断采取改进设计、使用清洁的能源和原料、采用先进的工艺技术与设备、改善管理、综合利用等措施，从源头削减污染，提高资源利用效率，减少或者避免生产、服务和产品使用过程中的污染物的产生和排放，以减轻或者消除对人类健康和环境的危害。

　　为了贯彻落实《中华人民共和国清洁生产促进法》，指导和推动铅锌企业依法实施清洁生产，提高资源利用率，减少和避免污染物的产生，保护和改善环境，相关政府机构正积极制定《铅锌行业清洁生产评价指标体系》（试行）（以下简称"指标体系"）。锌冶金清洁生产技术标准体系用于评价有色金属工业铅、锌行业的清洁生产水平，作为创建清洁生产先进企业的主要依据，并为企业推行清洁生产提供技术指导。该指标体系依据综合评价所得分值将企业清洁生产等级划分为三级，即代表国际、国内先进水平的"清洁生产先进企业"和代表国内一般水平的"清洁生产企业"。随着技术的不断进步和发展，本指标体系每3~5年修订一次。

　　制定标准体系的火法炼锌一级指标主要有资源能源利用、生产技术特征、产品特征、污染物排放、综合利用等五项；通过指标体系的定量评价和定性要求，将锌冶炼企业清洁生产过程水平划分为三级技术指标：

　　一级：国际清洁生产先进水平；

　　二级：国内清洁生产先进水平；

　　三级：国内清洁生产基本水平。

　　图 6-1、表 6-1 是由北京矿冶研究总院编制的标准体系框架及评价指标项目、权重及基准值。

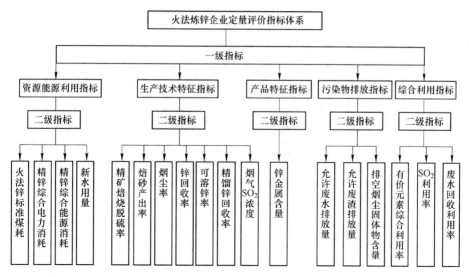

图 6-1 火法炼锌企业定量评价指标体系框架

表 6-1 火法炼锌流程企业定量评价指标项目、权重及基准值

一级指标	权重值	二级评价指标	单位	权重值	评价基准值
资源与能源利用指标	30	火法锌标准煤耗	kg/t	8	1800
		精锌综合电力消耗	kW·h/t	6	2900
		精锌综合能源消耗	kg/t	6	2200
		新水用量	m³/t	10	8
生产技术特征指标	30	精矿焙烧脱硫率	%	4	95
		可溶锌率	%	6	93
		焙砂产出率	%	5	60
		烟尘率	%	4	25
		锌回收率	%	5	99
		精馏锌回收率	%	3	94
		烟气 SO₂ 浓度	%	3	9
产品特征指标	5	锌金属含量	%	5	99.995
污染物排放指标	20	允许废水排放量	m³/t	10	3
		排空烟尘固体物含量	mg/m³	6	150
		允许废渣排放量	t/t	4	0.7
综合利用特性指标	15	有价元素综合利用率	%	5	70
		SO₂ 利用率	%	5	98
		废水回收利用率	%	5	90

注：评价基准值的单位与其相应指标的单位相同。

6.2　火法锌冶金新方法新技术

A　等离子炼锌技术

等离子发生器将热量从风口输送到装满焦炭的炉子的反应带，在焦炭柱的内部形成一个高温空间，粉状 ZnO 焙烧矿与粉煤和造渣成分一起被等离子喷枪喷到高温带，反应带的温度为 1700~2500℃，ZnO 瞬时被还原，生成的锌蒸气随炉气进入冷凝器被冷凝为液体锌。由于炉气中不存在 CO_2 和水蒸气，所以没有锌的二次氧化问题。

B　锌焙烧矿闪速还原

锌焙烧矿闪速还原包括硫化锌精矿在沸腾炉内死焙烧、在闪速炉内用碳对 ZnO 焙砂进行还原熔炼和锌蒸气在冷凝器内冷凝为液体锌三个基本工艺过程。

C　喷吹炼锌

在熔炼炉内装入底渣，用石墨电极加热到 1200~1300℃ 使底渣熔化，用 N_2 将 -0.074mm 左右的焦粉与氧气通过喷枪喷入熔渣中，与通过螺旋给料机送入的锌焙砂进行还原反应，产出的锌蒸气进入铅雨冷凝器被冷凝为液体锌。

6.3　火法炼锌物料综合回收

6.3.1　从锌精矿焙烧或烧结烟气中回收汞

当锌精矿中含有较多的汞时，在高温氧化焙烧时，汞以元素形态随烟气一道进入烟气冷却净化系统，最终还会有一些汞进入硫酸生产车间，从而污染产品硫酸。因此从锌焙烧烟气中回收汞，不仅可减少汞对生产环境的污染，也可提高硫酸的质量。

葫芦岛锌厂处理含汞 0.1% 左右的锌精矿时，焙烧烟气中含汞量为 300~400mg/m³；韶关冶炼厂处理凡口矿时，有 60% 的汞进入焙烧后的制酸烟气中，烟气含汞量为 20~60mg/m³；科科拉电锌厂焙烧含汞量为 0.001%~0.02% 的锌精矿时，烟气中含有（mg/m³）：42Hg、10Se、215Cl、4700SO₃，必须从烟气中回收这部分汞，否则将污染硫酸及环境。

6.3.1.1　直接冷却法

葫芦岛锌厂采用直接冷凝法回收汞。流态化炉烟气经电收尘后，进入第一洗涤增湿塔，洗去大部分尘埃并将烟气温度降到 58~60℃，送入石墨气液间冷器，80% 的汞蒸气在此冷凝成液汞和汞泵，烟气温度降到 30℃ 以下；然后进入充填洗涤塔，进一步脱去金属汞和汞泵后，送入制酸烟气系统。金属汞和汞泵可用火法精炼制得高纯汞（99.99%Hg）。汞的回收率可达到41%。

6.3.1.2 碘络合-电解法

韶关冶炼厂曾采用碘络合-电解法回收汞，其流程如图6-2所示。

采用上述流程回收汞，从烟气中除汞效率为99%，精制汞的纯度为99.99%，由除汞后的烟气制得的硫酸含汞由原来的 $100\sim170\mu g/g$ 可降到 $1\mu g/g$ 以下，汞的总回收率达到45.3%。

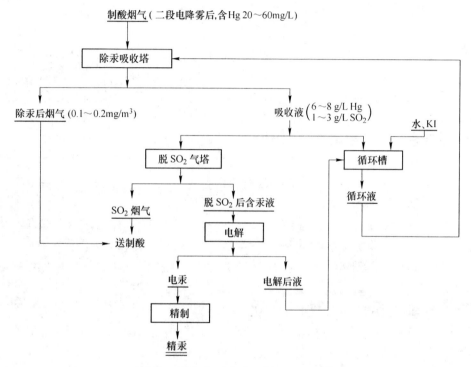

图6-2 碘络合-电解法回收汞工艺流程

6.3.2 从锌浸出渣或铁矾渣中回收铟、锗、镓

在锌焙烧的常规浸出流程中，铟、锗、镓富集在酸性浸出渣中。将酸浸渣用回转窑烟化时，铟、锗、镓便随锌一道挥发进入收集的氧化锌粉。这种氧化锌粉除用于提锌外，还应回收铟、锗、镓。我国广西大厂矿区产出的锌精矿富含铟，用黄钾铁矾法处理这种锌精矿时，锌焙砂中95%的铟进入铁矾法炼锌流程的热酸浸出液中，热酸浸出液中含铟约100mg/L，铁约为铟的150倍；以黄钾铁矾沉淀铁时，铟和铁共沉淀，得到含铟铁矾渣。铟可以从沉铁以前的热酸浸出液中回收，也可以从含铟铁矾渣中回收。

6.3.2.1　P-M 法回收铟、锗、镓

最早从湿法炼锌系统中回收铟、锗、镓的是意大利玛格海拉港（Potro-Marghera）电锌厂与都灵冶金中心（Torino Metallury Centre），于 1969 年联合采用火法和湿法冶金方法从含 Ga 0.02% ~ 0.04%、In 0.04% ~ 0.09%、Ge 0.06% ~ 0.09%的锌浸出渣中同时回收铟、锗、镓三种金属，这种用火法和湿法冶金工艺从锌浸出渣中分别提取铟、锗、镓的过程，称为 P-M 法。所采用的工艺流程包括预处理，提取锗，提取铟镓。

（1）预处理。将锌浸出渣配入碳粒和石灰后装入回转窑内，在 1250℃ 下进行烟化处理，使大部分铟、锗、镓以及锌、镉、铅进入挥发烟尘，从窑渣中回收铜、银、铅。挥发烟尘用 Na_2CO_3 水溶液洗涤脱去其中的氯，获得脱氯烟尘。脱氯烟尘用添加少量 K_2SO_4、$FeSO_4$ 的锌电解废液进行中性浸出脱锌、镉，浸出液回收锌、镉，铟、锗、镓则留在中性浸出渣中，实现了铟、锗、镓与锌、镉的分离。中性浸出渣用含 $CaCO_3$ 的稀 H_2SO_4 进行还原浸出，$CaSO_3$ 可使高价铁还原成低价铁，应控制浸出液的 pH 值为 1，以促使铟、锗、镓进入还原浸出液，铅留在浸出渣中，经过滤获得含铅 40% 左右的铅渣，作为回收铅的原料，酸浸液作为提取铟、锗、镓的原料。

（2）提取锗。在还原酸浸液中加丹宁，生成丹宁锗沉淀物，铟、镓将留在丹宁母液中，可作为提取铟、镓的原料。对过滤得到的丹宁锗沉淀物在 600℃ 下进行氧化焙烧，得到锗精矿。锗精矿经氯化法提锗处理，再经过区域熔炼可制得锗单晶。

（3）提取铟镓。丹宁母液用 NaOH 中和得到含铟 0.6% ~ 1.2%、含镓 0.5% ~ 2.5%的中和渣。在 70~80℃ 下用含 $CaCO_3$ 的稀 H_2SO_4 溶液溶解中和渣，过滤所得酸性溶液用氨水再中和溶液至 pH 值到 4.2，此时铟、镓水解进入富集渣中。再用 NaOH 分解富集渣，镓转入溶液，铟残留在富铟渣中，实现铟、镓分离。富铟渣经碱性熔炼–酸性浸出–锌置换制得海绵铟，海绵铟可经碱性熔炼后电解精炼制取纯铟。含镓碱浸液再次用硫酸中和到 pH = 6.5 ~ 7.0，镓便以 $Ga(OH)_3$ 形态进入三次中和渣 $Ga(OH)_3$ 渣中。$Ga(OH)_3$ 经酸溶解、醚萃取镓，所得镓反萃液可经碱化造液、电解制得金属镓。

此法由于多次中和工艺流程长，液、固分离频繁，镓、铟的回收率不高，因而综合回收效果不如综合法回收铟锗镓，全萃取法回收铟锗镓。

6.3.2.2　综合法回收铟、锗、镓

此法是以锌浸出渣为原料，经浸出、丹宁沉淀锗和溶剂萃取得到铟、锗、镓的过程，主要包括预处理、提取铟和提取镓等作业。此法于 1975 年在我国研究

开发成功，回收铟这部分工艺已用于工业生产，工艺流程如图 6-3 所示。

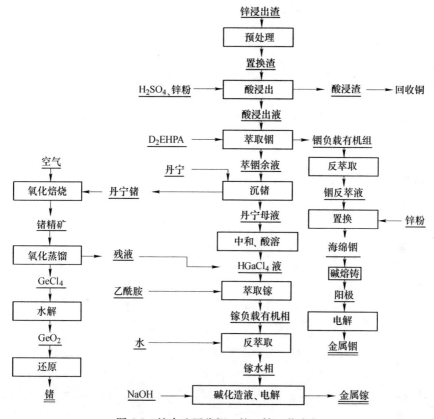

图 6-3 综合法回收铟、锗、镓工艺流程

6.4 从硬锌中综合回收铟、锡、铅、银

某厂采用沸腾焙烧-电炉还原熔炼-粗锌精馏精炼的全火法流程处理高铟高铁闪锌矿（铁含量一般高于 10%，含铟 500~800g/t），并通过真空蒸馏-浸出-置换-电解工艺从火法炼锌副产品硬锌中回收铟、锡、铅、银。经实践表明，该工艺具有投资少、土地利用率高、对稀散金属富集效果好、总回收率高等特点，其原则流程如图 6-4 所示。

6.4.1 从硬锌中综合回收铟、锡、铅、银原理

火法炼锌得到的副产品硬锌、B 号锌（含铟物料）经过真空蒸馏，利用锌、铅、铟等金属在一定温度下不同金属的蒸气压存在差异实现锌、铅（含铟物料）的分离，得到粗锌、铅渣（含铟物料）；之后将铅渣（含铟物料）送碱性浸出，

实现富铟物料与铅银分离；富铟物料经过萃取实现铟、锡分离；富铟溶液经铝置换得到海绵铟后，经除杂熔铸得到合格铟阳极板，送隔膜电解制成 4N 精铟。下面简要介绍该工序浸出、萃取、除杂、锡置换及电解原理。

6.4.1.1　浸出原理

铟系统用盐酸作为浸取剂，浸出的原理如下：

$$M + nH^+ \Longrightarrow M^{n+} + n/2H_2\uparrow$$

$$nMO + 2nH^+ \Longrightarrow nM^{n+} + nH_2O$$

式中，M 代表 In、Sn、Zn、Cu、Cd、Fe 等元素。

原料中的大部分金属以金属单质存在，还有少数以氧化物、砷酸盐、硅酸盐、铁酸盐存在。所以主要发生以下反应：

$$Zn + 2HCl \Longrightarrow ZnCl_2 + H_2\uparrow$$

$$2In + 6HCl \Longrightarrow 2InCl_3 + 3H_2\uparrow$$

$$Sn + 4HCl \Longrightarrow SnCl_4 + 2H_2\uparrow$$

$$Pb + 2HCl \Longrightarrow PbCl_2 + H_2\uparrow$$

$$Fe + 2HCl \Longrightarrow FeCl_2 + H_2\uparrow$$

$$In_2O_3 + 6HCl \Longrightarrow 2InCl_3 + 3H_2O$$

$$ZnO + 2HCl \Longrightarrow ZnCl_2 + H_2O$$

$$Cu_2O + 2HCl \Longrightarrow 2CuCl + H_2O$$

$$Fe_2O_3 + 6HCl \Longrightarrow 2FeCl_3 + 3H_2O$$

还有部分不活泼金属不溶而入渣，如 Cu、Ag、Bi 等，大部分 Pb 也进入渣中。

影响浸出过程、浸出率的主要因素为：

（1）盐酸浓度。浸出率在一定范围内随着盐酸浓度的增加而增加，但酸度太高系统酸不平衡，因此，考虑在系统酸平衡且能满足下道工序工艺要求的前提下尽可能提高浸出酸度。

（2）温度。浸出率随着温度的升高而提高，但根据本公司原料特点和盐酸易挥发等特点，浸出在室温下进行就可得到很高的浸出率。

（3）液固比。随着液固比的增大浸出率有所提高，但液固比太大液体中的铟不易富集，生产效率低。因此，一般根据原料及生产工艺情况控制合适的液固比，一般液固比保持在 5∶1~6∶1。

（4）浸出反应时间。一般情况下随着时间的延长铟、锡的浸出率有所提高，但浸出到一定时间浸出率提高不明显，大部分铟、锡是在较短的时间内完成浸出的，时间太长生产效率低，浸出液含铟不会再提高，杂质含量会明显升高。因此，一般浸出时间为 4~6h。

6.4.1.2 萃取原理

铟工业生产中用 P204 从含铟溶液中萃取铟的工艺，使铟得到了富集与回收的最佳条件，采用 P204 加航空煤油作为萃取剂，在固定温度、相比及金属离子不水解等条件下，萃取率随 pH 值的增大而增大。

（1）萃取。所用萃取剂为 P204，P204 为酸性磷类萃取剂，反应机理如下：

$$In^{3+} + 3[H_2A_2]_{(o)} === [InA_3 \cdot 3HA]_{(o)} + 3H^+$$

（2）反萃。反萃是指有机相中的金属离子与水相中的氢离子发生交换，金属离子进入水相中，反萃原理：

$$[InA_3 \cdot 3HA]_{(o)} + 3HCl === InCl_3 + 3[H_2A_2]_{(o)}$$

（3）TBP 萃取机理。TBP 是分子萃取剂，其分离铟、锡的机理是：控制一定的 pH 值范围，TBP 选择性萃取 $SnCl_2$、$SnCl_4$，而部分萃取 $InCl_3$。

（4）TBP 的反萃。TBP 属中性萃取剂，其反萃在很低酸度条件下进行，返铟用盐酸，反锡用氢氟酸，洗涤有机相用盐酸。

6.4.1.3 除杂工艺原理

TBP 萃余液含铟 50~60g/L，铁 8~10g/L，锡 4~6g/L，还有少量的铅、镉，要想获得比较纯净的置换前液，就得把铁、锡、铅等杂质除去。所以置换的整个除杂过程（除杂，沉铟，锌粉除杂）就围绕这几个元素进行。

A 除杂

铅的去除主要通过加入硫酸将 Pb^{2+} 转变成 $PbSO_4$ 沉淀，然后除去，然而在多重因素的共同影响下，生成的 $PbSO_4$ 会返溶或是溶解度增大而除铅效果不好，所以需要在下面工序中用锌粉置换。

铁的去除主要通过用双氧水将 Fe^{2+} 氧化为 Fe^{3+}，用 NaOH 调 pH 值，Fe^{3+} 水解为 $Fe(OH)_3$ 沉淀而除去。此过程可以将 Fe 含量除至小于 0.1g/L。在除去铁的同时溶液中的锡也被除去，其原理是在双氧水的氧化下，溶液中的 Sn^{2+} 氧化成 Sn^{4+}，而 Sn^{4+} 比 Sn^{2+} 更易水解，沉淀更完全。反应方程：

$$H_2O_2 + 2H^+ + 2Fe^{2+} === 2Fe^{3+} + 2H_2O$$
$$H_2O_2 + 2H^+ + Sn^{2+} === Sn^{4+} + 2H_2O$$
$$Pb^{2+} + SO_4^{2-} === PbSO_4 \downarrow$$
$$Fe^{3+} + 3H_2O === Fe(OH)_3 \downarrow + 3H^+$$
$$Sn^{4+} + 4H_2O === Sn(OH)_4 \downarrow + 4H^+$$

B 沉铟

沉铟主要是利用在一定的 pH 值条件下有些杂质不沉淀留在溶液中，铟沉淀析出得到富集，达到铟与杂质元素的分离。在生产中进行 pH 值控制主要有两个原因：（1）在一定 pH 值条件下金属镉不水解沉淀（水解 pH=7~8）；（2）在一定 pH 值条件下氢氧化铟溶解度很小（20~25mg/L）。其实氢氧化铟的溶解度在 pH=7~8 最小，可以达到 10mg/L 以下，在杂质元素含量很低的情况下，沉铟最宜在 pH=7.5 左右。反应如下：

$$In^{3+} + 3OH^- \Longrightarrow In(OH)_3 \downarrow$$

C　锌粉、粗铟置换除铅锡

将较负电性的金属加到较正电性金属的盐溶液中，则较负电性的金属将从溶液中取代出较正电性的金属，而本身则进入溶液。从热力学角度讲，任何金属均可能按其在电位序中的位置被较负电性的金属从溶液中置换出来，反应为：

$$yMe_1^{x+} + xMe_2 \Longrightarrow yMe_1 + xMe_2^{y+}$$

式中，x、y 分别为被置换金属 Me_1 和置换金属 Me_2 的化合价。

根据金属这一性质，锌（标准电位 -0.763）可以将电位比它正的金属 In（-0.343）、Pb（-0.126）、Cd（-0.402）等置换出来。所以生产中一定得控制锌粉的用量，不然铟将大量被还原而在流程中循环。

6.4.1.4　锡置换原理

铝板置换锡和锌粉置换铅是同样的原理，铝标准电位 -1.68，二价锡标准电位 -0.36，四价锡标准电位为 +0.01。在富铟溶液中插入铝板后会发生如下反应：

$$2Al + 3Sn^{2+} \Longrightarrow 3Sn + 2Al^{3+}$$
$$4Al + 3Sn^{4+} \Longrightarrow 3Sn + 4Al^{3+}$$

6.4.1.5　电解原理

铟电解精炼过程是以粗铟作阳极，钛板作阴极，电解液为 $In_2(SO_4)_3$、H_2SO_4 体系。铟电解精炼时，其过程可以认为是下列电化学系统：$In(纯)/In_2(SO_4)_3$、H_2SO_4、$H_2O/In(含杂质)$。

（1）阳极可能发生的反应：

$$In - 3e^- \Longrightarrow In^{3+}$$
$$2H_2O - 4e^- \Longrightarrow O_2 + 4H^+$$
$$SO_4^{2-} - 2e^- \Longrightarrow SO_3 + 1/2O_2$$

（2）阴极可能发生的反应：

$$In^{3+} + 3e^- \Longrightarrow In$$
$$H^+ + 2e^- \Longrightarrow 1/2H_2$$

氢的标准电势较铟正，但在正常情况下，由于氢离子对铟具有很大的过电压，所以在阴极上不会有氢气析出。

粗铟中的杂质按电位可分为三类：

（1）电位比铟正的杂质。Cu、Pb、Ag、Sb、Sn 部分溶解，绝大进入阳极泥。

（2）电位比铟负的杂质。Zn、Al、Fe 溶解进入溶液，但不在阴极析出。

（3）电位与铟相近的杂质。Tl、Cd 同铟一起沉积。

6.4.2 从硬锌中综合回收铟、锡、铅、银流程

从火法炼锌副产品硬锌中回收铟、锡、铅、银的工艺流程主要有真空蒸馏、浸出、萃取、除杂、海绵铟制备、电解。其原则流程如图 6-4 所示。

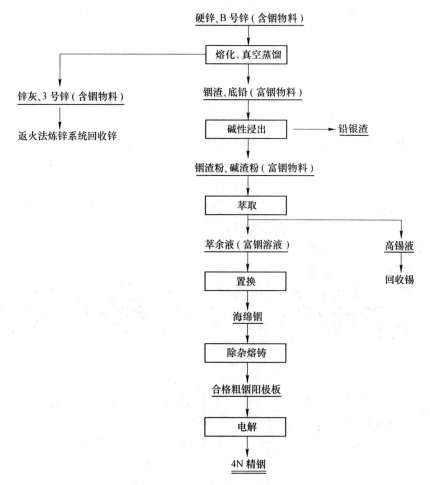

图 6-4 从硬锌中综合回收铟、锡、铅、银原则流程

6.4.3 从硬锌中综合回收铟、锡、铅、银所用设备

从硬锌中综合回收铟、锡、铅、银所用设备有 U 型中频炉、锌蒸汽冷凝器、底铅坩埚炉、破碎工序雷蒙磨、造碱渣熔炼炉、海绵锡熔铸熔炼炉、机械搅拌浸

出槽、压滤机、萃取机、置换槽、海绵铟压团机、碱熔除杂炉、铟液熔铸锅、精铟工序隔膜电解槽等。

6.4.4　从硬锌中综合回收铟、锡、铅、银操作

6.4.4.1　综合回收铟、锡、铅、银安全操作规程

A　碎石打砂机安全操作规程

（1）在打砂机开车前检查涡腔观察门有没有关好，以免物料从漩涡腔观察门冲出，发生危险。

（2）从入料口方向看，叶轮应该是逆时针方向旋转，或应调整电机连接，保证打砂机叶轮的正常运转。

（3）打砂机与输送设备的启动顺序：

1）排料→打砂机→给料。

2）打砂机必须空载启动，待振动破碎机运转正常后方可给料。

3）打砂机停机顺序与开机顺序相反。

4）颗粒、严格按规定材料进入，禁止大于规定的物料进入打砂机；否则，会引起叶轮的不平衡及叶轮过分磨损，甚至造成堵塞叶轮通道及中心入料管，使打砂机不能正常工作。发现过大块入料应及时排除，以保证打砂机正常工作，同时可以保证操作者的安全。

（4）当停止排放物料时，应停止给料，否则会造成压死打砂机的叶轮，烧毁电动机，严重的还会引起火灾。

（5）打砂机运转过程中，不得有剧烈振动和异常噪声，否则，会影响打砂机的工作效果，甚至会发生意外。

B　电动单梁桥式起重机安全操作规程

（1）工作前。

1）地面操纵的单梁桥式起重机，每班应有专人负责按点检卡片的要求进行检查，发现异常情况，应予以排除。

2）操作者必须在确认走台或轨道上无人时，才可以闭合主电源；当电源断路器上加锁或有告示牌时，应由原有关人除掉后方可闭合主电源。

（2）工作中。

1）每班第一次起吊重物时（或负荷达到最大重量时），应在吊离地面高度0.5m后，重新将重物放下，检查制动器性能，确认可靠后，再进行正常作业。

2）严格执行"十不吊"的制度：

①指挥信号不明或乱指挥不吊；

②超过额定起重量时不吊；

③吊具使用不合理或物件捆挂不牢不吊；

④吊物上有人或有其他浮放物品不吊；

⑤抱闸或其他制动安全装置失灵不吊；

⑥行车吊挂重物直接进行加工时不吊；

⑦歪拉斜挂不吊；

⑧具有爆炸性物件不吊；

⑨埋在地下物件不拔吊；

⑩带棱角、快口的物件，未垫好不吊。

3）发现异常，立即停机，切断电源，检查原因并及时排除。

（3）工作后。

1）将吊钩升高至一定高度，大车停靠在指定位置，控制器手柄置于"零"位；拉下刀闸，切断电源。

2）进行日常维护保养。

3）做好交接班工作。

C 逆流式玻璃钢冷却塔安全操作规程

一切操作都应遵守一人操作一人监护的安全确认制。

（1）在冷却塔爬梯入口处挂"禁止攀登""禁止入内"警告牌。

（2）非本岗位人员禁止进入工作区域。因公需进入的，需与当班人员联系，并征得当班人员同意，进行登记后方可进入。

（3）值班人员接令，确认无误，经请示车间主管批准，一人操作一人监护进行停、开机操作程序。

1）停机操作程序。冷却塔在检修、检查期间，在值班人员监护下，由检修、检查负责人在断电开关及操作按钮处挂"设备在检修"警告牌，方可操作。

2）开机操作程序。待检修、检查任务完成后，在值班人员监护下，由检修、检查负责人确认现场和塔内无其他人员及遗留工具、其他物品后，摘掉断电开关与操作按钮处"设备在检修"警告牌后，方可操作。

3）进入冷却塔的检修和相关人员必须经值班人员允许，执行停机操作程序后，由值班人员在冷却塔爬梯入口门前清点人数后，方可上塔。

4）作业完成后，由值班人员在爬梯口处清点人数，确认无误后，再执行开机程序。

5）开机前，请示车间主管批准后，对现场检查，由两个值班人员一人检查一人监护，确认塔内无其他人员，无遗留工具及其他物品后；确认塔上无遗留人员及异常现象，清点人数，确认无误后，进行开机操作程序，运行正常后汇报车间主管，做好记录。

6）两人以上共同在工作区域对某设备、设施进行操作或作业时，必须指定一名现场负责人进行指挥，并对设备设施、人员、周围环境、生产安全操作负全责，其他任何人员无权指挥。

7）电机轴承应每年维护一次，添加润滑油脂。

8）循环冷却水的浊度不大于 50mg/L，短期不大于 100mg/L，水中不得含有油污和机械性杂质。

9）塔附近按消防规范设消火栓，兼做冲洗填料和水池沉积物用。

10）风机叶片在安装、使用前应作调整，保持角度一致。方法为在靠近叶间 150mm 处，对每根叶片的前后两缘分别作一标志，再由支架下弦分别测每根叶片的前后两缘的距离，以计算出各叶片此点前后缘的高差，通过数次调整使高差达到一致即为合格。

11）电机的电流在高速运转时应等于额定值的 0.9~0.95；电机接线后要密封接线盒，并注意电流测试值不超过电机额定电流。

12）玻璃钢属于燃烧体，因此冷却塔维修时不得动用明火，如动用明火则必须采取相应安全措施。

13）冷却塔运转时，应有专人管理，经常注意电流、水温的变化，对电机、减速机、布水器等处应定期检查。

D　现场监测汞作业安全操作规程

（1）汞是一种有毒物质，由于汞的用处很大，所以使用特别广泛。汞是唯一在常温下为液体的金属；银白色，易流动；相对密度 13.59；熔点 -38.9℃；沸点 356.6℃；蒸气比重 6.9；汞在常温下即能挥发，汞蒸气易被墙壁或衣物吸附，常形成持续污染空气的二次汞源。

（2）汞对人体的危害。

汞及汞化合物对人体的损害与进入体内的汞量有关。汞对人体的危害主要累及中枢神经系统、消化系统及肾脏，此外对呼吸系统、皮肤、血液及眼睛也有一定的影响。

（3）预防汞中毒的措施。

1）改善劳动条件，以低毒或无毒代替有毒。如在制毡工业中使用非汞化合物，用电子温度计、双金属温度计代替水银温度计等。降低空气中汞蒸气的含量，生产中尽量采用机械化、自动化。产生汞蒸气的场所应密闭，并安装排风装置，无法密闭的场所应实施全面通风。生产车间的地面、墙壁、天花板宜采用光滑材料防止汞的吸附。工人的操作台应光滑，并有一定倾斜，以便于清扫和冲洗，低处设有储水的汞收集槽。对于已被汞污染的车间，可用 $1g/m^3$ 碘加酒精熏蒸，使之生成不易挥发的碘化汞。工人的劳动环境应定期检测，并使空气中汞蒸气的浓度低于最高容许浓度，金属汞浓度 <0.01mg/m³，升汞浓度 <0.1mg/m³，有机汞浓度 <0.05mg/m³。

2）加强个人防护及卫生监督。

3）分厂在组织生产时必须保证使最少量的职工接触汞。

4）防止意外食入过量的汞化合物，避免食用被汞污染的食品；服用含汞药物应严格控制剂量；体温计破碎后，泼洒出的金属汞应及时妥善处理，防止污染居室环境。

5）加强宣传教育和普及卫生知识，预防生活性汞中毒。

6）在生产过程中，要轻拿轻放。真空计在运输和使用过程中请小心轻放，勿随便松开螺帽，以防水银流出不能使用。

7）真空计所装的介质——水银均经过特殊处理，有很高的纯洁度。在使用过程中，由于使用不当和外界因素引起水银变质污染，会影响其精度，甚至没有读数，应及时送生产厂家进行修理，处理校验后方可使用。

8）真空计每次使用后，必须关闭阀门才可停止真空泵工作，以免真空泵内的油进入真空炉系统和真空计内。

（4）半小时检查一次水银计是否完好，并做好记录。

（5）水银温度计打碎后，落地的水银很快就会挥发到空气中，使室内空气中汞的浓度达到 $22mg/m^3$ 以上，这是很危险的。因为人在空气汞为 $5mg/m^3$ 的环境中很快会引起汞中毒。此时应打开门窗，让空气充分流通，或用硫黄粉末撒在水银处，与之生成难挥发的硫化汞，以消除汞污染的危害。

E　砂轮机安全操作规程

（1）使用前的准备。

1）砂轮机要有专人负责，经常检查，以保证正常运转。

2）更换新砂轮时，应切断总电源。安装前应检查砂轮片是否有裂纹，若肉眼不易辨别，可用坚固的线把砂轮吊起，再用一根木头轻轻敲击，静听其声（金属声则优、哑声则劣）。

3）砂轮机必须有牢固合适的砂轮罩，托架距砂轮不得超过 5mm，否则不得使用。

4）安装砂轮时，应避免螺母上得过松、过紧，在使用前应检查螺母是否松动。

5）砂轮安装好后，一定要空转试验 2~3min，看其运转是否平衡，保护装置是否妥善可靠；在测试运转时，应安排两名工作人员，其中一人站在砂轮侧面开动砂轮，如有异常，由另一人在配电柜处立即切断电源，以防发生事故。

6）凡使用者要戴防护镜，不得正对砂轮，而应站在侧面；使用砂轮机时，不准戴手套，严禁使用棉纱等物包裹刀具进行磨削。

7）使用前应检查砂轮是否完好（不应有裂痕、裂纹或伤残），砂轮轴是否安装牢固、可靠，砂轮机与防护罩之间有无杂物，是否符合安全要求，确认无问题时，再开动砂轮机。

（2）使用中注意事项。

1）开动砂轮时必须 40~60s 转速稳定后方可磨削，磨削刀具时应站在砂轮的侧面，不可正对砂轮，以防砂轮磨片破碎飞出伤人。

2）禁止两人同时使用同一块砂轮，更不准在砂轮的侧面磨削；磨削时，操作者应站在砂轮机的侧面，不要站在砂轮机的正面，以防砂轮崩裂，发生事故；不允许戴手套操作，严禁围堆操作和在磨削时嬉笑与打闹。

3）磨削时的站立位置应与砂轮机成一夹角，且接触压力要均匀，严禁撞击砂轮，以免碎裂，砂轮只限于磨刀具，不得磨笨重的物料或薄铁板以及软质材料（铝、铜等）和木质品。

4）磨刃时，操作者应站在砂轮的侧面或斜侧位置，不要站在砂轮的正面，同时刀具应略高于砂轮中心位置。不得用力过猛，以防滑脱伤手。

5）砂轮不准沾水，要经常保持干燥，以防湿水后失去平衡，发生事故。

6）不允许在砂轮机上磨削较大较长的物体，防止震碎砂轮，飞出伤人。

7）不得单手持工件进行磨削，防止工件脱落在防护罩内，卡破砂轮。

（3）使用后注意事项。

1）必须经常修整砂轮磨削面，当发现刀具严重跳动时，应及时用金刚石笔进行修整。

2）砂轮磨薄、磨小、使用磨损严重时，不准使用，应及时更换，保证安全。

3）磨削完毕应关闭电源，不要让砂轮机空转；要应经常清除防护罩内积尘，并定期检修更换主轴润滑油脂。

F　氧气瓶、乙炔瓶安全操作规程

（1）移动搬运。

1）在搬运使用前，先要检查瓶嘴气阀安全胶圈是否齐全，瓶身、瓶嘴是否有油类等。

2）装卸时，瓶嘴阀门朝同一方向，防止互相碰撞、损坏和爆炸。

3）在强烈阳光下运输时，要用帆布遮盖。

（2）氧气瓶保管与存放。

1）库房周围不得放易燃物品。

2）库内温度不得超过 30℃，距离热源明火在 10m 以外。

3）氧气瓶减压阀、压力计、接头与导管等，要涂标记。

（3）氧气瓶使用规定。

1）安装减压阀前，先将瓶阀微开一二秒钟，并检验氧气质量，合乎要求方可使用。

2）瓶中氧气不准用尽，应留 0.1MPa。

3）检查瓶阀时，只准用肥皂水检验。

4）氧气瓶不准改用充装其他气体使用。

（4）乙炔气瓶安全技术操作规定。

1）在搬运移动乙炔瓶时，应轻装轻卸，严禁抛、滑、滚、碰，应使用专用夹具和防雨的运输车。

2）夏季要有遮阳措施，防止暴晒，严禁与氧气瓶及其他易燃物品同车搬运。

3）工作地点频繁移动时，应装在专用小车上，乙炔瓶和氧气瓶应避免放在一起。

4）乙炔气瓶在使用、运输、储存时，环境温度不得超过 40℃。

（5）乙炔气瓶保管与存放。

1）乙炔瓶储存时要保持直立，并有防倒措施，严禁与氧气瓶、氯气瓶及易燃品同地储存，不得置于在地下室或半地下室。

2）乙炔瓶严禁放在通风不良及有放射线的场所，不得放在橡胶等绝缘体上，瓶库或储存间应有专人管理，要有消防器材，要有醒目的防火标志。

（6）乙炔气瓶使用规定。

1）乙炔气瓶的漆色必须保持完好，不得任意涂改。

2）乙炔气瓶在使用时必须装设专用减压器、回火防止器，工作前必须检查是否好用，否则禁止使用；开启时，操作者应站在阀门的侧后方，动作要轻缓。

3）使用压力不得超过 0.05MPa，输气流量每瓶不应超过 $1.5 \sim 2.0 m^3/h$。

4）使用时要注意固定，防止倾倒，严禁卧入使用，对已卧入的乙炔瓶，不准直接开气使用，使用前必须先立牢静止 15min 后，再接减压器使用，否则危险；禁止敲击、碰撞等粗暴行为。

5）使用时乙炔气瓶不得靠近热源和电器设备。

6）乙炔气瓶阀冻结时，严禁用火烘烤，可用 10℃ 以下温水解冻。

7）乙炔气瓶内气体严禁用尽，必须留有不低于规定的余压。

（7）注意事项。

1）严禁在带压力的容器或管道上焊、割，带电设备应先切断电源。

2）点火时，焊枪口不准对人，正在燃烧的焊枪不得放在工件或地面上；焊枪带有乙炔和氧气时，不准放在金属容器内，以防气体逸出，发生燃烧事故。

3）在储存过易燃、易爆及有毒物品的容器或管道上焊、割时，应先清除干净，并将所有的孔、口打开。

4）使用状态下氧气瓶和乙炔瓶的安全距离是 5m，乙炔距明火安全距离 10m（高空作业时是与垂直地面处的平行距离）；不使用状态下，氧气瓶和乙炔瓶的安全距离为 2m。存放的时候应分开存放（专库专用）。

5）工作完毕，应将氧气瓶、乙炔气瓶的气阀关好，拧上安全罩；检查操作场地，确认无着火危险，方准离开。

G　安全操作规程通则

(1) 新工人上岗前应经过三级安全教育,考试合格后方可上岗;调岗人员应进行新岗位安全培训,考试合格后方可上岗。

(2) 上岗前应穿戴好一切劳动保护用品,女工必须将发辫盘入帽内。

(3) 班前、班中严禁喝酒,工作岗位或生产现场禁止吸烟、明火、玩耍、打斗。

(4) 严禁损坏安全设施,消防设施,防暑降温设施,防尘、防毒设施。

(5) 厂房地面严禁有积水,保障车间内通风设备完好。

(6) 厂房内禁止非工作人员逗留,各种车辆应经准许后方可入内,并有专人监护与指挥。

(7) 生产现场及生产岗位必须整齐、清洁、无杂物、无垃圾,生产工具物料摆放有序,定置管理。

(8) 全体职工应自觉遵守安全操作规程,抵制并纠正任何违章指挥和冒险作业。

(9) 氧气瓶、乙炔瓶应距火源 15m 以上,特殊情况须经主管部门和领导批准使用,用后立即撤离。

(10) 严禁启动非本岗位的设备,禁止跨越运转设备。

(11) 启动设备时,操作人员必须离开转动部位 0.5m 以上。

(12) 运转设备开车前,应做好"四查""五确认"。四查:一查现场环境是否良好;二查设备信号、保险、防护装置是否安全可靠;三查操作工具是否良好;四查电气设备是否安全可靠。五确认:一人自我确认;二人以上岗位相互确认;操作前确认;操作中确认;操作后确认。

(13) 设备运转时禁止处理任何生产性故障。

(14) 当班严禁发生擅自脱岗、串岗、当班睡觉、玩忽职守、上推下压现象。

(15) 操作人必须用左手拉、合开关,禁止带负荷启动设备。

(16) 电气设备做好防水、防潮、防高温辐射防护。

(17) 各接地装置应安全可靠,每周检查一次,发现问题及时处理。

(18) 机械和电器设备出现问题时禁止使用,要及时汇报当班班长和工段长,并找有关人员修理。

(19) 加腐蚀性原料时,操作人员必须站在侧面和上风向。

(20) 打锤时打锤人与扶钎人不得站在同侧,应分别站两侧,扶钎人应戴手套,打锤人不得戴手套,作业前应确认工具完好。

(21) 经常检查各岗位的梯子、操作台、安全围栏是否完好无损,如有损坏应立即修复。

(22) 设备检修完后,应立即恢复安全装置,确认无隐患后方可开车。

（23）分厂职工必须了解本岗位工艺，并做到作业有程序、动作有标准、行走有路线、活动有范围、事故源点有警示、危险作业有请示、特殊作业有措施、考核有标准、评比有条件、好坏有奖惩、个人无违章、岗位无隐患、班组无事故。

H　U型中频炉安全操作规程

（1）上岗前必须正确穿戴好劳动保护用品。

（2）每次操作前必须对安全条件进行确认，如确认收尘设施、通风设施是否则完好，溴化汞试纸是否已更换，地面是否有积水。

（3）加料时必须佩戴好防护面罩，先将物料领到炉台上，缓慢有序加料，以免锌液飞溅伤人或砸坏坩埚。

（4）炉内硬锌熔化完封埚盖前，及时清理各烟气管道，保持畅通，防止冲盖。

（5）放锌前保证锌模干燥无积水和其他杂物，防止高温锌液放入锌模内遇水发生放炮飞溅伤人。

（6）放锌和出锌灰时佩戴好防护面罩，严禁正面对着出灰口作业。

（7）出渣时由于温度过高，当班所有人员必须集中轮流作业，尽量缩短作业时间。

（8）出铟渣和底铅作业过程中，禁止与周围其他人员交叉。

（9）禁止带水进入炉面饮用，以防造成地面和物料进水。

（10）作业结束后进行现场清理，确保无隐患后方可交接班和离开。

I　破碎岗位安全操作规程

（1）上岗前必须正确穿戴齐全劳动保护用品。

（2）开机前必须正确佩戴防护耳塞、防护口罩。

（3）每次操作前必须对安全条件进行确认，如确认通风、收尘设施等是否完好，溴化汞试纸是否已更换，地面是否有积水。

（4）粗碎过程中禁止正面对着加料口，从料口侧面加料，防止飞料伤人。

（5）在破碎过程中出现堵料、卡料、漏料和设备故障时必须停机处理，严禁在设备运行过程中排除故障。

（6）加料时应把大块料敲碎，使其大小适中，能加入破碎机内，且均匀加入。

（7）破碎结束后，必须确认设备冷却、内部气体彻底排放后，方可对设备内部物料进行清理。

（8）泡铟渣作业过程中，必须正确佩戴防毒口罩、防护面罩、防护眼镜和浸塑手套，确保正常通风，站在上风口处进行作业。

（9）防止造成地面积水和物料进水，禁止带水进入炉面饮用。

（10）作业结束后进行现场清理，确保无隐患后方可交接班和离开。

J　化铅坩埚安全操作规程

（1）上岗前必须正确穿戴好劳动保护用品。

（2）每次操作前必须对安全条件进行确认，如确认收尘设施、通风设施是否完好可靠。

（3）点火、断火作业时必须正确佩戴防护面罩。

（4）加料时必须佩戴好防护面罩，缓慢有序均匀加入。

（5）出碱渣作业过程中禁止与周围其他人员交叉。

（6）加片碱和硝酸钠作业过程中，必须佩戴浸塑手套、防护面罩、防护眼镜和防毒口罩。

（7）禁止带水进入炉面饮用，造成地面和物料进水。

（8）出灰时佩戴好防护面罩，严禁正面对着炉口扒灰。

（9）作业结束后进行现场清理，确保无隐患后方可交接班和离开。

K　海绵锡熔铸安全操作规程

（1）上岗前必须正确穿戴劳动保护用品，正确佩戴防毒口罩。

（2）每次操作前必须对安全条件进行确认，如电炉丝、通风设施是否完好可靠。

（3）对吊笼挂钩滑轮等熔铸设施进行检查，确保完好后方可进行作业。

（4）熔炼作业时，必须佩戴防护面罩，人要站在安全门侧面，其他人员远离炉口；进炉工具应预热干燥，保持抽风系统正常运行。

（5）铸锭时工具、模具应先预热干燥，防止高温锡液遇冷爆炸伤人。

（6）提运锡锭过程中要轻拿轻放，防止脱手砸伤自己或他人。

（7）作业结束后进行现场清理，确保无隐患后方可交接班和离开。

L　浸出岗位安全操作规程

（1）上岗前必须正确穿戴好劳动保护用品，禁止将烟、火带入车间，上班过程中岗位上不得出现单独作业。

（2）作业前先进行安全条件确认后方可作业，如确认通风设施是否完好、砷化氢气体报警器是否工作、溴化汞试纸是否已更换（作业过程中随时注意观察是否变颜色）、照明设施等是否正常。

（3）使用电动葫芦吊运物料操作时必须持证上岗，严格执行起重"十不吊"。

（4）严格按照《危险化学品管理办法》规范管理，禁止混堆。

（5）在投料作业过程中，禁止将头伸至投料口处。

（6）地面必须及时清扫，确保干燥，无水、油等，防止地面过滑，摔倒伤人。

（7）压滤时，应有专人看守和巡视，防止中间槽冒槽；谨防喷液伤人，遇有喷液，必须遮挡或停泵处理。

（8）拆板、卸渣、洗布作业时，必须戴上眼镜，系上胶围裙进行作业，严禁爬上压滤箱顶部进行操作。

（9）稀释硫酸时，必须将硫酸缓慢倒入水中，禁止将水倒入硫酸中。

（10）下班前必须将岗位上各部位水阀等关严，防止发生工艺安全事故。

（11）作业结束后进行现场清理和检查确认，确保无隐患后方可交接班和离开。

M　萃取岗位安全操作规程

（1）上岗前穿戴好劳动保护用品，禁止将烟、火带入车间。

（2）作业前先进行安全条件确认后方可作业，如通风设施是否完好，地面是否平整、湿滑。

（3）岗位上必须保持清洁，工具等摆放整齐，防止人员被工具绊倒受伤。

（4）在配制氢氟酸、盐酸时必须正确穿戴防酸手套、眼镜等防护用品，严禁用手直接接触，必须遵守先加水后加酸的原则，禁止将水加入酸中。

（5）下班前必须将岗位上各部位水阀等关严，防止发生工艺安全事故。

（6）作业结束后进行现场清理和检查确认，确保无隐患后方可交接班和离开作业现场。

N　置换岗位安全操作规程

（1）上岗前必须正确佩戴劳动保护用品，禁止将烟、火带入车间，生产过程中不能有积水、积油等；不得出现单独作业。

（2）作业前先进行安全条件确认，之后方可作业，如确认通风设施、炉丝接地、电路、照明设施等是否完好正常，溴化汞试纸是否已更换（作业过程中随时注意观察是否变颜色）。

（3）岗位上必须保持清洁，工具等摆放整齐，防止人员滑倒、工具绊倒伤害事故。

（4）除杂过程中，需少量缓慢加入氢氧化钠，防止大量酸碱接触激烈反应飞溅伤人；稀释硫酸时，必须将硫酸缓慢引流入容器内与水混合，禁止将水倒入硫酸中。

（5）置换反应过程中，禁止将头伸入反应的置换槽内，防止有毒有害气体中毒。

（6）出槽，捞取、清洗海绵铟时必须戴好防护手套，动作要轻缓，防止铝板碎片扎手。

（7）海绵铟压团时，启动按钮盒应保持清洁、干燥，用绝缘棒上下启动，严禁用手直接启动。

（8）熔铸。

1）首先对抽风系统和吊笼挂钩滑轮等熔铸设施进行检查，确保完好后方可进行作业。

2）熔炼作业时，必须正确佩戴防护面罩，操作人要站在安全门侧面，其他人员远离炉口；进炉工具应预热干燥，防止高温碱液遇水爆炸伤人。

3）海绵铟全部熔完后，必须正确佩戴防护面罩，确保安全距离，缓慢对锅内进行搅拌，防止飞溅伤人。

4）铸锭时工具、模具应先预热干燥，防止高温铟液遇水爆炸伤人。

5）下班前必须将岗位上各部位水阀等关严，防止发生工艺安全事故。

6）作业结束后进行现场清理和检查确认，确保无隐患后方可交接班和离开。

O　精铟岗位安全操作规程

（1）上岗前必须正确穿戴好劳动保护用品，禁止将烟、火带入车间，上班过程中岗位上不得出现单独作业。

（2）作业前先进行安全条件确认，之后方可作业，如确认通风设施是否完好，溴化汞试纸是否需要更换、地面是否干燥、照明设施等是否正常完好。

（3）装槽、出槽时，必须先切断电源，不得带电操作。

（4）洗涤时，动作必须缓慢，防止酸性液体损害自己及他人；在切割析出铟作业过程中，应做到"四不伤害"：①不伤害自己；②不伤害他人；③不被他人伤害；④保护他人不受伤害。

（5）熔铸炉预热后，一次性将析出铟适量缓慢加入锅内，进炉工具应预热干燥，防止在全部熔化后加入高温铟液遇潮湿物料爆炸伤人。

（6）铸锭时工具、模具应先预热干燥，防止高温锡液遇冷爆炸伤人。

（7）下班前必须将岗位上各部位水阀关严，防止发生工艺安全事故。

（8）作业结束后进行现场清理和检查确认，确保无隐患后方可交接班和离开。

P　锡置换岗位安全操作规程

（1）上岗前必须正确佩戴好劳动保护用品，禁止将烟、火带入车间，上班过程中岗位上不得出现单独作业。

（2）作业前先进行安全条件确认，之后方可作业，如确认置换槽通风设施是否完好、溴化汞试纸是否已更换（作业过程中随时注意观察是否变颜色，试纸变色时，作业人员必须立即撤离现场）。

（3）岗位上必须保持清洁，工具等摆放整齐，防止人员滑倒、工具绊倒伤害事故。

（4）置换反应过程中，禁止将头伸入反应的置换槽内，防止有毒有害气体中毒。

（5）出槽，捞取、清洗海绵铟时必须戴好防护手套，动作要轻缓，防止铝板碎片扎手。

（6）海绵锡压团时，启动按钮盒应保持清洁、干燥，用绝缘棒上下按动，严禁用手直接启动。

（7）下班前必须将岗位上各部位水阀等关严，防止发生工艺安全事故，损害公司财产和造成环境污染事故。

（8）作业结束后进行现场清理和检查确认，确保无隐患后方可交接班和离开。

Q　机修岗位安全操作规程

（1）作业前必须穿戴好劳动保护用品。

（2）作业前先进行安全条件确认，之后方可作业。

（3）焊接作业按《电焊工安全操作规程》的要求进行操作。

（4）气焊、氧割作业按《气焊、氧割安全操作规程》的要求进行作业。

（5）所用工具必须齐备、完好、可靠，才能开始工作；禁止使用不符合安全要求的工器具，并严格遵守常用工具安全操作规程。

（6）高空作业必须按《高空作业安全管理制度》的要求进行作业。

（7）电气作业要按《维修电工安全操作规程》的要求进行作业。

（8）工作中注意周围人员及自身安全，防止因挥动工具、工具脱落、工件及铁屑飞溅造成伤害；两人以上一起工作要注意协调配合；工件堆放应整齐，放置平稳。

（9）禁火区域内作业及铟工段内动火作业的，必须按《动火作业安全管理制度》的要求进行作业。

（10）作业完毕或因故离开工作岗位，必将设备和工具的电、气、水、油源断开；工作完毕，必须清理工作场地，将工件和零件整齐地摆放在指定的位置上。

R　焊工安全操作规程

（1）作业人员必须经过专业安全技术培训，考试合格，持《特种作业操作证》方准上岗从事焊接作业，非焊工严禁进行焊接作业。

（2）作业时应穿好焊工工作服、绝缘鞋和电焊手套、防护面罩等安全防护用品。

（3）焊接作业现场周围 10m 内不得堆放易燃易爆物品。

（4）作业前应首先检查焊机和工具，如焊钳和焊接电缆的绝缘，焊机外壳保护接地和焊机的各接线点等，确认安全方可作业。

（5）电焊机不准放置在高温或潮湿的地方，在潮湿的地方作业时要有绝缘措施，雨天不能露天作业，以防触电。

（6）在容器内工作要有良好的绝缘用具，有良好的通风，并有人监护方可作业；焊接容器管道时，应先清理其内部杂物，确认安全后方能作业。

（7）工作中途离开工作岗位时，必须将电流开关切断；工作结束后，要做到工完场净，要检查现场的火星、火渣，妥善处理余火，并切断电源。

（8）电焊导线不得从乙炔、氧气或易燃气体管道附近通过，也不能与这些管道处在同一地沟内。

（9）清除熔渣时应戴好防护镜，防止熔渣溅入眼睛。

（10）电焊机要有专业维护保养，如有故障须拆装维修的，应由电工负责，焊工不得随意乱拆或改装电气设备。

（11）气焊过程中，点燃焊（割）炬时，先开启乙炔阀点火，然后开氧气阀调整火焰，关闭时应先关闭乙炔阀，再关氧气阀。

（12）火时，焊（割）炬口不得对着人，不得将正在燃烧的焊炬放在工作或地面上，焊炬带有乙炔气和氧气时，不得放在金属容器内。

（13）发现漏气时，必须立即停止作业，及时处理。

（14）若氧气管着火应立即关闭氧气阀门，不得折扁胶管断气；若乙炔管着火，应先关熄炬火，再关乙炔，也可采用折前面一段软管的办法止火。

（15）高处作业时，氧气瓶、乙炔瓶、液化气瓶不得放在作业区域下方，应与作业点正下方保持 10m 以上的距离，必须清除作业区域下方的易燃物。

（16）不得将橡胶软管背在背上操作。

（17）作业后应卸下减压器，拧上气瓶安全帽，将软管盘起捆好，挂在室内干燥处，检查作业场地，确认无着火危险后方能离开。

（18）使用氧气瓶应遵守下列规定：

1）氧气瓶应与其他易燃气瓶、油脂和易燃、易爆物品分别存放。

2）气瓶存入应与高温、明火地点保持 10m 以上的距离，与乙炔瓶的距离不少于 5m。

3）氧气瓶应设有防震圈和安全帽，搬运和使用时严禁撞击。

4）氧气瓶上不得沾有油脂、灰土，不得使用带油的工具、手套或工作服接触氧气瓶阀。

5）氧气瓶不得在烈日光下暴晒，夏季露天作业时，应搭设防晒罩棚。

6）开启氧气瓶阀时，不得面对减压器，应用专用工具，开启动作要缓慢，压力表应灵敏、正常，氧气瓶中的氧气不得全部用完，必须保持不小于 0.2MPa 的压力。

7）严禁使用无减压器的氧气作业。

8）检查瓶口是否漏气时，应使用肥皂水涂在瓶口上观察，不得用明火试。

（19）使用乙炔瓶应遵守下列规定：

1）存放乙炔瓶与明火的距离不得小于 15m，并通风良好，避免阳光直射；乙炔瓶应直立，防止倾斜；严禁与氧气瓶、氯气瓶及其他易燃、易爆物同间存放。

2）使用专用小车运送乙炔瓶，不得滑、滚、碰撞，严禁剧烈震动和撞击。

3）使用乙炔瓶时必须直立，严禁卧放使用，并与热源的距离不得小于 10m，乙炔瓶表面温度不能超过 40℃。

4）乙炔瓶必须使用专用减压器，并连接可靠，不得漏气。

5）乙炔瓶内气体严禁用尽，必须留有不低于 0.05MPa 的剩余压力。

6）严禁铜 、银、汞等及其制品与乙炔接触。

（20）使用减压器应遵守下列规定：

1）不同气体的减压器严禁混用。

2）减压器出口接头与胶管应扎紧。

3）安装减压器前，应吹除污物，减压器不得沾有油脂。

4）减压器发生串流或漏气时，必须迅速关闭瓶气阀，卸下进行维修。

（21）使用焊炬和割炬应遵守下列规定：

1）使用前必须检查射吸情况，射吸不正常的，必须修理，正常后方可使用。

2）点火前，应检查连接处和气阀的严密性，不得漏气；使用时发现漏气的，应立即停止作业，修好后才可使用。

3）严禁在氧气阀门和乙炔阀门同时开启时用手或其他物体堵住焊嘴或割嘴。

4）焊嘴或割炬的气体通路上均不得沾有油脂。

5）焊嘴和割炬不得过分受热，温度过高时应停止作业，放入水中冷却。

S　电工安全操作规程

（1）从事电气工作人员，必须具备电气的操作证，学徒工、实习生不得单独作业；非电气人员禁止从事电气作业。

（2）严禁带负荷拉隔离开关和闸刀开关。

（3）输电线路、电气设备和开关的安装位置按用电规程执行，电气设备的外壳应有可靠的接地和接零。

（4）使用梯子时，下面应有人监护，禁止两人以上（含）在同一梯子上工作。

（5）禁止用大容量保险丝更换小容量的保险丝或用铜、铝线代替。

（6）高低压配电室设备和电机，检修后检查无误，人员站到安全区域后方可送电。

（7）从事现场作业、高空作业，必须有两人以上。

（8）设备和线路未经证实无电，必须按有电处理，不得轻易触摸。

（9）对地电压：线电压以上，禁止带电作业；相电压以下，需带电作业时，必须采取安全措施。

（10）雷雨交加时应停止电工作业，不得靠近带电体。

（11）检修人员工作完毕后，应清点工具，防止遗忘在设备上面造成事故。

（12）停送电必须有专人与有关部门联系，严禁约时停、送电。

（13）如工作人员两侧、后方有带电部分，应特别加设防护遮栏。

（14）在已停电但未装地线设备上工作时，必须先将设备对地放电。

（15）工作前检查工具、测量仪表和防护用具是否完好。

（16）临时工作中断后或每天开始工作前，都必须检查电源，验明无电方可进行工作。

（17）低压设备上必须进行带电工作时，要经过领导批准，并要有专人监护；工作时要戴工作帽、穿长袖衣服、戴绝缘手套、使用有绝缘柄的工具，并站在绝缘垫上进行；邻近相带电部分和接地金属分应用绝缘板隔开。严禁使用锉刀、钢尺等导电工具进行工作。

（18）带电装卸熔断器管时，要戴防护眼镜和绝缘手套，必要时站在绝缘垫上，使用绝缘夹钳。

（19）熔断器的容量要与设备和线路安装容量适应。

（20）电气设备的金属外壳必须接地（接零）。接地线要符合标准。有电设备不准断开外壳接地线。

（21）电器或线路拆除后，线头必须及时用绝缘胶布包扎好，要妥善放置。

（22）安装灯头时，开关接火线，灯口螺纹接零线。

（23）动力配电盘、配电箱、开关、变压器等各种电气设备附近，不准堆放各种易燃、易爆、潮湿和其他影响操作的物件。

（24）电气设备发生火灾时，首先要立刻切断电源，并使用干粉灭火器灭火。严禁用水灭火。

6.4.4.2　综合回收铟、锡、铅、银技术操作规程

硬锌工段工艺流程如图6-5所示。

A　U型中频炉工艺技术操作规程

（1）加料操作规程。

1）加料时当班所有员工要轮流作业，以缩短加料时间。

2）先将B号锌或硬锌领到炉台周围，烘干表面水分后，再放入坩埚，入料确保断电作业。

3）分两次加料，第一批加料要均匀轻放，不能猛丢，以免砸坏坩埚。

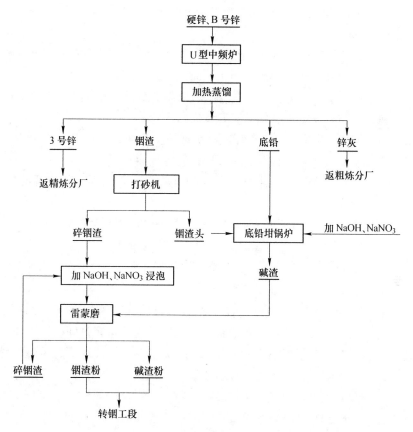

图 6-5 硬锌工段工艺流程

4）第一批料以加满坩埚为原则，启动电源，加入熔化硬锌，待第一批料有大约 70% 熔化后再加入剩下的第二批。

5）切断电源，待第二批料加完后，合闸送点升温，待入炉料熔化完距离坩埚口 20mm 时（不能小于 20mm，以免溢锅，尽量控制在 20mm），切断电源，立即盖好锅盖，锅口边留一个出气口，并在周围用耐火泥堵上以免漏气。

6）锅盖封好后合上电源，待盖子边出气口冒绿色火焰时，速将坩埚接管中的锌灰清干净，再用耐火泥堵上坩埚盖出气口，让锌蒸气进入冷凝器，待冷凝器留灰孔冒火焰时，速将留灰孔密封好，再根据炉内锌蒸气反应情况等待放锌。

（2）放 3 号锌操作规程。

1）放锌前将模具、斗、槽中灰尘清理干净，以保证产品外观和品质。

2）铸锭的产品必须无飞边毛刺、大耳、浮渣、熔洞。

3）3 号锌计量入库必须按炉号分批堆放整齐。

4）应保证工作区域内的清洁卫生，地面不得有碎锌等杂物。

（3）出渣操作规程。

1）根据硬锌或 B 号锌投料量及 3 号锌产出比例，以及在相同时间内放锌量的多少或冷凝器壁及硅管颜色来判断出渣时间。

2）确定坩埚内锌蒸气已完时，应作断电降温处理，待断电 20～30min 后启动收尘风机，轻将锅盖揭开，接着打开冷凝器出锌灰孔。

3）使用出锌灰槽子接好，出锌灰，快速搅拌锌灰，放出锌灰中夹带的 3 号锌，待出完灰后用石棉堵上留灰孔，以免硅管等过冷碎裂。

4）揭开锅盖出铟渣，注意钎具等要控制好力度，尤其是出粘锅底铟渣时，避免钎具碰坏坩埚。

5）出铟渣必须趁热用铲或锤将其敲碎，待冷却后取样装袋称量入库。

6）若出现有底铅产出，出完铟渣后捞出底铅铸锭入库。

7）关闭收尘系统，清理现场，准备下炉开炉工作。

B　破碎工序工艺技术操作规程

（1）铟渣在进入打砂机破碎之前应筛选，分出 3 份：第一部分为选择结构松散，头子较小（粒度在于 10cm）、表面没有金属粘附的投入打砂机；第二部分为头子较大，表面有金属粘附的铟渣直接返到造碱渣工序；剩下第三部分为粉状，不用破碎，直接和破碎过的铟渣混合后浸泡。

（2）碎铟渣的浸泡一般按照每吨碎铟渣加入 50kg 氢氧化钠、25kg 硝酸钠，兑成水溶液充分搅拌均匀后放置于铁箱中浸泡 48h 以上，即可投入雷蒙磨破碎。

（3）雷蒙磨对浸泡过的铟渣和造碱渣工序产出的碱渣进行破碎时要单独分开，碱渣和铟渣不能混合破碎。

（4）对雷蒙磨破碎浸泡铟渣时产出的碎铟渣还必须返回重新浸泡氧化后再破碎。

（5）雷蒙磨破碎产出的铟渣粉和碱渣粉取样合格（控制粒度 200 目筛子筛下≥95%）后入库作为铟工段原料。

C　造碱渣工序工艺技术操作规程

（1）检查各设备、电器，确保正常运行，确保熔炼炉内及周围有无杂物。

（2）加入焦炭至炉膛内，引燃，启动收尘风机。

（3）轻放入 800～900kg 底铅于锅中，加热升温至全部熔化。

（4）继续升温至 500～550℃左右后，启动搅拌器准备加辅料。

（5）事先准备后配好的辅料，每炉硝酸钠用量一般 50～100kg，氢氧化钠用量一般为 200～300kg，辅料用量随物料成分不同而不同，具体在造渣过程中看渣颜色变化而定；加辅料后充分搅拌均匀待颜色变黄方可捞渣，捞渣要分多批次作业，预先捞出表面氧化较完全渣，要求过滤干净，无底铅液夹带，如此反复循环直到底铅全部造成碱渣。

（6）清理锅边溅出渣，关闭收尘风机；关闭炉门，将作业现场打扫干净。

D　海绵锡熔铸技术操作规程

（1）海绵锡熔铸工艺流程。

浸出工序流程如图 6-6 所示。

（2）操作程序。

1）检查各设备、电器，确保正常运行，确保熔炼炉内及周围无杂物。

2）在熔炼锅内加入 20～30kg 氯化锌。

3）先启动收尘系统，后启动熔炼锅加热电炉开关，关上熔炼炉门。

4）待氯化锌全部熔化后，再加热约 10min。

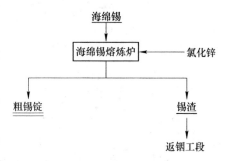

图 6-6　浸出工序流程

5）控制氯化锌液温度在 450～500℃时，加入海绵锡进行熔炼。海绵锡加入量不宜过多，一般 9 个球团即可。

6）加入海绵锡球团后应随时对海绵锡进行搅动，并注意观察有无泡沫产生，导致溢出锅口；若有大量泡沫产生，应舀出部分泡沫。

7）待先加入的海绵锡球团熔化后顺序加入余下海绵锡，直到全部熔化完；熔化完全部海绵锡后，应切断加热电炉电源准备进行出锅作业。

8）出锅时，应先把表面泡沫捞出装在桶内待下次熔炼返入炉内循环使用，中间层氯化锌捞出倒入盛水槽中充分搅拌溶解，沉出其中夹杂锌渣，第三层锌渣捞出装入桶内。

9）待下次熔炼继续循环使用，最低层即粗锌捞出铸锭入库。

10）粗锡铸锭完后，应清理熔炼时溅出锅口的杂物，具体视杂物成分再做区分处理：锌渣入桶继续循环使用，氯化锌倒入水槽中。

11）关闭收尘风机，整理捞出渣，将作业现场清扫干净。

E　浸出工序技术操作规程

（1）一次浸出。

1）加底水。打开二次浸出液、三次浸出液出口阀，用泵打入一次浸出槽做一次浸出底水，浸没过搅拌旋叶即可开动搅拌，并停止加入底水。

2）加中间渣。把 pH 1.5 渣、pH 2.5 渣慢慢加入一次浸出槽，加完后把二次浸出液、三次浸出液加到固定位置（液固比 5∶1～6∶1）。

3）投料。缓慢投入铟渣粉、碱渣粉，投料过快容易产生冒槽现象，一旦冒槽就会产生砷化氢气体，危害身体健康。加完后注意观察反应情况，如果液面产生大量泡沫可以洒水将泡沫冲散，使反应产生的气体顺利扩散，防止冒槽；反应4~6h 后，反应基本结束可以开始压滤。

4）压滤。压滤前半个小时需加入事先调好的0.4%的骨胶溶液，以确保过滤速度，骨胶的加入可改善浸出溶液的过滤性能，提高生产效率。加完骨胶后搅拌0.5h 后进行压滤，压滤前确保 pH 1.5 槽有充足的容积可容下一次浸出液，并检查压滤机是否正常，各项准备工作做好后开始压滤。打开一次浸出槽底阀，把一浸液通过中间槽打入压滤机，开始压滤，压滤时注意压滤机情况是否正常，若出现压滤液浑浊不清则可能是滤布破损，立即停止压滤并检查及更换滤布再进行压滤。压滤完成后，需用清水冲洗压滤机中的渣，以减少高铟液的损失，待洗涤完成后，停压滤机泵，关死浸出槽底阀，然后把压滤机内部浸出渣清理干净，准备下次使用。

压滤液即高铟液，含铟 30g/L 左右，溶液酸度较高、比重较大、杂质较多，为此该高铟液还需要进行调酸、调节比重及初步除杂过程。一次浸出渣压滤后要求水分含量小于 15%，渣含铟小于 2%。该一次浸出渣须投入二次浸出槽进行二次高酸浸出，进一步回收铟锡。

（2）二次浸出。

二次浸出的原料是经过一次浸出的浸出渣。二次浸出采用工业用浓盐酸与水按一定酸度要求配制的稀盐酸溶液作为溶剂进行浸出。二次浸出加酸量根据原料成分计算的理论量的 60% 加入。

二次浸出操作过程：

1）加底水。打开清水管阀门，用泵打入二次浸出槽做二次浸出底水，浸没过搅拌旋叶即可开动搅拌，并停止加入底水。

2）加一次浸出渣。把一次浸出渣用推车推到二次浸出槽边，快速加到槽内，加入量视一浸渣而定。

加完后打开盐酸控制阀，加入 1.7m³ 左右盐酸，注意控制液固比在 5 : 1~6 : 1。液固比达到后反应 4~6h 反应就基本结束。

3）压滤。压滤前确保二浸液储槽有充足的容积可容下二次浸出液，并检查压滤机是否正常，各项准备做好后开始压滤。打开二次浸出槽底阀，把二浸液通过中间槽打入压滤机开始压滤，压滤时注意压滤机情况是否正常，若出现压滤液浑浊不清则可能是滤布破损，立即停止压滤并检查及更换滤布，再进行压滤。压滤完成后，需用清水冲洗压滤机中的渣，以减少含铟液的损失，待洗涤完成后，停压滤机泵，关死浸出槽底阀，然后把压滤机内部浸出渣清理干净，以备下次使用。

压滤液含铟为 10g/L 左右，溶液酸度较高，为此该二次浸出液需要返回一次浸出作为浸出溶剂。二次浸出渣压滤后要求水分含量小于 15%，渣含铟小于 1%。

该二次浸出渣中的铟锡较难浸出，为提高回收率，生产上采用晒渣场自然氧化的方法将其氧化后再进行三段高酸浸出。

（3）三次浸出。

三次浸出的原料是经过充分氧化的二次浸出渣。三次浸出采用工业用浓盐酸与水按一定酸度要求配制的稀盐酸溶液作为溶剂进行浸出。三次浸出的原料中大部分元素以氧化物形式存在，且其含量较少，该段浸出的耗酸量少，加入酸量与二次浸出相同。

三次浸出操作过程：

1）加底水。三次浸出是在二次浸出槽中进行，打开清水管阀门，用泵打入二次浸出槽做三次浸出底水，浸没过搅拌旋叶即可开动搅拌，并停止加入底水。

2）加二次浸出后的氧化渣。把氧化渣用推车推到二次浸出槽边快速加到槽内，加入量视氧化渣量而定。

加完后打开盐酸控制阀，加入 1.7m³ 左右盐酸，注意控制液固比在 5∶1~6∶1 左右。反应 4~6h 后，反应就基本结束。

3）压滤。压滤前确保三浸液储槽有充足的容积可容下三次浸出液，并检查压滤机是否正常，各项准备做好后开始压滤。打开二次浸出槽底阀，把三浸液通过中间槽打入压滤机开始压滤，压滤时注意压滤机情况是否正常，若出现压滤液浑浊不清则可能是滤布破损，立即停止压滤并检查及更换滤布，再进行压滤。压滤完成后，需用清水冲洗压滤机中的渣，以减少含铟液的损失，待洗涤完成后，停压滤机泵，关死浸出槽底阀，然后把压滤机内部浸出渣清理干净，以备下次使用。

压滤液含铟为 2g/L 左右，溶液酸度较高、杂质含量高，为此该三次浸出液需要返回一次浸出作为浸出溶剂。三次浸出渣压滤后渣量较小，要求水分含量小于 15%，渣含铟小于 3000g/t 即可以入库外卖。

F　萃取工序技术操作规程

（1）1 号萃取机技术操作规程。

1）计算及配液。萃前液从浸出车间高位槽压入萃取车间一号萃取机的高位槽，萃前液的体积在 4.973m³ 左右。根据送样分析结果，计算出 1 号机的水相与 P204 有机相的流量比，然后打开水相和有机相的阀门让水相和有机相流入 1 号萃取槽，开启 1 号机的搅拌开关，进行萃取，萃取级数为四级，搅拌转速在 290~320r/min，同时开启 2 号机的抽风机。

2）控制流量。人工控制有机相的流量在 400~450mL/s，控制流量的方法，是用标有刻度的透明胶杯和秒表，将 5s 的时间里测得的有机相体积除以时间 5s；然后根据计算出来的流量比，控制水相的流量。控制流量方法和有机相的一样，但是水相和有机相的胶杯不能用同一个，各自专用。在萃取的过程中注意观察萃取槽面的反应情况，看是否出现乳化等异常现象。若出现异常及时处理，萃取后的萃余液放入萃余液储槽，然后除去夹带的浮油，最后分析检测萃余液中 In、Sn 含量，In、Sn 含量合格后，再打开萃余液储槽的泵把萃余液压入置换槽，采用铝板置换回收萃余液中的锡、铜、锑、铋等有价金属，置换时间 8~12h 不等，置换完成后，采用压滤机进行压滤，压滤后的滤液压入废水池中，压滤后的渣取样分析检测入库。

（2）2 号萃取机技术操作规程。

1）开启搅拌。1 号机萃取完成后，P204 负载有机相进行 1 级澄清，除去有机相中夹带的水相，水相从水盒出口排除；由于铟浓度和杂质离子浓度较高，将该水相返回原液高位槽。澄清后的有机相采用高浓度盐酸（6~10N）反萃负载有机相中的铟。

反萃级数为 5 级，流比（O/A）= 10∶1，混合时间为 8~10min。反萃铟后的有机相采用氢氟酸反萃锡和部分三价铁（为使三价铁的反萃效果更好，可以在氢氟酸溶液中配入一定量的草酸，利用草酸的还原性，将有机相及反萃液中的三价铁还原为二价铁，从而提高铁的反萃率）。锡反萃级数为 4 级，流比（O/A）=（18~20）∶1，当反萃槽内有机相达到一定程度，开启搅拌开关进行反萃。

2）控制流量。开启搅拌后从高位槽开通配好的高浓度盐酸和氢氟酸阀门，使盐酸溶液和氢氟酸溶液从高位槽流入 2 号反萃槽中进行反萃，通过开关控制好盐酸和氢氟酸的流量，盐酸流量在 40~45mL/s 左右，氢氟酸的流量在 20~25mL/s 左右，控制流量的方法和 1 号萃取控制 P204 有机相的方法相同，但也要用专门的胶杯。

3）反萃后的走向。反萃时间以设计指标来定，盐酸反萃后的反萃液（富铟液）因为还含有一部分锡，所以反萃液先压入四方槽中检测其中含 In、Sn 量，再用泵压入 TBP 原液四方槽配成 TBP 原液进行 3 号机萃取；反萃后的有机相进行锡的反萃；反萃锡后的反萃液（富锡液）通入四方槽中分析检测 In、Sn 含量，然后用铝板置换；反萃锡后的 P204 有机相返回 1 号机萃取用。

（3）3 号萃取机技术操作规程。3 号萃取机中的原液为 2 号机的反铟液，其中含有少量的锡，通过分析检测反铟液中的 In、Sn 含量，计算出萃取所需要的有机相与水相的相比。然后通过控制有机相的流量在 180mL/s 左右，确定水相流量。TBP 萃取为 4 级萃取，相比 O/A = 2∶1，萃取后的萃余液压入四方槽中，待下一工序 pH2.5 除杂；TBP 萃取后的有机相中含锡和少量的铟，再进行反萃。首先用浓度很低的盐酸（0.2~0.3mol/L）进行 2 级反萃铟，盐酸流量控制在 60mL/s，反萃后的水相（3 号机反铟液）用泵压入 pH 1.5 槽进行处理，反萃后的有机相含有锡和微量的铟，用 HF（0.35~0.45mol/L）进行 4 级反萃锡，反萃后的反萃液压入一个中间储槽中进行临时储存，待液量达到一定量后再用泵压入2 号机反萃锡用的 HF 储槽中进行配酸用，目的是为了提高酸的利用率并富集锡。反萃后的有机相用低浓度（0.1~0.15mol/L）的盐酸进行洗涤，盐酸的流量控制在 40mL/s 左右；洗涤后的余液压入另一个中间储槽中临时储存，待液量达到一定量后再用泵压入3 号机反锡用的 HF 储槽中，配制反萃液使用。洗涤后的有机相返回 TBP 有机相储槽。

G 置换工序技术操作规程

（1）铝板置换。

1）粗铟除杂后液经过自然过滤后放入置换槽，放到置换槽体积的一半，以免反应剧烈冒槽；开启抽风系统，在置换槽中加入铝板，加入量为 90~100kg（根据反应：$Al + In^{3+} = In + Al^{3+}$ 计算）。铝板要逐步加入，加入后注意观察反应情况，若反应太剧烈，则抽掉部分铝板或加些水，减慢反应速率。

2）加铝板结束后，反应到第二天早上，取样化验合格后（In<30mg/L）排至废水槽；然后取出剩余铝板，待捞海绵铟。

3）人工用桶打捞出海绵铟，放入配有稀盐酸溶液（pH = 1.5）的盆中（洗去海绵铟表面的 Al^{3+}），人工把海绵铟装入压团模并用锤进行初步打压，之后用 50t 的千斤顶进行压团，除去大部分水（使含水小于 10%），压好后称重、计数、堆放，准备熔铸。

2）海绵铟压团。

1）将海绵铟装入团模，并用锤进行初步压紧；之后将装好海绵铟的团模对准千斤顶螺杆下端，并加一个工字垫子。

2）启动按钮开关（往下），待往下压到一定位置时，启动按钮开关（往上），到达一定位置时，停止启动按钮（防止千斤顶卡死），再加一个工字垫子。

3）待两个工字垫与千斤顶对准时，启动按钮开关（往上往下）来回按压，等物料水分压得差不多时（水分低于 10%），停止启动按钮，取出工字垫，拿出压团模，轻轻敲出物料，避免操作过程中砸伤和触电。

（3）碱熔除杂。

1）开启抽风机，打开电炉，炉子预热 3min 后向每个炉（共两个炉）中各加入 NaOH(50kg)、$NaNO_3$(1kg)、Na_2S(1kg) 及工业盐（1kg），加温熔化。碱熔化以后，缓慢加入海绵铟（用鼠笼放入，每次放入 4~6 团），每个炉每次熔铸 100kg 左右。

2）海绵铟熔融后，开启电机搅拌，使碱液与铟液充分接触，放置一段时间后先将炉中上层碱渣（100~105kg 左右）舀入方形中间锅中，冷却后放入泡碱槽中加水溶解，溶解液返回 pH 1.5 槽作为碱水使用；不溶的渣捞出后返回到 pH 1.5 槽上边的泡酸槽，用盐酸溶解后进入 pH 1.5 槽。

注：舀到碱渣和铟液的分界面时，会舀到部分铟液，此时的碱液放到圆形中间锅中，冷却一会儿后轻轻敲打取出上层凝固的碱渣，下层铟液加入甘油捞渣后倒入下个炉子中熔铸阳极板。

（4）阳极板的浇铸。

1）将碱熔除杂后的铟液舀到圆形中间锅中，用小勺把溶有氯化铵的甘油逐步加入到中间锅中进行人工搅拌除杂，边搅边捞去浮渣。

2）开启另一台炉子和抽风机，炉子预热后将中间锅中初步捞渣后的铟液倒入炉内，加入甘油进行再次搅拌捞渣。

注：两次捞出的浮渣集中储存，等到一定量后再集中熔融捞渣（最后加入少量甘油），此时捞出的渣返回 pH 1.5 槽上边的泡酸槽，用盐酸溶解后进入 pH 1.5 槽。

3）基本没有浮渣后，先进行取样，再将铟液用不锈钢勺舀入不锈钢茶壶中，再倒入模子里熔铸阳极板，凝固 1~2min 后，打开模子，取出阳极板，放入水里冷却，冷却后称重、入库。浇铸的阳极板会产生飞边毛刺，把飞边毛刺用刀去除后，返回熔铸炉。

电解残板的浇铸方法和阳极板浇铸相同。

H　调酸工序工艺技术操作规程

（1）调比重。先取部分一次浸出液测比重（一般都会很高），然后视情况加水，保证压滤液比重在 $1.08~1.1g/cm^3$ 左右。

（2）调节 pH 值。在加完水后，人工向槽中加氢氧化钠调 pH 值，先用 pH 试纸测槽中液体的 pH 值，一般情况下 pH 值都偏低。此时向槽中加入工业氢氧化钠，加氢氧化钠搅拌一段时间后再测 pH 值，氢氧化钠加入速度不能过快，否则会局部过碱，当 pH 值达到 1.2 左右即可进行加硫酸作业。

（3）硫酸沉铅。当 pH 值达到 1.2 左右即可进行加硫酸作业。向槽中加入一定量的硫酸（质量分数98%），一般加 2 桶左右，加硫酸的作用是沉淀除去铅。

（4）压滤前准备工作。在相对密度、pH 都调好后，取 150g 左右的絮凝剂用清水溶解后加入槽内，全部调好后开始压滤。加入絮凝剂是为了保证压滤速度和压滤液的清亮。

（5）压滤。压滤时，启动压滤机开关进行压滤，压滤要求滤液清亮，防止跑浑，若出现跑浑则停机检查是否需要更换滤布，或者滤布摆放不平整需要整理。

I　除杂工序工艺技术操作规程

（1）除杂。TBP 萃余液取样化验 In、Sn、Pb、Fe，然后打入除杂槽，根据铅、铁含量和反应式：$Pb^{2+} + SO_4^{2-} = PbSO_4\downarrow$，$H_2O_2 + 2H^+ + 2Fe^{2+} = 2Fe^{3+} + 2H_2O$，$H_2O_2 + 2H^+ + Sn^{2+} = Sn^{4+} + 2H_2O$ 计算出所需的硫酸量和双氧水，一般来说硫酸用量为 $5~10kg/m^3$。

1）缓慢加入 150~160kg 片碱，调溶液 pH 值（用 pH 试纸测定）。

2）取 10L 左右自来水在盆中，缓慢加入 8L(5~10kg) 浓硫酸，稀释后加入反应槽中，搅拌半个小时左右。

3）若溶液 pH 值有所降低，则再补加少量碱水调 pH 值，接着缓慢加入 25~30kg 双氧水直到液体颜色不再变黄（用滤布过滤部分液体进行检测），搅拌半小时，最后加入碱水调 pH 值。

4）启动压滤机，打开除杂槽出液阀门，料液流至中转槽后泵至压滤机进行压滤。

5）滤液泵至澄清槽进行 2 级澄清（加入少量 3 号絮凝剂，直到液体中出现大颗粒，细微颗粒不再往上浮为止），渣铲入渣桶堆放，返回一次浸出分批使用。压滤过程中要求滤液清亮，严禁跑浑，一旦出现跑浑应及时处理。压滤完后取样化验 In、Sn、Pb、Fe 含量。

注：压滤过程中，若发现滤液流出量减小说明压滤机中渣已满，此时应关闭泵进行拆渣，正常情况下，一般压滤 3~4 槽液拆一次渣。

6）澄清槽中澄清下来的渣定期排至除杂槽的中转槽与除杂槽反应液一起压滤。

（2）沉铟。

1）将澄清后的除杂后液泵入沉铟槽，开启搅拌。

2）缓慢加入 100~130kg 片碱，调 pH 值（若加碱过量，pH 值偏高，加入除杂槽的澄清液进行中和）。

3）搅拌半个小时左右，开启压滤机，将浆液直接泵至压滤机进行压滤。渣（即 $In(OH)_3$）沉淀铲入压滤机下边的四方槽中，滤液自流至外边的澄清池澄清，上清液取样分析铟含量，合格（含铟小于 0.02g/L）后排入废水槽，底流定期返回 pH 5.0 沉铟槽。

注：压滤过程中，若发现滤液流出量减小说明压滤机中渣已满，此时关闭泵进行拆渣，正常情况下，每槽液分 3~4 次压滤完。

4）用浓盐酸溶解 $In(OH)_3$ 沉淀至溶液颜色为无色（边加盐酸边搅动），此时控制 pH=1.5~2.0。

（3）锌粉置换除铅。

1）盐酸溶解后的富铟液自流至锌粉除杂槽，加入锌粉（每立方米富铟液加 5~7kg 锌粉），静置 1h 左右后再开启搅拌。

注：一定要静置反应 1h，先让锌粉置换出部分活性的单质铟，再开启搅拌让铟与 Pb^{2+} 充分接触置换出单质铅，以达到更好的除铅效果，否则反应后液浑浊不清亮。

2）搅拌一夜至第二天早上，停止搅拌，将液放至过滤槽滤布自然过滤，人工捞出沉积在槽底部的渣，放入盆中用盐酸溶解后加入除杂槽（只加入溶解后的液，未溶解的渣不能加入）。

注：用盐酸水洗去滤布上的沉淀，洗水进入泡碱槽。

（4）粗铟板除杂。将经过锌粉除杂后的过滤液打至粗铟板除杂槽中，在槽内均匀地放置 4 块粗铟板，温度控制在 45~50℃，反应时间 48h。

J　锡置换工序工艺技术操作规程

（1）铝板置换。

1）将萃取岗位产出的反锡液泵至中间槽进行加碱水调节 pH=1.0 左右，混合均匀后取样分析锡。

2）将混合均匀的反锡液泵至锡置换槽，加入 1~2 块铝板进行置换反应。

3）置换 20h 左右，铝板光滑不再产出海绵锡，即可以取出铝板，并对置换后液取样分析（$w(Sn)<0.1g/L$）。

4）将合格的置换后液排放到废液池进行废水处理，待后液排放完毕后即开始用桶人工捞取海绵锡。

（2）压团。

1）将捞出的海绵锡装入团模，并用锤进行初步压紧；之后将装好海绵锡的团模对准千斤顶螺杆下端，并加一个工字垫子。

2）启动按钮开关（往下），待往下压到一定位置时，启动按钮开关（往上），到达一定位置时，停止启动按钮（防止千斤顶卡死），再加一个工字垫子。

3）待两个工字垫与千斤顶对准时，启动按钮开关（往上往下）来回按压，等物料水分压得差不多时（水分低于 10%），停止启动按钮，取出工字垫，拿出压团模，轻轻敲出物料，注意防止操作过程中砸伤和触电。

4）经过压团的海绵锡统一存放，等待下一步熔铸粗锡。

（3）海绵锡熔铸。将一定量的氯化锌加入到熔炼坩埚中进行加温熔化，待氯化锌全部熔化后，用鼠笼缓慢投入海绵锡团，待海绵锡全部熔化后保持温度熔炼半小时后即可以出锅，出锅时先将氯化锌渣舀出，再进行粗锡的浇铸。

将冷却的氯化锌渣倒入泡渣池中加水溶化，溶化的部分为氯化锌，而不溶渣则是氧化的锡和高熔点的杂质。不溶渣舀出返回锡置换岗位，进行酸溶后置换生产海绵锡。

K　精铟工序工艺技术操作规程

（1）装槽。

1）对阳极板（长 49cm、宽 24cm，共 108 块）采用超级纯水用刷子进行两次刷洗，再漂洗一次。

2）洗好的阳极板放操作台上用锤敲打平整，包裹两层滤纸，套上涤纶 758 滤布，在阳极板两上端系上带子以固定滤布。

3）将导电铜板用砂纸将表面铜锈和污迹擦拭干净，并铺在电解槽两边。

4）将绝缘用胶皮铺在导电铜板上，注意电解槽两边胶皮对齐，否则装出的阴阳极板与电解槽边缘不垂直（阴阳极对不正）。

5）往电解槽中通入一半电解液（也可以装好阴阳极板再放电解液），然后把准备好的阳极板装入电解槽，接着放入洗净的阴极板（每槽 13 块阴极片、12 块阳极板）。

6）装好后补足电解液达到要求高度（距上边缘 2cm 左右），检查一遍所有极板两端是否接触正确，确保无异常后接通电源。

注：装槽过程中，动作轻缓，避免电解液溅出或弄到导电铜牌上。若不小心碰到，则应用干毛巾立即擦除。

7）通电 5min 左右测量槽电压，确保槽电压在 0.3V 以下，若有偏高，移动极板调整，使极板与导电铜牌接触良好。

（2）槽面监测管理。

1）电解期间定期测量 pH 值（2.0~2.5）、温度（25~30℃）、槽电压（0.25~0.3V）和电流密度（30~50A/m²），并用玻璃棒在阴极板和阳极板之间划动，避免电解液浓度不均匀，引起浓差极化和阴阳极板粘在一起。

2）每天用万用表测两次槽电压，若个别槽电压超过 0.3V 注意是否是阴阳极与铜板间接触不好，若整体都升高或降低则把整流器的输出电流调低或调高；若个别槽电压降低说明阴阳极板粘在一起，应立即用玻璃棒分开。

3）电解过程中若酸度降低，可断开电源，根据情况加入一定量浓硫酸（1.25~2.5L）至中间槽，循环电解槽中的电解液至高位槽；再次检测 pH 值，若不够，继续加入调整，直到达到要求后放至电解槽中，接通电源继续电解。

4）若电解液温度升高或者降低，调节空调（3 台）以保证电解液温度在 25~30℃之间。

（3）出槽。

1）电解一个周期后出槽，先把电源断开，然后将电解液泵至高位槽，把阴极板的一端垫高（搭在相邻阳极板的一端）使之倾斜（滤干电解液），1h 后取出阴极板，装入盆里，运至清洗间。

2）用刷子刷洗一遍阴极板后再进行人工剥离阴极铟（用菜刀切除阴极板三条边上的电铟，用手即可把电铟片撕下），接着对阴极铟连续三次刷洗一次漂洗，洗好后折叠放置，滤干大部分水后称重取样（60g 左右）。

3）用刀刮除残留在阴极钛板上的铟碎屑，用砂纸打磨阴极钛板导电端的铜螺栓，并对阴极钛板进行三次洗涤，放至电解槽旁边，作下一批装槽用。

4）取出残阳极，拿掉滤布和滤纸，滤纸（粘有阳极泥）返回一次浸出槽，清洗 3 次残阳极和滤布。滤布用 pH = 1.5 硫酸浸泡 1~2 天，漂洗 2~3 次晾干备用，残阳极返回熔铸新的阳极板。

5）整个出装槽过程中的洗水（洗阳极板、洗阴极铟、洗阴极钛板、洗残阳极、洗滤布）都要返回一次浸出槽。每天大约 1~1.5m³。

（4）精炼除杂。

1）开启风机，对电炉进行加热，预热 5min 后将阴极铟放入精铟熔铸炉（容量 300kg）熔化（1h 左右），熔化后捞去表面浮渣。

2）倒 4 瓶甘油（每瓶 500mL）、2 瓶氯化铵（每瓶 500g）在盆里混匀。

3）电铟熔融捞去浮渣后加入氯化铵甘油混合液进行精炼除杂，边加边搅拌，待浮渣焦化后捞去，加入过程中注意熔体外溅烫伤。

4）基本没有浮渣时，再加半瓶甘油，继续搅动捞渣，过一会儿后如果还有浮渣产生就继续加甘油，直到没有浮渣产生为止（最多一瓶）。捞出的浮渣（每炉可捞 8~11kg）返回 pH 1.5 槽上边的泡酸槽，用盐酸溶解后进入 pH 1.5 槽。

（5）铸锭。

1）除杂结束后，在桌子上准备好一张干净的滤纸，用不锈钢勺子舀半勺铟液泼在滤纸上，凝固后进行取样（60~110g 左右）。

2）用不锈钢勺子把铟液舀入不锈钢茶壶中（茶壶先放在炉子边预热几分钟），倒入模子（外高 3.9cm、内高 2.9cm、壁厚 1cm），2~3min 凝固后从模子中倒出，不合格铟锭（表面有突起不平整）返回炉子再熔。

3）合格铟锭冷却后称重（重量控制在（500±50）g，不合格者返回重熔），用塑料袋装好，编号、记录，放入真空包装机真空密封后装箱入库（每箱装 40锭），模子在下一次倒入铟液前要用风扇冷却，以保证熔铸质量。

6.4.4.3 综合回收铟、锡、铅、银设备操作规程

A 打砂机操作规程

（1）开机前的主要检查内容和准备工作。启动前，先仔细检查螺丝、皮带、轴承等部位是否完好，若发现螺丝和皮带有松动脱落或是轴承损坏，应及时上紧或更换。

（2）正常开机操作。按下打砂机电机启动按钮，打砂机空载启动。

（3）设备运行中操作。待机器运转正常后，均匀向料口投入物料。

（4）正常停机操作。物料处理完毕后，按下电机停止按钮，打砂机执行停机动作。

（5）紧急开、停机操作。紧急开、停机操作同正常开停机。

（6）操作注意事项。打砂机必须空载启动，待机器运转正常后方可给料；物料大小严格按规定进入，禁止大于规定物料进入打砂机，一次性投入物料不可过多，以免机器卡死而不能正常运行；发现过大块物料应先用破碎机破碎后再投

入，投料粒度直径不得大于5cm；打砂机运转过程中，若产生剧烈振动和异常噪声，应及时停机检查，排除异常后方可重新启动。

B 熔锡炉操作规程

（1）开机前的主要检查内容和准备工作。启动电炉前，检查各部分元件是否完整。

（2）正常开机操作。向熔铸炉内加入20kg左右氯化锌后，合闸送电。

（3）设备运行中操作。待氯化锌化完后用笼子缓慢加入海绵锡，海绵锡充分溶化后舀出表面氯化锌，舀锡铸锭，冷却后入库。

（4）正常停机操作。铸锭工作完成后，分闸并清理工作现场。

（5）紧急开、停机操作。紧急开、停机操作同正常开、停机操作。

（6）操作注意事项。操作过程中操作人员站在炉门侧面，并穿戴好劳动保护用品及面罩。

C 化铅坩埚炉操作规程

（1）开机前的主要检查内容和准备工作。出库底铅，备足焦炭、辅料。

（2）正常开机操作。先将炉膛内火引燃，开启鼓风机，给造渣锅升温。

（3）设备运行中操作。开启收尘器，锅内温度起来后向锅内投入底铅，底铅完全熔化后启动搅拌电机；加入片碱、硝酸钠，反应完全后舀出碱渣，反复几次处理完成后，停止搅拌器；舀出底铅，关闭鼓风机电源，停止收尘器。

（4）正常停机操作。造渣工作完成后，关闭鼓风机电源，停止收尘器。

（5）紧急开、停机操作。操作过程中化铅坩埚出现裂缝或漏液现象时，及时停止搅拌机，舀出底铅。

（6）操作注意事项。投入底铅量不宜过多，放底铅进锅时，动作要轻缓。

D 脉冲布袋除尘器操作规程

（1）开机前的主要检查内容和准备工作。启动前，仔细检查设备电机、电气元件、电源电压是否正常，风机轴承座油位是否正常、地脚螺栓等是否紧固、皮带张紧及磨损情况，储气罐排水情况等。

（2）正常开机操作。启动设备，先启动脉冲，再开启风机电源。

（3）设备运行中操作。工作过程注意收尘布袋是否漏风，检查风机的振动、响声等。

（4）正常停机操作。工作完成后停止设备，停机关闭风机电源，关闭电磁脉冲。

（5）紧急开、停机操作。紧急开、停机操作同正常开、停机操作。

（6）操作注意事项。注意开、停机操作顺序。

E 大气反吹风除尘器操作规程

（1）开机前的主要检查内容和准备工作。启动前，检查电器部分是否完好，各传动部分是否良好。

（2）正常开机操作。启动风机电源，开启旋转反吹风管减速机电源、开启反吹风风机电源。

（3）设备运行中操作。

（4）正常停机操作。切断风机电源，关闭旋转反吹风管减速机电源、关闭反吹风风机电源。

（5）紧急开、停机操作。紧急开、停机操作同正常开、停机操作。

（6）操作注意事项。工作过程中观察设备是否漏风、变形，若出现漏风、变形、振动或声音异常时，应及时停机，报告相关负责人。

F　化铅坩埚炉除尘器

（1）开机前的主要检查内容和准备工作。开动化铅坩埚炉收尘器前，应检查所有检修门关闭是否严密，检查风机轴承座油位是否正常、地脚螺栓等是否紧固，循环水池内水位要求高于隔板 30cm。

（2）正常开机操作。按以下顺序开机：

启动循环水泵（投入辅料前）→引风机（循环水泵正常循环以后）。

（3）设备运行中操作。检查设备运行情况，风机振动是否正常，循环水是否供足循环。

（4）正常停机操作。化铅坩埚炉操作造底铅当日工作完成后，停机时按照下列顺序关闭各机：引风机→循环水泵。

（5）紧急开、停机操作。紧急开、停机操作同正常开、停机操作。

（6）操作注意事项。为确保生产安全，化铅坩埚炉收尘器在任何部分发生不正常噪声，或循环水不足应立即停机检查，排除故障，以免发生重大事故或设备损坏。排除故障后经试运行再继续开机。

G　离心泵操作规程

（1）开机前的主要检查内容和准备工作。检查管道系统各处连接螺栓是否紧固，冷却水水温是否需要进行冷却处理。

（2）正常开机操作。全开进口阀门，关闭吐气管阀门，启动电机，观察泵运行是否正常，严禁空负荷运行，调节出口阀开度所需工况，测量泵的电机电流使电机在额定电流内运行，否则将造成泵超负荷运行致使电机烧坏。调整好的出口阀开启大与小和管道工况有关。

（3）设备运行中操作。检查管道及泵位置有无漏液现象。

（4）正常停机操作。关闭吐气管路阀门，关闭电机电源，关闭进口阀门，如长期停车应将泵内液体放尽。

（5）紧急开、停机操作。紧急开、停机操作同正常开、停机操作。

（6）操作注意事项。如长期停车应将泵内液体放尽。

H 单梁悬挂行车操作规程

（1）开机前的主要检查内容和准备工作。

1）行车工须经训练考试，并持有操作证方能独立操作，未经专门训练和考试不得单独操作。

2）开车前应认真检查设备机械、电气部分和防护保险装置是否完好、可靠。如果控制器制动器、限位器、电铃、紧急开关等主要附件失灵，严禁吊运。

3）必须听从挂钩起重人员指挥，但对任何人发动的紧急停车信号，都应立即停车。

4）行车工必须在得到指挥信号后方能进行操作，行车启动时，应先鸣铃。

（2）正常开机操作。

1）操作控制器手柄时，应先从"0"位转到第一挡，然后逐级挡减速度；换向时，必须先转回"0"位。

2）当接近卷扬限位器、大小车临近终端或与邻近行车相遇时，速度要缓慢；不准用反车代替制动、限位代停车、紧急开关代普通开关。

3）应在规定的安全走道、专用站台或扶梯上行走和上下；大车轨道两侧除检修外不准行走，小车轨道上严禁行走；不准从一台行车跨越到另一台行车。

（3）设备运行中操作。

1）行车工必须做到"十不吊"：

①超过额定负荷不吊；

②工作场地昏暗，无法看清场地，初吊物或指挥不明不吊；

③吊绳和附件捆缚不牢，不符合安全要求不吊；

④行车吊挂重物直接进行加工的不吊；

⑤歪拉斜挂不吊；

⑥工件上站人或放有活动物品的不吊；

⑦氧气瓶、乙炔瓶等具有爆炸性危险的物品不吊；

⑧带棱角、快口未垫好的不吊；

⑨重量不明不吊，埋在地下的物件不吊；

⑩管理人员违章指挥不吊。

2）露天行车遇有暴风、雷击或六级以上大风时应停止工作，切断电源。车轮前后应塞垫块卡牢。

3）夜间作业应有足够的照明。

4）行驶时注意轨道上有无障碍物（先检查，再行驶）；吊运高大物件妨碍视线时，两旁应设专人监视和指挥。

（4）正常停机操作。工作完毕，不得将起重物悬在空中停留，行车应停在规定位置。

（5）紧急开、停机操作。

1）运动中发生突然停电，必须将开关手柄放置"0"位。

2）运行时由于突然故障而引起漏钢或吊件下滑时，必须采取紧急措施向无人处降落。

3）行车有故障进行维修时，应停靠在安全地点，切断电源。

4）检修行车应停靠在安全地点，切断电源，挂上"禁止合闸"的警告牌；地面要设围栏，并挂"禁止通行"的标志。

（6）操作注意事项。

1）运行中，地面有人或落放吊件时应鸣铃警告；严禁吊物在人头上越过，吊运物件离地不得过高。

2）严禁行车操作人员湿手或带湿手套操作，在操作前应将手上的油或水擦拭干净，以防油或水进入操作按钮盒造成漏电伤人事故。

3）重吨位物件起吊时，应先稍离地试吊，确认吊挂平稳、制动良好，然后升高，缓慢运行；不准同时操作三只控制手柄。

4）行车运行时，严禁有人上下，也不准在运行时进行检修和调整机件。

5）两台行车同时起吊一物件时，要听从指挥，步调一致。

6）运行时，行车与行车之间要保持一定的距离，严禁撞车，同壁行吊车错车时，小车主动避让。

Ⅰ　电动葫芦操作规程

（1）开机前的主要检查内容和准备工作。

1）作业人员必须取得特种作业操作资格，并持证操作，穿好劳动保护用品。

2）悬挂葫芦的结构必须牢固可靠，工作时葫芦的挂钩、销子、链条、刹车等装置必须保持完好。

3）起吊物品前确认现场安全，起吊范围内禁止人员停留。

（2）正常开机操作。合上电动葫芦电源，按下遥控手柄上绿色按钮，即可执行操作。

（3）设备运行中操作。使用遥控手柄控制起吊物品的运动，起吊物品必须挂系可靠。

（4）正常停机操作。按下遥控手柄上红色按钮，关掉电动葫芦电源。

（5）紧急开、停机操作。紧急开机、停机操作同正常开、停机操作。

（6）操作注意事项。

1）起吊时不准超负荷使用，起吊物件时，除操作葫芦的工作人员外，其他人员不得靠近被吊的物件；吊物必须捆绑牢固可靠，吊具、索具应在允许范围之内。

2）放下物件时，必须动作缓慢，不准自由落下。

3）电动葫芦必须明确指定维护保管人。

J 叉车操作规程

（1）开机前的主要检查内容和准备工作。

1）叉车作业前，应检查外观，加注燃料、润滑油和冷却水。

2）检查启动、运转及制动性能。

3）检查灯光、音响信号是否齐全有效。

4）叉车运行过程中应检查压力、温度是否正常。

5）叉车运行后应检查外漏泄情况并及时更换密封件。

（2）正常开机操作。

起步：

1）起步前，观察四周，确认无妨碍行车安全的障碍后，先鸣笛，后起步。

2）叉车在载物起步时，驾驶员应确认所载货物平稳可靠。

3）起步时须缓慢平稳起步。

（3）设备运行中操作。

1）叉载物品时，应按需调整两货叉间距，使两叉负荷均衡，不得偏斜，物品的一面应贴靠挡货架。叉载的重量应符合载荷中心曲线标志牌的规定。

2）载物高度不得遮挡驾驶员的视线。

3）在进行物品的装卸过程时，必须用制动器制动叉车。

4）货叉在接近或撤离物品时，车速应缓慢平稳，注意车轮不要碾压物品垫木，以免碾压物蹦起伤人。

5）货叉叉货时，货叉应尽可能深地叉入载荷下面，并注意货叉尖不能碰到其他货物或物件；应采用最小的门架后倾来稳定载荷，以免载荷向后滑动；放下载荷时可使门架少量前倾，以便于安放载荷和抽出货叉。

（4）正常停机操作。将叉车冲洗擦拭干净，进行日常例行保养后开到指定位置停放，并把两叉臂降至地面，拉起手刹，关闭发动机，熄火，停电，拔下钥匙。

（5）紧急开、停机操作。如遇到特殊情况应立即踩下脚制动器，同时拉手制动器。

（6）操作注意事项。

1）禁止高速叉取货物和用叉头向坚硬物体碰撞。

2）叉车作业时禁止人员站在货叉上。

3）叉车在叉物作业时，禁止人员站在货叉周围以免货物倒塌伤人。

4）禁止用货叉举升人员从事高处作业，以免发生高处坠落事故。

5）不准用制动惯性溜放物品。

6）禁止使用单叉进行作业。

7）禁止超载作业。

K　玻璃钢酸雾净化塔操作规程

（1）开机前的主要检查内容和准备工作。检查管道连接是否正常，各连接处螺栓是否紧固。

（2）正常开机操作。使用前先打开循环水泵 2~3min，再开鼓风机。

（3）设备运行中操作。运行过程中检查设备运行情况是否正常。

（4）正常停机操作。停机时，先停鼓风机 1~2min 后，再停循环水泵。

（5）紧急开、停机操作。紧急开、停机操作同正常开、停机操作。

（6）操作注意事项。操作中设备出现异常，及时停机，故障处理好后才能继续开机。

L　耐腐耐磨泵操作规程

（1）开机前的主要检查内容和准备工作。启动前检查托架油室内油位是否在规定范围内，油位不得低于视镜下限位。

（2）正常开机操作。开启进口阀门，往水泵内注足液体（引液），关闭出口阀门。上述步骤完成后，启动电机慢慢打开出口阀门，这时压力表的压力值将随出水打开大小而变化。当压力表指针指到需要的位置时，停止出水阀门的调整。

（3）设备运行中的操作。运行过程中检查泵运行情况是否正常。

（4）正常停机操作。当需要停车时，首先关闭出水阀门，切断电源，再关闭进口阀门。

（5）紧急开、停机操作。紧急开、停机操作同正常开、停机操作。

（6）操作注意事项。运转过程中发现振动或不正常噪声、泵泄漏时，应立即停车检查原因，故障排除了才能工作。

M　液压厢式板框压滤机操作规程

（1）开机前的主要检查内容和准备工作。操作前，操作人员必须经过专业培训，穿戴好劳动保护用品；开机前检查液压站具体油位，油位保持在最低油位线以上，不足应立即加油。

（2）正常开机操作。首先检查油缸上的电接点压力表上限指针是否调至保压范围（缸径 20MPa 以内），然后合上空气开关，将旋转开关旋至"手动"，再按下"手动压紧"按钮，压紧板开始压紧，压力达到电接点压力表上限时，电机自动停止运转。

（3）设备运行中操作。电机停止运转后，打开进料口阀门开始进料，但要保证进料压力不可超过设备额定进料压力，这时压滤机处于自动保压状态；在进料压力的作用下，滤浆经过滤布开始过滤，当液压系统油缸压力达到电接点压力表下限时，压滤机会自动补压。

（4）正常停机操作。当过滤完成时，按下"手动松开"按钮，电磁阀得电，执行高压卸荷动作，延时15s后压紧板自动后退，与行程开关接触后电机自动停止。

（5）紧急开、停机操作。紧急开、停机操作同正常开、停机操作。

（6）操作注意事项。操作过程中出现滤板压不紧、滤液浑浊不清时，应及时进行处理。

N 压团机操作规程

（1）开机前的主要检查内容和准备工作。上岗前穿戴好劳动保护用品，特别戴好防护耳塞。将海绵锡从大盆内取出放入摆放好的压团模内，装满后，用大锤敲紧实，再次装填，至用大锤初步敲实仍填满装料围为止。

（2）正常开机操作。使用木棒缓慢启动压团机地电机电源。

（3）设备运行中操作。控制电机正反转，反复多次压团直到将海绵锡团压成锭。

（4）正常停机操作。关闭压团机电源。

（5）紧急开、停机操作。紧急开、停机操作同正常开、停机操作。

（6）操作注意事项。处理过程中螺旋千斤顶若有故障，及时处理后才可开机。

O 搅拌槽操作规程

（1）开机前的主要检查内容和准备工作。关闭反应槽出口阀，添加反应母液，加入反应液。

（2）正常开机操作。开启搅拌减速机电机，搅匀液体后，根据工艺要求缓慢投入物料及相关辅料。

（3）设备运行中操作。开机时检查减速机搅拌轴旋转方向是否正确，开机前检查紧固件、减速机油位等是否正常，运转过程中搅拌器有异响或异常振动应及时停机，在电源开关处挂警示牌后方可处理故障。

（4）正常停机操作。反应时间足够后，关闭搅拌减速机电机电源。

（5）紧急开、停机操作。紧急开、停机操作同正常开、停机操作。

（6）操作注意事项。搅拌器出现故障时，不得带病操作。

P 纯水机操作规程

（1）开机前的主要检查内容和准备工作。工作人员必须穿戴整齐劳动保护用品。

（2）正常开机操作。打开自来水总阀，合上电源空气开关，开启"系统电源"开关，"系统电源"指示灯亮，系统处在待机状态；开启"系统运行"开关。

（3）设备运行中操作。若原水太脏，应进行反渗透膜手动冲洗，操作方法具体为：开启"RO 冲洗"开关，"RO 冲洗"指示灯亮，进行冲洗，并在冲洗完毕后，关闭"RO 冲洗"开关。运行时检查过滤压力表的压力指示是否正常，检查纯水出水口流量变化。

（4）正常停机操作。系统在开机状态会全自动运行制水、全自动满水停止制水，根据实际情况可选择在下班时关闭整个系统；依次关闭"RO 运行"、自来水总阀、"系统启动"、电源空气开关。

（5）紧急开、停机操作。紧急开、停机操作同正常开、停机操作。

（6）操作注意事项。禁止设备带病操作，滤芯内杂物过多影响滤液质量时应及时更换滤芯。

Q　颚式破碎机操作规程

（1）开机前的主要检查内容和准备工作。启动前，先仔细检查螺丝、顶杆、轴承等部位是否完好，防护罩是否摩擦到皮带轮，若发现螺丝和皮带有松动、脱落或是轴承损坏，应及时上紧或更换。

（2）正常开机操作。破碎机必须空载启动，待机器运转正常后方可给料。

（3）设备运行中操作。物料大小严格按规定进入，禁止大于规定的物料进入破碎机；一次性投入物料不可过多，以免机器卡死而不能正常运行；发现过大块物料应先用大锤处理后再投入，发现卡料等严禁用手去处理。

（4）正常停机操作。关闭电动机电源。

（5）紧急开、停机操作。紧急开、停机操作同正常开、停机操作。

（6）操作注意事项。破碎机运转过程中，若产生剧烈振动和异常噪声，应及时停机检查，排除异常后方可重新启动。

R　高压悬辊磨粉机操作规程

（1）开机前的主要检查内容和准备工作。开动高压悬辊磨粉机前，应检查所有检修门关闭是否严密，调整分析机转速达到成品粒度要求。开机前检查主机电机风扇是否存在淹水，以免造成电机烧坏。检查各部位紧固件，以及主机内是否有杂物。

（2）正常开机操作。按以下顺序开机：分析机→鼓风机（空负荷启动，待正常运转后再加载）→主机。

（3）设备运行中操作。高压悬辊磨粉机运行过程中要求均匀投料，禁止间歇式投料或投料过多引起超负荷损坏主机。

（4）正常停机操作。停机时按照下列顺序关闭各机：

主机（停止进料 1min 后）→鼓风机（吹净残留的粉子后）→分析机。

（5）紧急开、停机操作。紧急开、停机操作同正常开、停机操作。

（6）操作注意事项。禁止在机器运转时进行修理、注油或擦拭等，不允许机器带病工作，一旦发现故障应立即停机修理，修好后才允许继续开机。

S 逆流式玻璃钢冷却塔操作规程

（1）开机前的主要检查内容和准备工作。U 型中频炉冷却进水水温高于 35℃时需要开启冷却塔及其水泵，启动前检查设备及管道是否正常。

（2）正常开机操作。开启循环水管道阀门，启动循环水泵，待循环水进入冷却水塔启动冷却水塔风机。

（3）设备运行中操作。冷却塔运转时应有专人管理，经常注意电流、水温的变化，对电机、减速机、布水器等处应定期检查。

（4）正常停机操作。在不需要使用冷却水时停止循环水泵，然后关掉冷却塔电源，关闭循环水管道阀门。

（5）紧急开、停机操作。紧急开、停机操作同正常开、停机操作。

（6）操作注意事项。当循环水系统或冷却塔风机出现故障时，及时停机进行维修处理（先断闸，并在电源开关处挂警示牌，设专人监护后方可维修处理）。

T U 型中频炉操作规程

（1）开机前的主要检查内容和准备工作。先检查三相电源进线、零线、电源中频输出铜排是否已连接好，感应圈及电源柜冷却水进出水管工作是否正常，水压在 0.15~0.2MPa，并观察有无渗漏。

（2）正常开机操作。将柜门上"功率调节"旋钮旋至"0"位（逆时针旋到底）。合上控制电源开关，然后合电源的主空气开关，再合"逆变启动"按钮，然后顺时针缓慢旋转给定电位器，使得电源柜前的几个表头均显示一定的数值，此时即告中频启动成功。如在此启动过程中直流电流上升很快而中频电压无指示，说明启动失败，电源会自动重新启动。当上述过程结束后，调节给定旋钮至所需电压、电流及功率值，系统进入稳定工作状态。

（3）设备运行中操作。熔炼硬锌造铟渣严格按照安全操作规程执行。

（4）正常停机操作。停机时，先将调节旋钮调到"0"位，然后关"逆变启动"按钮，然后再分断主回路空气开关，最后分断控制电源开关。

（5）紧急开、停机操作。紧急开、停机操作同正常开、停机操作。

（6）操作注意事项。当电源保护动作停机时，先将调节旋钮调到"0"位，关"逆变启动"按钮，重新合"逆变启动"按钮，然后顺时针缓慢旋转给定电位器，电源重新启动。如不能重新启动，应停机检查，以防扩大故障范围。

U 洗滤布机操作规程

（1）开机前的主要检查内容和准备工作。检查出口阀门是否处于闭合状态，往洗滤布机内加入适量的清水。

（2）正常开机操作。启动电机，待机内液体搅拌均匀后，关闭电源，放入待洗滤布，量要合适。

（3）设备运行中操作。检查滤布清洗情况及洗滤布机运行情况。

（4）正常停机操作。关闭电机电源。

（5）紧急开、停机操作。紧急开、停机操作同正常开、停机操作。

（6）操作注意事项。洗净滤布后，关闭电源，取出滤布，打开阀门放出机内液体，清洗干净机腔，关闭机腔阀门，清理干净现场方可离开。

V　CN 过滤器操作规程

（1）开机前的主要检查内容和准备工作。

处理前液高位槽液位高于槽体 80% 时，需进行出油处理。

2）正常开机操作。将处理前液从储槽用泵打到前级板式除油器，立式除油器进液管打开，液位高出出口 20cm 后，开启立式除油器进液泵，调整好进液流量，控制在 $3m^3/h$ 左右，观察过滤器处电接点压力。

（3）设备运行中操作。立式除油器处理过后液体自流至末级板式除油器，再经耐腐泵打到处理后液储槽。

（4）正常停机操作。待处理液体处理完后，关闭进液泵电源，之后关闭除立式除油器顶部阀门以外所有的阀门，将处理后液从储液槽打到 pH 4.0 槽进行下段处理。

（5）紧急开、停机操作。紧急开、停机操作同正常开、停机操作。

（6）操作注意事项。过滤器电接点压力表压力显示大于 0.1MPa 时需取出滤布袋进行清洗；若清洗后压力不降，需对立式除油器进行反洗。反洗时开机同正常开机操作步骤，立式除油器从底部进液，液体从顶部出液，液体自流至反洗液储槽，处理时间大于 0.5h；处理后停机步骤同正常停机操作步骤。处理完后将反洗液打至 pH 4.0 槽进行下段处理。

W　平方压滤机操作规程

（1）开机前的主要检查内容和准备工作。操作前，操作人员必须经过专业培训，穿戴好劳动保护用品。

（2）正常开机操作。启动压滤机电动机，待滤板压紧达到使用要求后，关闭电机电源。

（3）设备运行中操作。电机停止运转后，打开进料口阀门开始进料，但要保证进料压力不可超过设备额定进料压力，这时压滤机处于自动保压状态（丝杠保压），在进料压力的作用下，滤浆经过滤布开始过滤。

（4）正常停机操作。当过滤完成时，启动压滤机电机反向转动，滤板松开，机尾板运动到适合位置，关闭电源，打开板框开始放渣，渣放完后，清洗干净滤布，准备下次过滤。

（5）紧急开、停机操作。紧急开、停机操作同正常开、停机操作。

（6）操作注意事项。操作过程中出现滤板压不紧、滤液浑浊不清时，应及时进行处理。

X 玻璃钢离心通风机操作规程

（1）开机前的主要检查内容和准备工作。检查玻璃离心风机各部连接螺栓是否紧固，轴承座油位是否正常，不足加油；检查电机防雨设施及防护罩是否完好，确认正常后方可开机。

（2）正常开机操作。启动玻璃钢离心风机电源。

（3）设备运行中操作。检查叶轮旋转方向是否正确，检查风机振动、运行声音是否正常，检查风机壳体是否漏气，检查烟囱出口气体流量是否正常。

（4）正常停机操作。使用完毕后关闭电源。停机后检查风机螺栓连接部位是否有松动，无异常方可离开。

（5）紧急开、停机操作。紧急开、停机操作同正常开、停机操作。

（6）操作注意事项。当风机出现故障或异常时，应立即停机进行维修；问题处理好后，开机试运行，试运行正常后，方可继续使用；风机故障状态下禁止开机。

Y 可控硅整流器操作规程

（1）开机前的主要检查内容和准备工作。电解槽装好槽，放好电解液。

（2）正常开机操作。启动合上电源开关，按下硅整流柜上绿色按钮，微调电流、电压到达电解槽电解反应所需电流、电压值。

（3）设备运行中操作。观察电流表及电压表指针指示情况是否稳定，用万用表检测电解槽每小槽内电流、电压值情况是否正常，出现异常及时分析找出原因并及时处理。

（4）正常停机操作。旋转微调按钮，将输出电流、电压值回零；按下整流柜红色按钮，即断掉电源，然后电源开关分闸。

（5）紧急开、停机操作。紧急开、停机操作同正常开、停机操作。

（6）操作注意事项。当整流器出现故障或异常时，应立即停机进行维修；问题处理好后，开机试运行；试运行正常后，方可继续使用；设备故障状态下禁止开机。

Z 阳极板除杂槽加热、温控设备操作规程

（1）开机前的主要检查内容和准备工作。加热前先打入欲除杂高铟液，放置好阳极板。

（2）正常开机操作。合上温控仪电源，按下绿色按钮，观察加热器是否加热。

（3）设备运行中操作。观察加热器加热情况。

（4）正常停机操作。按下温控仪红色按钮，加热器停止加热，切断温控设备电源。

（5）紧急开、停机操作。紧急开、停机操作同正常开、停机操作。

（6）操作注意事项。加热器烧坏，及时更换；设备在故障状态下禁止开机。

ZA　精铟真空包装机操作规程

（1）开机前的主要检查内容和准备工作。打开机盖，将装袋精铟锭整齐摆放至包装线上。

（2）正常开机操作。关闭机盖，按下包装机电源按钮，启动真空包装按钮。

（3）设备运行中操作。观察包装机内包装情况。

（4）正常停机操作。按下停止按钮，包装完成，打开机盖，取出已包装好铟锭，进行下一批次操作或结束切断包装机电源。

（5）紧急开、停机操作。紧急开、停机操作同正常开、停机操作。

（6）操作注意事项。设备在故障状态下禁止开机。

ZB　落地式空调操作规程

（1）开机前的主要检查内容和准备工作。检查遥控器电池电量是否充足，电量不足时，应及时更换电池。

（2）正常开机操作。按遥控器或控制面板上开关键即可开启空调，按下"模式"键选择功能模式，然后按压"调整"键设置温度，按压"风速"键调整风速。

（3）设备运行中操作。观察空调开启后室温变化，以及散热器风扇是否正常运转，根据现场要求调整设定温度。

（4）正常停机操作。按压遥控器或控制面板上"开关"键，关闭空调。

（5）紧急开、停机操作。按压遥控器或控制面板上"开关"键。

（6）操作注意事项。设备故障状态下，禁止开机；定期清洗空气过滤网。

ZC　交流低压配电柜操作规程

（1）开机前的主要检查内容和准备工作。分闸该配电柜所有控制电器设备电源开关。

（2）正常开机操作。合闸低压交流配电柜电源开关。

（3）设备运行中操作。闭合控制其他电器设备电源开关即可送电到各个电器设备。

（4）正常停机操作。分闸低压交流配电柜电源开关。

（5）紧急开、停机操作。紧急开、停机操作同正常开、停机操作。

（6）操作注意事项。设备故障检修状态下，挂检修牌，禁止合闸。

ZD　晶闸管中频电源操作规程

（1）开机前的主要检查内容和准备工作。检查线路是否正常。

（2）正常开机操作。合闸晶闸管中频电源开关。

（3）设备运行中操作。根据生产需求调节送电压、电流值。

（4）正常停机操作。分闸晶闸管中频电源开关。

（5）紧急开、停机操作。紧急开、停机操作同正常开、停机操作。

（6）操作注意事项。设备故障检修状态下，挂检修牌，禁止合闸。

6.4.5　从硬锌中综合回收铟、锡、铅、银技术经济指标

A　U 型中频炉工艺技术经济指标

（1）熔化硬锌温度：500~600℃；蒸馏锌温度：1000~1300℃；熔化锌功率：180~220kW·h；蒸馏锌控制功率：120~150kW·h。

（2）过程操作时间。

熔化锌时间：4~5h；蒸馏时间：10~12h；出铟渣时间：0.5~1h。

（3）原料成分。

硬锌：Zn 88%~92%，In 0.8%~3%，Fe 2%~5%；B 号锌成分：Zn 82%~93%，In 3%~7%，Fe 0.5%~5%，Pb 4%~8%，As<0.05%，Al<0.05%。

（4）产品成分。

铟渣含 Zn 10%~15%，In 12%~15%，Fe 20%~30%，Sn 10%~13%；Pb 22%~25%；3 号锌：Zn>99%，In<400g/t；锌灰：Zn 82%~95%，In 2000~2500g/t；底铅：Zn 4%~10%，In 20%~38%。

B　浸出工艺技术经济指标

（1）一次浸出控制参数。

1）盐酸用量。一次浸出的盐酸用量根据投入原料量及原料的组成进行调整，铟渣粉、碱渣粉的加入量一般根据粗铟产量制定一定的投料量，一次浸出投入原料一般为 500~800kg，始酸浓度 4~6mol/L，终酸浓度 0.2~0.5mol/L。

2）浸出温度。浸出反应放热，不需外界加温，浸出时温度一般为 50~60℃。

3）搅拌强度。搅拌转速 70~100r/min。

4）浸出时间。合适的浸出时间既可保证较高的铟锡浸出率又可保证较高的生产效率，故搅拌浸出时间控制在 4~6h 为宜。

5）浸出液固比。合适的浸出液固比不仅可以得到高铟液，亦可以提高铟锡浸出率。浸出过程控制液固比 5∶1~6∶1。

（2）二次浸出控制参数。

1）盐酸用量。二次浸出投入渣量 500~600kg，始酸浓度 10mol/L，终酸浓度 4~6mol/L。

2）浸出温度。浸出反应放热，不需外界加温，浸出时温度一般为 40~50℃。

3）搅拌强度。搅拌转速 80~120r/min。

4）浸出时间。合适的浸出时间既可保证较高的铟锡浸出率，又可保证较高的生产效率，故搅拌浸出时间控制在 4~6h 为宜。

5）浸出液固比。合适的浸出液固比不仅可以得到高铟液，亦可以提高铟锡浸出率。浸出过程控制液固比 5∶1~6∶1。

（3）三次浸出控制参数。

1）盐酸用量。三次浸出投入渣量 1000kg 左右，始酸浓度 10mol/L，终酸浓度 4~6mol/L。

2）浸出温度。浸出反应放热，不需外界加温，浸出时温度一般为 40~50℃。

3）搅拌强度。搅拌转速 80~120r/min。

4）浸出时间。合适的浸出时间既可保证较高的铟锡浸出率，又可保证较高的生产效率，故搅拌浸出时间控制在 4~6h 为宜。

5）浸出液固比。合适的浸出液固比不仅可以得到高铟液，亦可以提高铟锡浸出率。浸出过程控制液固比 5∶1~6∶1。

C　萃取工艺技术经济指标

萃取工艺技术经济指标为：

铟萃取率 99.2%，锡萃取率 99%，铟反萃率 99.1%，锡反萃率 99.3%；TBP 萃余液铟浓度 40.79~60.09g/L，反锡液锡浓度 40~60g/L。

D　置换工序技术经济指标

（1）锡置换。海绵锡的水分控制在 10% 左右，置换后液含锡小于 0.1g/L。

（2）海绵锡熔铸。直接回收率 80% 以上，粗锡品位高于 99.2%。

E　加碱熔铸工序技术经济指标

（1）技术参数。温度 300~400℃，海绵铟水分 10% 以下，熔铸时间 1.5~2h，粗铟 $w(In) > 99\%$，其他杂质低于 0.02%。

（2）经济指标。铟直收率 80%~85%，回收率 97%~99%。

F　除杂工序技术经济指标

（1）技术参数。

1）除杂。

除杂前液：$c(In) = 40~60g/L$。

除杂后液：$c(In) = 35~45g/L$，$c(Pb) \leqslant 100mg/L$，$c(Sn) \leqslant 100mg/L$，$w(Fe) \leqslant 100mg/L$；pH 值：2.5~2.8；搅拌转速：80~100r/min；时间：1.5h。

2）沉铟。沉铟后液：$c(In) = 10~30mg/L$；pH 值：5.0；搅拌转速：80~100r/min；时间：0.5h。

3）酸溶解 $In(OH)_3$。盐酸浓度：12mol/L，pH = 1.5~2.0。

4）锌粉置换除铅。pH = 1.5~2.0，搅拌转速 80~100r/min（加锌粉后 0.5h 开搅拌）。

5）粗铟板除杂。反应温度控制在 45~50℃，反应时间 48h。

（2）经济指标。铟直收率 80%~85%，回收率 97%~99%。

G 电解（精铟）工序技术经济指标

电解（精铟）工序技术经济指标为：

电流效率：92%～95%；

残极率：50%～60%；

直收率：40%～48%；

单位直流电能消耗：185～225kW·h/t。

参 考 文 献

[1] 雷霆. 锌冶金 [M]. 北京：冶金工业出版社，2013.

[2] 陈利生. 火法冶金——备料与焙烧技术 [M]. 北京：冶金工业出版社，2011.

[3] 徐征. 火法冶金——熔炼技术 [M]. 北京：冶金工业出版社，2011.

[4] 刘自力. 火法冶金——粗金属精炼技术 [M]. 北京：冶金工业出版社，2010.

[5] 卢宇飞. 冶金原理 [M]. 2版. 北京：冶金工业出版社，2018.

[6] 彭容秋. 重金属冶金工厂原料的综合利用 [M]. 长沙：中南大学出版社，2006.

[7]《铅锌冶金学》编委会. 铅锌冶金学 [M]. 北京：科学出版社，2003.

[8] 王振岭. 电炉炼锌 [M]. 北京：冶金工业出版社，2001.

[9] 陈国发. 重金属冶金学 [M]. 北京：冶金工业出版社，1992.

[10] 张少广. 高铟高铁闪锌矿电炉熔炼回收金属锌和铟的生产实践 [J]. 中国有色冶金，2012（1）.